脱原発の市民戦略

上岡直見・岡將男 共著

緑風出版

はしがき

　筆者はこれまで交通と環境に関する研究に関わってきたが、環境問題は国のエネルギー政策と不可分であるため、原子力発電についても関心を持ってきた。交通問題では、道路建設に伴う公害を懸念する人たちと交流があった。こうした人たちからは、信頼できる客観的な情報に基づいて問題を議論したいという要望が常に寄せられている。しかし多くの専門家はそれに応えず、現状を追認し道路の建設計画を推進する一面的な情報を提供するにとどまってきた。筆者が原子力の問題を理解できたのは、原子力の分野でも、個別の事項を置きかえるだけで道路公害や道路建設と全く同じ構造がみられたからである。

　マーガレット・ミード（人類学者・一九〇一―一九七八）の言葉に「少数の、思慮深く熱心な市民が世の中を変えられるということを疑ってはいけない。実際、過去に世の中を変えたのはそういう人たちだけだったのだ」とある。本書はこうした人々にとって役立つ情報を提供することを目的としている。現在でもなお、市民に役立つ情報をわかりやすく提供できる専門家は少なく、彼らの発言を伝える場も限られている。本書が微力ながらも、思慮深く熱心な市民の役に立てば幸いである。

　筆者のもう一つの視点は、民間企業に勤務していた時期に石油・化学プラントの安全性評価に携わった経験である。プロジェクトに関わる関係者が集まり「もしここが壊れたら何が起きるか、どのような対策を取るか」といったブレーンストーミングをプラント全体にわたってしらみつぶしに行う。そこでは立場や上下関係にかかわらず自由に発言し、どのような「想定外」の発言も排除しないという議事運営が奨励されていた。議事が適正に行われているかを評価のために保険会社の担当者がオブザーバーとして参加するケースもあった。このように民間企業であっても「利益優先・安全軽視」といったステレオタイプな価値観で行動しているわけではない。もとよりこれは、事故があれば企業にとって損失のほうが大きいと判断するからである。

しかしこれもプロジェクト全体の中での一過程である。対策を実際に採用するかどうかは別の部門で決められたり、「運転員の注意で対処」と片付けられたり、筆者自身も別の部門から「余計な問題を掘り起こすな」と干渉を受けたことがある。そのほか多くの要因が絡み合って、石油・化学プラントでも完全には事故を防げない。どのような技術分野でも同じ問題を抱えている。しかし特に原子力の場合、ひとたび重大事故が起きればシステム全体が制御不能となって破滅的な事態に発展する本質的な危険がある。他の分野と同列に考えてはならないのである。

福島第一原発事故がもたらした影響はきわめて大きく広範囲にわたる。家や仕事を突然失って先のわからない避難生活を送っている人たち、逆に被曝の不安を抱きながら家にとどまる人たち、家族が別れて暮らすようになった人たち、苦労して無農薬の米を栽培していたのに出荷できなくなった人たちなど、どれ一つとっても一冊の本で論じられる問題ではない。しかしいずれにせよ、これらは原発のために起きた惨禍であり、たとえ大津波があったとしても、他の発電方式では起こり得なかった。

これまで原発推進派は「原発に反対するなら電気を使うな」「原発がなかったらロウソクで暮らすのか」などの世論を醸成してきた。しかし福島第一原発事故を契機に、かえってその脅しは空振りであることが実証された。そもそも二〇〇三年には、検査データ偽装などの影響で東京電力の原発が全基停止した「実績」もある。福島第一原発はもとより再開不能であり、二〇一一年末で全国の原子炉の九割が停止し、二〇一二年にはほとんどの炉が停止する予定である。事実上は脱原発に到達しているが、誰もロウソクで暮らしていない。

ただし現状はまだ不安定な過渡期である。強制力を伴う節電が試みられたことは国内で初めての経験であり、企業の活動や市民の生活に混乱がもたらされており、多くの人は不安を抱きながら暮らしている。一方で福島第一原発は「冷温停止」を掲げているが、放射性物質はまだ大気・海洋・土壌・地下水へ漏出が続いている。二〇一一年八月に再生可能エネルギーの普及を促進する「エネルギー買取法案」が成立したが、大規模な普及に向けた具体的な制度設計はまだ未知数である。

原発に関する議論では、その危険性だけで原発がいらない根拠として十分だと考える人も多いであろう。しかし電気というエネルギーの利用方式は利用者（需要側）が供給を支配するという特性がある。電線を通じて需要側が電気を引き出すのに応じて、電力会社（供給側）は電気を供給しなければならない。水道であれば、水不足の際には供給水圧を下げて水の出を悪くする節水手段が採用されるケースがあるが、電気は電圧や周波数を下げて供給することはできない。家庭にせよ企業にせよ、従来のライフスタイルや経済・社会のあり方を変えず、電力の需要側の構造が従来のままでは「やはり原発が必要だ」という振り出しに戻ってしまうことになりかねない。

脱原発の説得力を確実にするには「必要がないから、いらない」という数量的な根拠を多くの人が認識することが必要であろう。これに加えて経済性の議論がある。原発推進派といえども、現に起きた原発災害の惨禍を目の前にして、さすがに「安定」「クリーン」など従来のうたい文句を積極的に掲げることはできなくなっている。しかしまだ掲げられている論点は「経済性」である。すなわち火力発電や再生可能エネルギー（風力・太陽光その他）に比べて、発電コストが安いという主張である。このため原発を停止すれば家計の負担が増加するとか企業活動に支障をきたすという。これについてもその根拠を再検討し、むしろ「原発は高くつく」ことを論証する必要がある。

脱原発のシナリオは、左の図に示すようにシンプルであり、新たに考えるべき要素は多くない。またそのいずれも、技術的にはすでに実用可能なものばかりであって、空想科学のような技術はない。「やるか、やらないか」の選択だけである。ただし短期的には、電気に依存した社会・経済を急激に方向転換することはできないので、時間的・局地的に電力が足りなくなる事態が発生する可能性は残っている。短期的な対策としては、①の節電と②の火力発電による代替である。しかし火力発電による代替は、石油・石炭など化石燃料の消費が増加する結果を招く。それが直接に人命に関わることはないとしても、中長期的には国の安全保障にも負の影響をもたらす。

このため中長期のステップとしては、個人の行動に依存した節電や、社会・経済活動の制約なしに電力消費が節減されるように、③として社会・経済システムの構造を変えてゆくことである。さらに③の前提のもとで再生可能エネルギーの導入を促進する。また③は、単に現在使用されている電力を減らすという方策だけでなく、どうしても電気でなければならない用途を除いて、同じ目的を達成するのに電気以外の

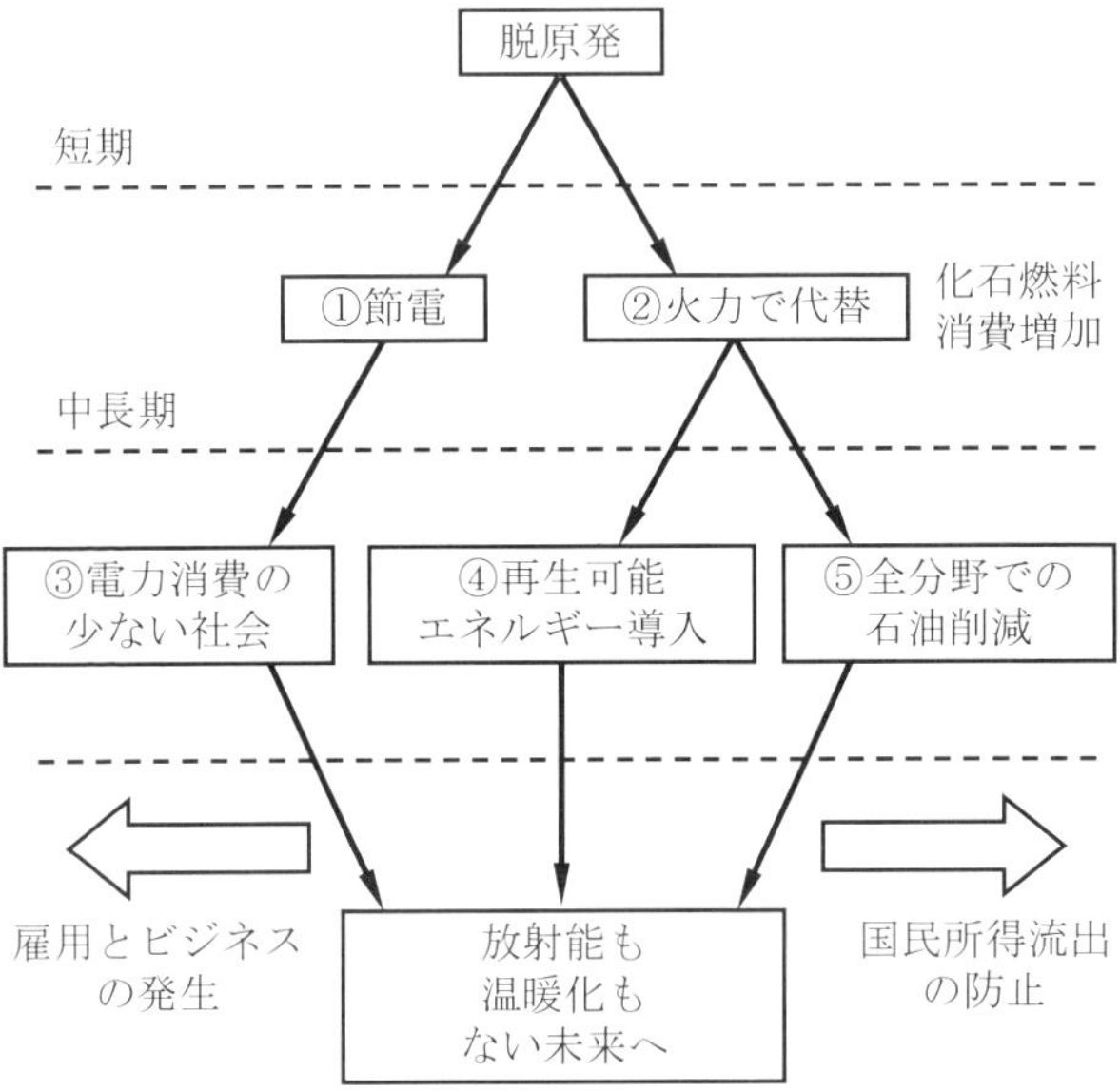

エネルギー源に代替してゆく方策も検討すべきである。並行して④のように再生可能エネルギーの導入を促進する。

③と④の過程で、新たな雇用やニュービジネスが生まれるなど副次的効果も期待できる。ただし再生可能エネルギーは基本的に電力しか得られないが、化石エネルギー、特に石油を必要とする分野（自動車用燃料など）や、物質（プラスチックなど）の需要は依然として続くので、⑤としてすべての分野での石油消費を削減することが必要となる。これは、たとえば二〇〇八年には海外に二五兆円も払った化石燃料の輸入代金を節約し、国民所得の海外への流出を抑制する効果もある。ここで重要なポイントは交通分野である。現在、原発と自動車を関連づけた議論は少ないが、国内の石油消費の五割近くを占める自動車用燃料を削減することは、脱原発にも密接にかかわ

る。

二〇一一年三月以降、①と②はある意味では否応なく実施されている状態になっているが、次の③④⑤は、それぞれが各個ばらばらに行われるのではなく、戦略的に足並みを揃えて実施される必要がある。全体シナリオのもとで、国がすべきこと、自治体がすべきことなど役割分担を整理し、必要な法制度や財源を整え、相互が連携して、放射能も化石燃料の浪費もない未来へ向けた戦略を構築しなければならない。本書はそれに必要な情報を提供することを目的とする。

本書の第1章では、現在でも広範囲に深刻な事態をもたらしている福島原発事故がさらなる破滅的な事態に至った可能性と、一見「収束」に向かっているかのように伝えられている同事故のこれからについて検討する。第2章では、計画停電や電力危機について、「需要が供給を決める」という電気の基本的なシステムや、発電と停電のしくみを整理する。第3章では、電気の需要側の構造を検討し、何が原発を「必要」としてきたのかについて整理し、電気を過大に必要とする社会の方向転換について考える。また「脱原発」だけでなく「脱電気」が重要なキーワードであることも示す。

第4章では、東日本大震災以後、急激に関心が高まった「節電」について整理するとともに、具体的な都市でどのような方策により、どのくらいの節電やその他の分野における省エネが現実に可能なのかを検討する。第5章では、エネルギー大量消費社会について、その歴史や社会・経済システムについて振り返り、将来に向けた方向を検討する。さらに第6章では、これまで原子力やエネルギー問題と関連づけて考えられる議論が乏しかった自動車の問題に触れ、「脱クルマも脱原発への道」であることを指摘する。

第7章では、社会・経済システムとエネルギー消費の関係を整理し、より少ないエネルギーで、人々のより質の高い暮らしを実現するにはどのようにすればよいかについて考える。第8章では、今なお「原発をやめると電力料金が上がる」という政府や電力会社の主張を分析し、原子力こそ「高くつく」エネルギー源であることを指摘する。第9章では、単に東京電力や政府を批判するだけでなく、将来に向けた複数の建設的なシナリオを紹介する。第10章では、脱原発に向けた世論を確立するためのさまざまな条件づくりについて検討する。

第11章では、岡山市を中心として展開されている、原発災害の自主避難者を主な対象とした受け入れ活動である「おいでんせぇ岡山」を紹介する。放射線のリスクを指摘する人は多いが具体的に受け入れ態勢の提案は少ない。この活動は単に住宅を提供するだけでなく、コミュニティ全体のサポートをめざす活動である。第12章では、「原子力村」と揶揄された政・学・官・財の閉鎖集団が、原発の分野だけでなく日本のあらゆる部分に蔓延している現状と、将来に対する提言を述べる。また社会の多くの分野で発生している風評被害についても考える。

なお原発事故とその被害はなお進行中であり、毎日のように新しい情報が提示されている。単行本では逐次の改訂はできないため、本書の内容は二〇一一年一二月末の情報に基づくものである。

目次

脱原発の市民戦略

第I部　これまでの「電力社会」

上岡直見

第1章　福島事故を振り返る

基本的な「壁」は格納容器のみ

　これまで、原子炉は「五重の壁」で防護されているので、放射性物質が大量に外部に漏れ出すことはないとされていた。電気事業連合会のホームページ[1]によると、五重の壁とは「ウランの核分裂に伴い核分裂生成物（放射性物質）が発生しますが、燃料のウランはペレットに焼き固められ、かつ丈夫な被覆管に入れられています。また、万一被覆管に穴が開いたとしても、その外はさらに原子炉圧力容器、格納容器、原子炉建屋で囲まれており、放射性物質を外へ出さない（閉じ込める）ようにしています」と解説されている。具体的には表1―1の内容である。

「五重の壁」というと、第一が破れても第二で止めるというように、段階的に囲まれている印象を受けるが、実際の構造はそのようになっていない。第四の壁とされる格納容器だけが意図的に防壁として設計された「壁」である。それ以外はそもそも「壁」として設けられているわけではなく、別の目的の部品や構造物を、言葉の上で「壁」にたとえたにすぎない。「丈夫な被覆管」は厚さ〇・八〜〇・九㎜で工作用ボール紙ていどの厚みである。また地震の際には格納容器内外の機器や配管が損傷する可能性があり、その場合には冷却機能の喪失などにより制御不能な事態に発展し、他の「壁」は将棋倒しになる。

表1―1 「五重の壁」の内容

第一の壁	燃料ペレット	燃料となる二酸化ウランの粉末を焼き固めた、直径一cm、高さ一cmほどの円柱状。このペレット自体が発熱源となる。「閉じ込める」というよりも、発熱源である燃料と、生成する放射性物質を固めておくためのもの。
第二の壁	燃料棒被覆管	ジルコニウムを主成分とする合金の薄板（厚み〇・八〜〇・九㎜）で作った円筒で、この中にペレットを詰めて棒状にする。たとえていえばソーセージの皮（被覆管）に肉（ペレット）を詰めたような構造。これを連ねて燃料棒とする。ペレットを覆って核分裂生成物を遮蔽する構造。
第三の壁	原子炉圧力容器	燃料からの熱を水に伝え蒸気を発生させる。厚さ一五〇㎜前後の鉄を主体とした合金鋼で、内側に約五㎜のステンレス材の内張りがある。本来は高温・高圧の蒸気を発生・蓄積する「缶」の機能が主であるが、厚い鋼鉄の容器であるので「壁」の役割もある。
第四の壁	原子炉格納容器	「壁」の中で最も重要な容器で、前述の圧力容器をさらに外で覆っている容器。原子炉特有の構造物である。厚さ五〇㎜程度の合金鋼。福島タイプの炉では圧力抑制室（異常時に放出した蒸気を吸収する水溜め）などが付属している。「第四」とされているが、原子炉に異常があった場合は最も重要な「壁」となる。
第五の壁	原子炉建屋	鉄骨コンクリートの建物。福島第一原発で吹き飛んだ状態になったもの。使用済み燃料の冷却プールも備えている。

第三の壁とされる原子炉圧力容器であるが、福島第一原発では厚み一四〇〜一六〇㎜（一号機〜四号機で若干異なる）の鋼鉄製容器であり、内側に厚み約五㎜のステンレス材の内張り（腐食防止用）があり、内部にタービン駆動用の二八五℃・七〇気圧[2]の蒸気を保有している。この蒸気がタービンに送られて発電機を駆動する。圧力容器の本体に使用される鋼材は、鉄に少量のモリブデン等を加えて性質を改善した合金鋼であるが、融点（金属が溶融する温度）は一五〇〇℃前後である。設計条件の範囲内であれば十分な強度を有するが、あくまで基本的な材質としては「鉄鋼」である。

これに対して、圧力容器の一つ前の壁とされる「丈夫な被覆管」の材料であるジルコニウム合金の融点は一八〇〇℃前後である。すなわち被覆管が溶融する温度であれば、圧力容器の鋼材はそれより低い温度で溶融するから、いくら厚みがあっても溶融する温度に達してしまえば強度はゼロである。被覆管が溶融して高温の燃料が崩落してくるような異常事態となればやがて圧力容器も溶融・開孔して貫通する可能性がある。ただし米国のスリーマイル島原子力発電所事故[3]では燃料が溶融したが、圧力容器の底は貫通しなかった。圧力容器の内部には多数の部品が収納されており、それらが破損して乱雑に積み重なった堆積物となっていた。鋼材は燃料と接触した部分から次第に溶融した部分もあると考えられるが、緊急冷却が回復したこと、前述の堆積物が熱の伝達を緩和する結果をもたらしたこと、金属の壁の厚み全体までは溶けずに保たれたことなどから、開孔・貫通するには至らなかったものと思われる。

第四の壁とされる格納容器は、厚さ五〇㎜程度の合金鋼製であるが、材質は圧力容器とおおむね同じで厚みは薄いから、圧力容器の底が開孔して溶融燃料が落下してくる事態となれば、格納容器も防護にはならない。厚さ五〇㎜の鉄鋼といえば非常に厚い印象を受けるものの、格納容器の直径が約一〇ｍ（＝一

図1—1　ＭＡＲＫＩ型炉の構造

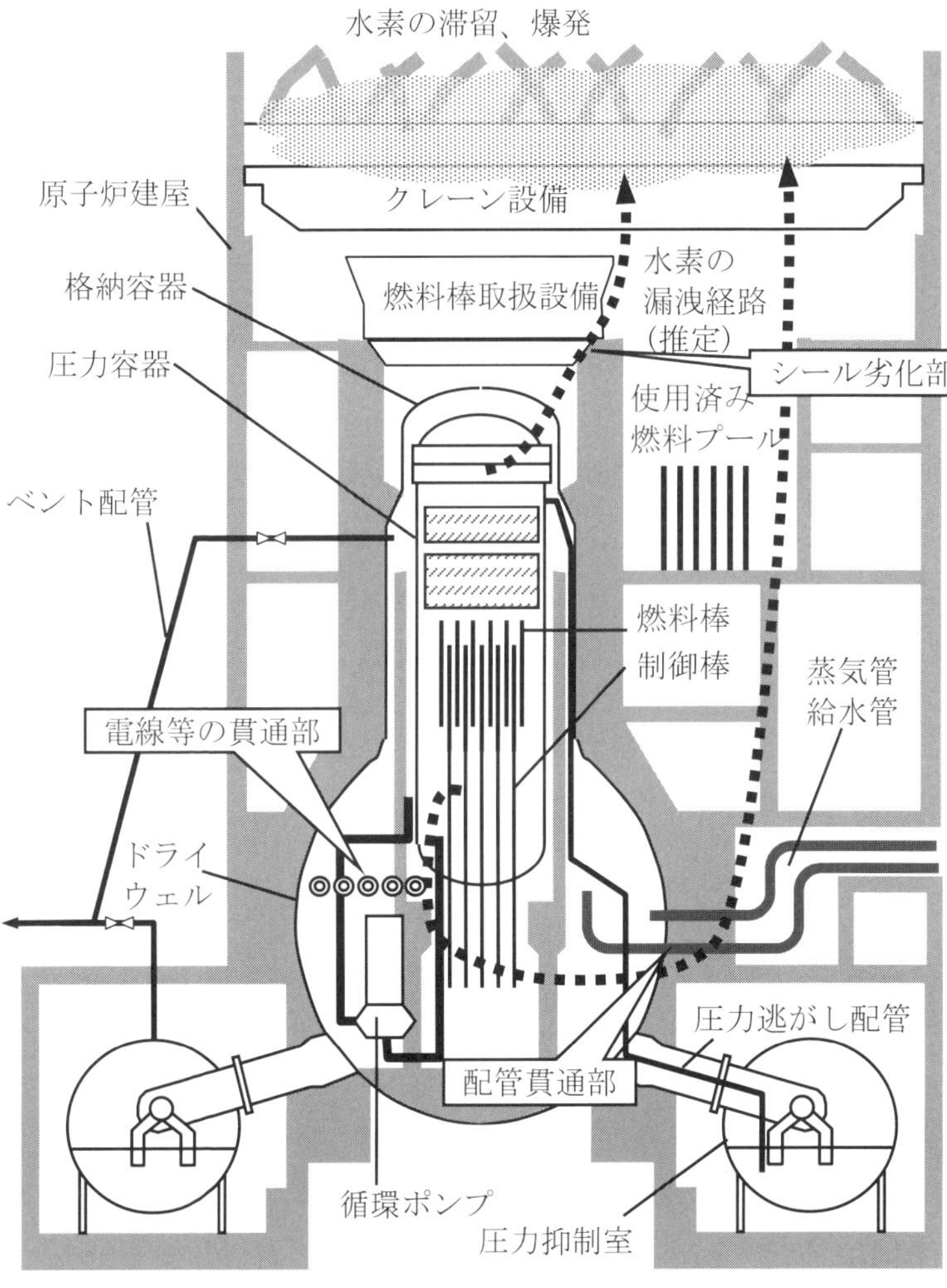

〇〇〇〇㎜）であるから、かりに正確な縮尺の模型を作ったとすれば「ジュースの缶」ていどのイメージである。前者の圧力容器の設計圧力が八八気圧である（平常時の温度条件で）のに対して、格納容器の設計圧力は四気圧である。これは内部からの圧力（中から破裂しようとする力）に対する強度であって、外部からの力（外から押しつぶそうとする力）に対する設計圧力は〇・一四気圧にすぎない。素手でジュースの空缶を握りつぶすことが可能であるのと同じように、格納容器のような円筒状の容器は外からの力に弱い。後に一号機・三号機の建屋、すなわち格納容器からみれば外側で水素爆発が起きているから、その衝撃によって格納容器の損傷が外から拡大した可能性もある。

これらの圧力容器・格納容器とも、テレビや新聞で紹介される模式図では簡単な円筒形あるいはフラスコ形として示されているが、内部には多数の機器が詰まっているとともに、タービンに送られる蒸気の配管、水が循環する配管が貫通しているのをはじめ、多数の補助的な配管や、計器類を取り付けるノズルとその電気信号を取り出す電気ケーブル、内蔵されているポンプや制御弁を駆動する電気ケーブルや圧力空気の配管などが貫通している。

原子炉にとって最も基本的な安全装置である制御棒（核反応を止める設備）は、圧力容器を貫通して抜き差しする構造になっている。このように動かせる以上は、その貫通部にもともと「すき間」が必要であることを意味する。また点検や燃料棒の交換のために、圧力容器や格納容器の頂部は取り外せるように「蓋」の構造になっており、すき間には樹脂製のガスケット（いわゆるパッキン）が挿入されている。容器そのものは高温に耐えられるが、樹脂製の構成品は数百度で劣化もしくは溶融・燃焼してしまい遮蔽する機能を失う。このように実際は、「壁」があっても「穴だらけ」である。

無理が多い原子炉

火力発電と原子力発電は、どちらも水を蒸気に変えてタービンを回して発電する原理は同じ（第2章参照）であるが、火力では石炭・石油・ガスなどの燃料を燃焼炉で燃やして熱源として蒸気を発生するのに対して、原子力では核反応のエネルギーを圧力容器内部で熱源として蒸気を発生する。図1―2は、電気出力一一〇万kW級の発電ユニットについて、火力（左）と原子力（右）で各々の熱を発生する部分、すなわち火力のボイラーと、原子力の炉心の形状を同じ縮尺で比べたものである。

図1―2　同出力の火力と原子力の熱発生部分の差

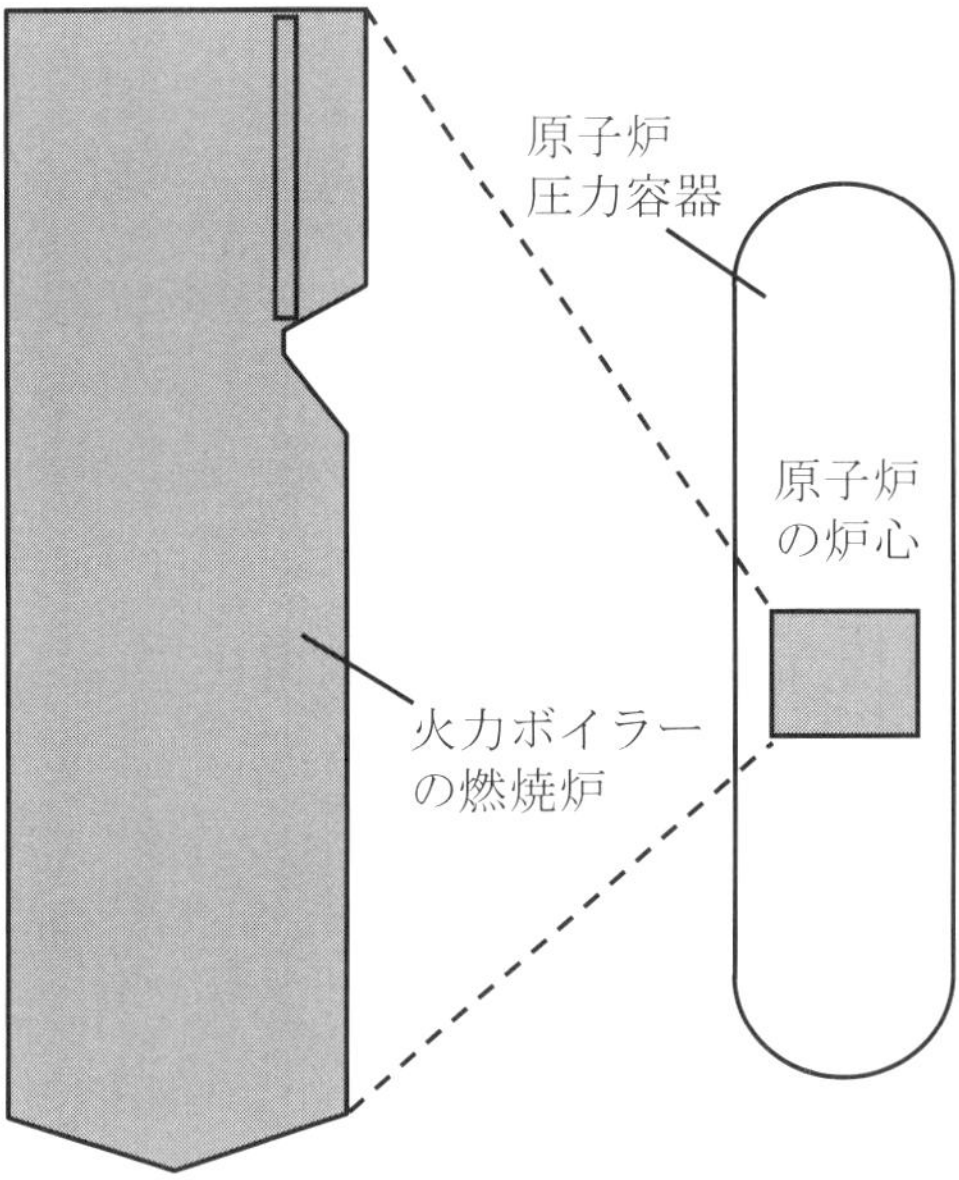

火力では、燃料の種類（石炭・石油・ガス）によって同じ電気出力に対して必要な熱量が多少異なるが、電気出力一一〇万kWに対しておよそ三〇〇万

kW分の燃料を燃焼炉内で焚く必要があり、それに必要な炉の体積は図の左側の灰色部分である。これに対して原子力（福島と同様の「沸騰水型」と呼ばれる型式）では、同じ電気出力に対しておよそ三五〇万kW分の核分裂エネルギーを発生させる必要がある。それに対応する炉心の体積は右側の灰色部分であり、火力ボイラーの燃焼炉と比べると五〇～六〇分の一の体積である。逆にいえば同じ体積あたり五〇～六〇倍の熱量が集中する。

これは、原子炉では近接した空間に核燃料を集めないと核反応（臨界）が持続できないためである。これを別の観点でみると、核燃料から水に熱を伝えるためには、体積あたりきわめて多量の水を強制的に回して熱を除去しなければならない。このため何らかの理由で水の循環が阻害されたり止まったりすると、炉心の水が短時間に蒸発して空焚きとなり燃料が過熱する危険が生じる。それを防ぐには、まず制御棒を挿入して核反応を止め、続いて水の循環を確保して炉心を冷却する「多重の」安全システムが設けられている。しかし福島では、核反応の停止には成功したものの、水の循環が保てなくなり制御不能の状態に陥った。このように原子力はもともと工学的に無理をしているシステムである。

炉心損傷と放射性物質の放出

二〇一一年一二月二日に東京電力から公開された「福島原子力事故調査中間報告書」[4]は、事故以来報告されてきたデータ・分析などを集積した資料で、本編・資料編合わせて六〇〇頁弱にのぼる。報告書によると基本的な認識として、地震直後には非常用発電機の起動や代替電源への切替えなどにより安全な停止

図１－３　１～３号機の圧力変化の時間経過

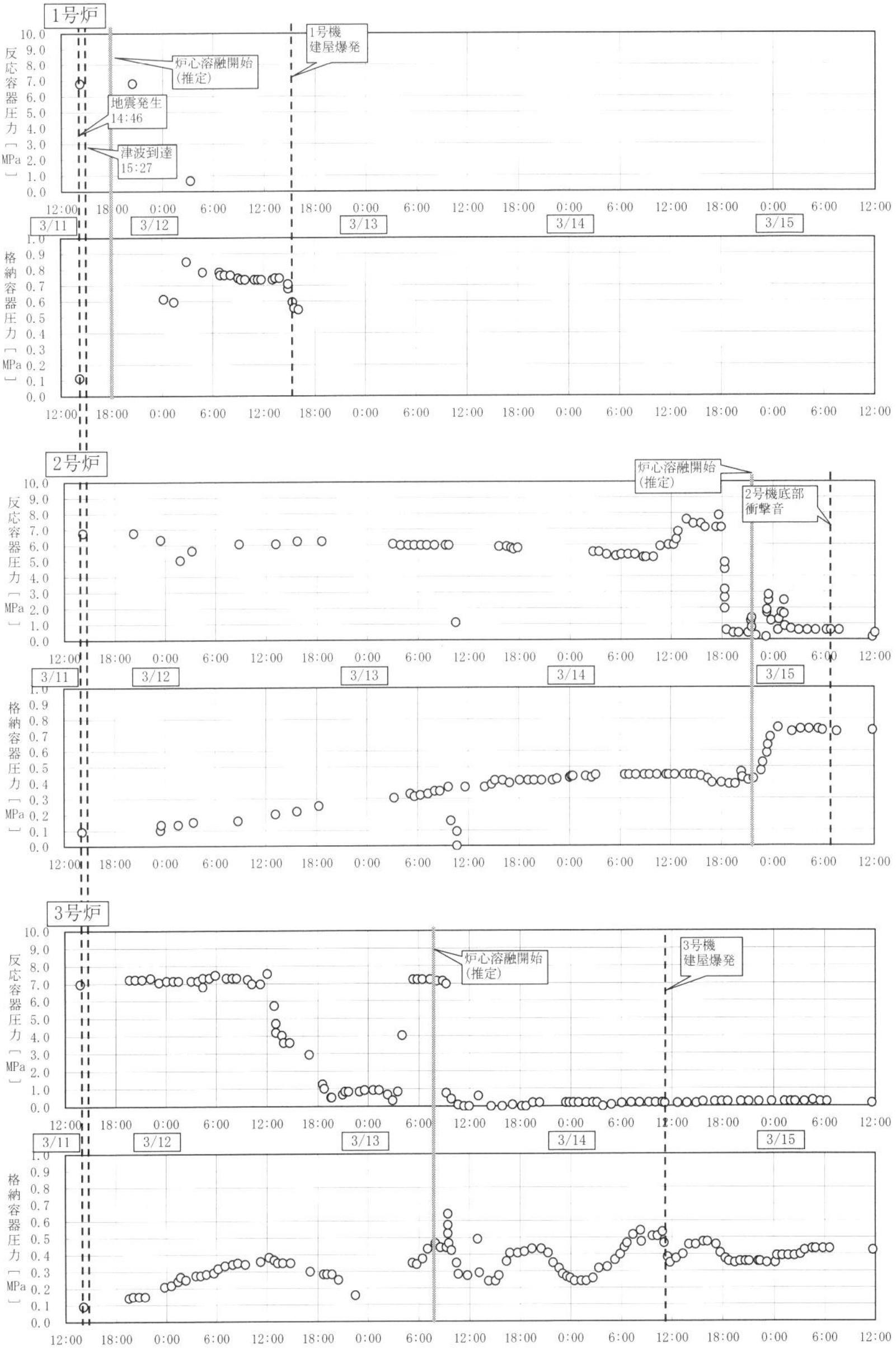

に向かうと思われたが、津波の到来によって非常用発電機も代替電源も停止し、一部を除いて冷却設備も計測器も機能を失って炉の制御ができなくなり危機的な状況を招いたとしている。

結果として一号機では、一一日一九時頃から燃料が溶融を始め、発生した水素が何らかの経路で漏洩して一二日一五時三六分に建屋爆発に至った。二号機では三月一四日二〇時頃から燃料が溶融を始めた。三月一五日に二号機の底部で衝撃音が感知され、格納容器内での水素爆発の可能性が指摘されたが、これは四号機の爆発の衝撃を感知したものであり二号機の水素爆発ではないと推定されている。三号機では一三日八時ころから燃料が溶融を始め、同じく水素により一四日一一時〇一分に建屋爆発に至った。

図1―3に、この間における一号機から三号機までの圧力容器と格納容器（図1―1参照）の圧力の挙動を示す[5]。圧力容器と格納容器の圧力の挙動は、事故の経緯を解明するための重要な手がかりである。計測技術の面からいうと、温度・圧力・水位のうち、温度は最も確実性が高い。温度計は信号線が切れない限り現場からデータが送られてくるが、水位計は測定方式によっては誤指示が出やすい。前述のスリーマイル島事故も水位計の誤指示が事故拡大の一要因であった。本来は、温度・圧力・水位の三つを相互に参照することによって、状況はより確実に推定できるのであるが、温度データの時間経過は示されていない。ここでは主に圧力の挙動から事故の経緯を検討する。

図1―1に示すように格納容器は圧力容器を囲っているが、圧力容器とは本来完全に隔離されており、ほとんど大気圧である。また格納容器と圧力抑制室は太い配管で通じており先端は圧力抑制室の水に浸っている。平常時は格納容器と圧力抑制室の圧力はほぼ等しい。東電の記録をみると地震前はいずれも正常値で運転されている。エネルギー総合工学研究所および東電の解析によると、一〜三号機とも七割あるい

はそれ以上の溶融燃料が圧力容器を貫通して格納容器まで落下したと推定している。(6) すなわち圧力容器に完全に穴が開いて圧力容器と格納容器が通じてしまったというシナリオである。そうなれば圧力容器内の水や蒸気が格納容器内に噴出を続け、格納容器が破裂しないかぎりは、いずれ双方が同じ圧力になって平衡する。

図1―3より一号機について、圧力容器と格納容器の時間に対する圧力の時間経過を検討する。津波到達以後にデータが不明な時間帯が続いているが、三月一一日二〇時頃に圧力容器の圧力が一回だけ測定され、この時は七MPa（メガパスカル・以下チャートに従い）前後で運転時と同じであった。しかし三月一二日三時〇〇分前に再度測定したときには〇・八MPa程度に低下している。一方で格納容器の圧力が、同日〇時〇〇分頃には〇・六MPaに、さらに〇時〇〇分頃には〇・八MPaに上昇し、やがて圧力容器と格納容器の圧力がほぼ同じになっている。

一号機は結果として早期にすべての冷却系統が失われ、事態が急速に進展してしまったので、圧力の推移からみれば数時間の間に圧力容器の損傷が進展し圧力容器と格納容器が通じたとする説明はいちおう整合する。ただし前述のスリーマイルの例からみて、燃料溶融が生じたことは確実としても、圧力容器に急速に穴が開くというシナリオには疑問もある。なお〇・八MPaは、格納容器の設計圧力である〇・五三MPaを超えていたために、冷却が失われた状態で放置すれば、全体の圧力がさらに上昇して格納容器破裂の可能性があるため、同日の九時頃から格納容器内の気体を放出する「ベント」の作業を開始している。

また図1―3より三号機について、圧力容器と格納容器の時間に対する圧力の時間経過を検討する。三号機では、一号機よりは損傷程度が少なく直流電源が維持されていたため計測器が機能しており、一号機よりもデータの不明時間が少ない。これによると三月一二日一二時時〇〇分頃から圧力容器圧力の急低下が始まっているが、これは高圧注水系（圧力容器自身の残圧によってタービンを駆動するシステム）の起動によるものとされる。このあたりまでは現場でも、緊急事態ながらも最悪は脱したと思ったかもしれない。

しかし三月一三日四時〇〇分ころに高圧注水系が停止して圧力容器圧力が急上昇したため、同九時〇〇分ころ圧力逃がし弁を作動させて圧力容器を減圧した。これは圧力容器内部の蒸気を圧力抑制室へ吹かせて圧力抑制室内の水で吸収するための操作である。これ以降の水位計は不可解な変動を示すようになり、実際の値なのか誤指示なのか不明である。いずれにしてもその後の注水が不調であったため、この頃より燃料溶融から圧力容器の損傷開口に至ったと推定されている。

九時〇〇分頃の圧力逃がし弁作動の直後、圧力容器の圧力は急低下し、ほとんど〇MPaを示している。しかしこの数値は、大気圧以下の真空という意味であり理解しがたい。計器の誤指示かもしれないが確認できていない。一方で格納容器圧力は、一部データの不明期間があるが地震直後から漸増を続け、三月一二日一二時〇〇分ころに〇・六MPaに達した後、圧力容器での高圧注水系の起動とともに低下を始めている。三月一三日時八時〇〇分ころから乱れが生じているが、報告書では炉心損傷による水素発生のためとして、この頃から圧力容器の損傷が始まったものとみている。

しかし格納容器圧力は、その後〇・三〜〇・五MPaの間を比較的緩やかに上下しており、圧力容器から水や蒸気が噴出したような形跡が確認できず、ことに圧力容器が貫通したとされる一三日一二時〇〇分前後にはかえって低下している。もし圧力容器から水や蒸気が噴出したならば、一五日の一二時〇〇分ころの三号機ベント開始まで圧力が高まり続け、一号機と同様に格納容器の設計圧力をはるかに超える値に達すると思われるが、そうなっていない点も説明しにくい。

これに対してもう一つの注目点としては、格納容器圧力が地震直後から漸増を続けて平常時の四倍に達している一方、高圧注水系の起動による圧力容器の圧力の低下と連動して低下するという動きを示している点である。もし圧力容器と格納容器の隔離が失われていないのであれば、このような連動は起こらないはずである。地震直後に格納容器圧力の急上昇はみられないため配管の完全破断などは起きていないとみられるが、地震動による局部的な損傷・漏洩が発生した可能性が示唆される。この場合でも、圧力容器内部での燃料損傷が発生していることには変わりないので、水素の発生・漏出と、高濃度に汚染された水や蒸気の漏出による放射性物質の放出が発生した。

強い地震の際に、代替電源が確保されていれば、格納容器周辺の小規模な損傷が発生して多少の水漏れがあっても、それ以上に大量の水を回していれば、燃料棒の冠水は維持できるであろう。しかしそれは当面の燃料溶融を避けているだけであって発電ができない。また水漏れが長時間続けば、やがて格納容器が水で満たされて格納容器内の循環ポンプも水没してしまう。循環ポンプは水中ポンプ仕様ではないので水没したら使用不能である。このように小規模といえども損傷が発生したら、人が格納容器に入って点検し溶接や機械工作で修理しなければ、商業運転には復帰できない。修理のためには燃料棒を抜いて水を止めなければならないが、強い地震の際に、クレーンや燃料棒移動装置、燃料プールなどいずれかに損傷があれば、人が入れるまでには相当な時間を要する。原子炉自体の地震対策を強化しなければ、電源確保を多重にしたところで大規模災害があれば電力会社自身にとっても原発は損失をもたらすお荷物になるだけなのである。

さらに「最悪」の事態

事故半年後に首相を退任した菅直人氏の談話(7)によると、首都圏を含めて何千万人という単位で人が住めなくなることもありうる最悪シミュレーションを政府が行っていたとも述べている。二〇一一年三月一四日から一五日にかけて、東電が福島原発からの全面撤退を官邸に対して示唆し、これを菅首相（当時）が拒否して対応を続けるように強く要請したと報道された。前述の「中間報告書・別冊」にはこの経緯に対する説明がある。それによると東電側から「全面撤退」を申し出た事実はなく、菅首相（当時）から清水社長（当時）に直接質問があった時点（一五日四時三〇分頃）にもそのようなつもりはないと回答したとしている。

同「別冊」によると、三月一四日から一五日にかけて二号機が危機的な状況に陥るとともに、衝撃音が感知され圧力抑制室の圧力が急低下するなどの状況（後日、計器の誤指示の可能性も指摘）を受けて、社長から「最低限の人員を除き退避すること」という指示が出され、現場で調整の結果、現場にいた東電社員・関連会社作業員の約六五〇人のうち、約七〇人を残してその他を退避させることを検討したとしている。これが報道では「全員退避」と伝えられたが、現場放棄ではないというのが東電の説明である。この説明そのものは事実であるとしても、その判断の妥当性はどうであろうか。

同資料には、津波到来後の緊迫した現場の様子も記録されている。「中央制御室の放射線量が上がってきたので、比較的線量の低い二号機側に退避した」「現場へ確認に行くのにも、ふだんなら数分でできる作業が、防護服を着たり脱いだりで一時間近くかかった」「大きな余震のたびに防護マスクのまま高台に走って逃げた」などとある。しかも停電やガレキの散乱で動力機械が使えず、バッテリーを運んだり応急配線で電気ケーブルを引いたりするにも人海戦術が必要だった。一方で、所内にある六基の炉で、停止中の炉でさえも燃料冷却プールの維持の必要などがあり、いずれも手が離せない状況が同時進行していた。この状況で七〇人が残ったとしても、一炉あたりわずか一〇人ほどである。いくら非常時の不眠不休といっても人間だから限度があり、実質的な復旧作業はほとんど実行できず最低限の状況監視が精一杯となると思われる。放射線によるものかどうかを問わず、負傷者でも出ればその救護をするだけで他の作業には手が回らなくなるような少人数である。すなわち数日ていどの時間差はあっても「全面撤退」と同じ状況になった。その状態では現場放棄と同じことだから、状況は加速的に破滅状態となり、防護装備をしても炉周辺にいられない放射線が周辺に放出される事態となったであろう。

そうなると制御室にもいられないから免震棟に立てこもるしかないが、その状態では外部から救援に向かうことも困難となる。免震棟は放射線からはあるていど防護されているが、やがて水や食料が欠乏し極めて非人道的な事態に陥った可能性が高い。これを考えると、東電幹部が「最低限の人員」とした七〇人は「全面撤退ではない」という建前のための犠牲となっていた可能性がある。もちろん発電所外への放射性物質の拡散による公衆被害も桁ちがいに大量となり「福島」では済まない事態となっていたであろう。振り返ると、菅首相（当時）が発生時の体制のまま対応を続けるように強く要請したことは、結果論ではあるが最善の判断であった。別の首相であれば東電の申し出通りに納得してさらなる破滅的事態を招いていたかもしれない。

現場では暗闇（密閉された建物の中なので照明がなければ昼間でも暗闇）で計器も使えず、何が正しい数値なのかわからず配管も至るところで壊れている。頼りになるのはプラントの隅々まで知りつくした現場技術者の勘と経験だけで、だましだまし手作業で注水を続けるしかなかった。ここで関係者が早期に現場を放棄していたら、やはり格納容器の破壊に至り、放射性物質の大量噴出を招いていた可能性がある。このような想定外の事態において、首相が民間企業である東電に対して、撤退するか否かを指示する法的な根拠はないが、政府の最高責任者である「首相」という立場において超法規的な指示を下し、それが結果として正しかった。

細々とではあったが注入されていた水（海水、後に真水）が原子炉内部でどのように回り、どれだけ燃料と接触していたかは、格納容器内にはロボットさえ入れないので確認することができない。圧力容器内には複雑な構造物があり、炉心部まで水が達したかも不明であるが、水が達しなければ過熱して溶融・落下するので結局は大部分の破損燃料が水と接触したのではないか。水が入ることは一方で再臨界すなわち核反応を誘発する可能性があるが、全面的な再臨界は起きなかったと思われる。これは「原子爆弾」とは異なってウランの濃度が低く、ペレット状に成型（前述）されているため、あるていど溶融して不規則に積み重なっても、臨界を起こす条件には至らなかったためと推定される。

前述の「さらに最悪の事態」が避けられたのは、関係者が撤退せず不十分ながらも注水を続けた努力が第一にある。もちろん蒸気の漏出により放射性物質が広く拡散する結果を招いたが、格納容器の爆発的破壊はかろうじて避けられた。現状（二〇一一年末）では、内部は破損した構造物が乱雑に積み重なり、その間に破損燃料が散在していると考えられる。これらは再臨界の可能性は少ないが、崩壊熱の発生は続いているので冷却水の注入は続けざるをえない。前述のように圧力容器の底が貫通しているかどうかは断定できないが、いずれかに破損・開口があり外部と通じていることは疑いがない。現時点でこれを塞ぐ方法はない。

「冷温停止」は収束なのか

二〇一一年一二月一六日に政府は、福島第一原発の「冷温停止」を達成したと宣言した。原子炉に関する収束対策は主に二点、すなわち「冷却（除熱）」と「放射性物質放出の局限」である。図1―4に示すように燃料の崩壊熱は依然として出続けており、推定法により異なるが、三基合計して二〇一一年末でも五～一五MW分の冷却（除熱）をしなければならない。このため冷温停止イコール収束ではない。二〇年くらい経つと発熱が収まって水を補給しなくても済むレベルになるだろうが、なお大量の高濃度廃棄物は残り、最終的な収束宣言を出すには至らないであろう。大気側への汚染物質の放出は限定されても、海洋・地下水・土壌への拡散を防止することは困難である。「冷温停止」といっても崩壊熱が続いているかぎり「収束」はない。

使用済み燃料棒のほか、定期点検時に燃料棒を抜き出して一時的に保管する場合にもプールが使用される。もし水による冷却ができないと燃料棒の温度が上昇して、燃料が炉内にある場合と同様に燃料の溶融が起きる。福島原発で地震時には停止していた四号機でも、一～三号機から配管を伝わって漏洩したとみられる水素で爆発が起きたが、偶然にも建屋の天井が吹き飛んだ開口部から放水車やヘリコプターで注水を試みる事態となった。逆に建屋の天井が吹き飛んでいなかったら注水する手段がなく、保管中の燃料棒の溶融が発生したかもしれない。

冷温停止は収束ではない。「冷温」という用語は、原子炉の温度を一〇〇℃以下、すなわち大気中でも水が沸騰しない温度にするという意味で用いられている。「原子炉周辺の温度」と表現されているが、どの温度を測定しているか明確でない。いずれにしても圧力容器の内部から大気までがいずれかの経路で通じていることは確実なので、原子炉周辺の水温が大気温を超えていると、そこから水蒸気が環境中に放出され、それに伴って放射性物質の排出が続くため放射性物質の拡散が収まらないことになる。

「冷温停止」を達成したとされるが、東京電力は二〇一一年一〇月一日に、再度の余震・津波などのトラブルで注水が停止した場合に燃料温度がどのように上昇していくか検討結果を公表した[8]。圧力容器底部の温度が一〇〇℃を下回っていても、注水が停止すると一時間ごとに約五〇度ずつ上がっていくと予想しており、停止が約三八時間続けば燃料の再溶融が起こると評価した。ただ、実際には消防車の配備などで三時間あれば注水を再開できるとしている。

注水停止が長時間にわたった場合は約一八〜一九時間で爆発の原因となる水素が大量に発生する一二〇〇℃までに達し、さらに一二〇〇℃を超えて上昇すると放射性物質の放出が始まる可能性があるとしている。

確実に水を回したり、汚染水の量を正確に把握するためには、格納容器損傷部分を塞ぐことが必要であるが、二〇一一年五月時点の東京電力のロードマップでは、この点について「グラウトセメントを充填」としていたが、それも「例」としているだけで具体的な工法は提示されていなかった。グラウトセメント

図1—4　運転停止後の崩壊熱の発生

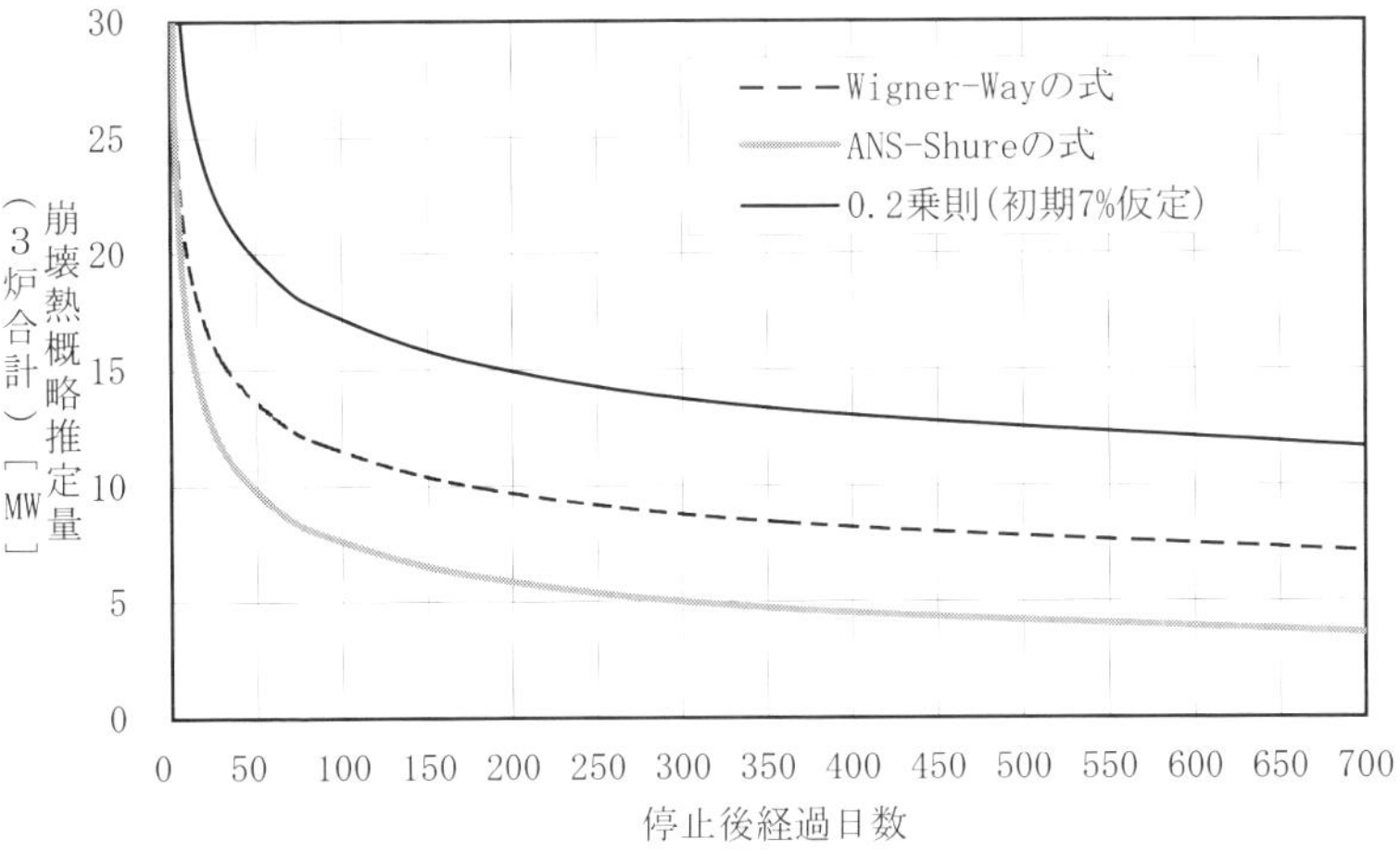

というのは一般的な用語でいえば「モルタル」である。そもそもどこがどのように破損しているかわからなければ工法や材料の選定も不可能なはずである。格納容器にしても配管にしても厚い金属の構成品であり、それを補修するには人間が入って現場で溶接などの工作が必要であるが、そうした本格的な作業ができないのでグラウトセメントの注入を検討したと思われる。

しかし二〇一一年九月二〇日に経済産業省から公表されたロードマップでは、この項目が対策から削除されてしまった[9]。そもそもグラウトセメントを充填という対策は、四月二日前後にトレンチから海への汚染水漏出を防止するために、古新聞や雑巾の投入を試みたが失敗したのと同程度の内容である。成功の可能性が乏しいことは提案した技術者自身がよく知っていたのではないだろうか。この他にも、五月の段階に比べていくつか放棄された対策がある。

図1—5に汚染水の循環経路を示す。一〜三号基とも、初期の段階で圧力容器と格納容器がいずれかの場

所で通じたと思われる。当初は消防車のポンプで①のように外から注水するしかなかった。もし崩壊熱を単純に注水だけで冷温状態（一〇〇℃未満）に冷却しようとすると、③の溶融燃料とまともに接触して高濃度に汚染された水が④のように溜まり、結局のところ入れた分だけ②のようにあふれて出てきてしまう。その一部は海に漏出した。単純に注水だけに依存すれば当初は一日に数千トンの水が必要であった。しかしその高濃度の汚染水はどこにも捨て場がなく、発電所内に溜めるしかない。

かといって、汚染水の発生量を抑制するために注水量を絞ると、圧力容器や格納容器の温度と圧力が上がるとともに、爆発を招く水素発生の可能性も高まる。いずれも圧力容器や格納容器の物理的な破壊の可能性を招く。当初はそのバランスをみながら試行錯誤で注水量を加減していたが、いずれにしても長期的には続かない。ほどなく水の捨て場が行き詰まって冷却が続けられなくなるので、水処理装置を導入して循環システムを作る必要があった。

④の汚染滞留水をポンプで汲み出して⑥の水処理装置へ導入し、油分離・吸着・除染・塩分処理などの工程を経て、再循環できる程度まで放射線レベルを下げたのち、循環水タンクを経てポンプで再度圧力容器や使用済燃料プールに注水される。海水の注入はすでに中止しているが、初期に注入した海水や津波で流入した海水は完全に抜き出して入れ替える方法がないので、真水を補給しながら薄まるのを待つしかない。そのため現在も塩分処理装置が必要とされる。

④の滞留汚染水はいまも発電所内の各区域に大量に溜まっているが、水処理設備の稼動とともに徐々に減っていると報告されている。しかし原子炉建屋やタービン建屋の地下も地震で損傷している可能性があ

図1—5　炉の冷却と汚染水の処理

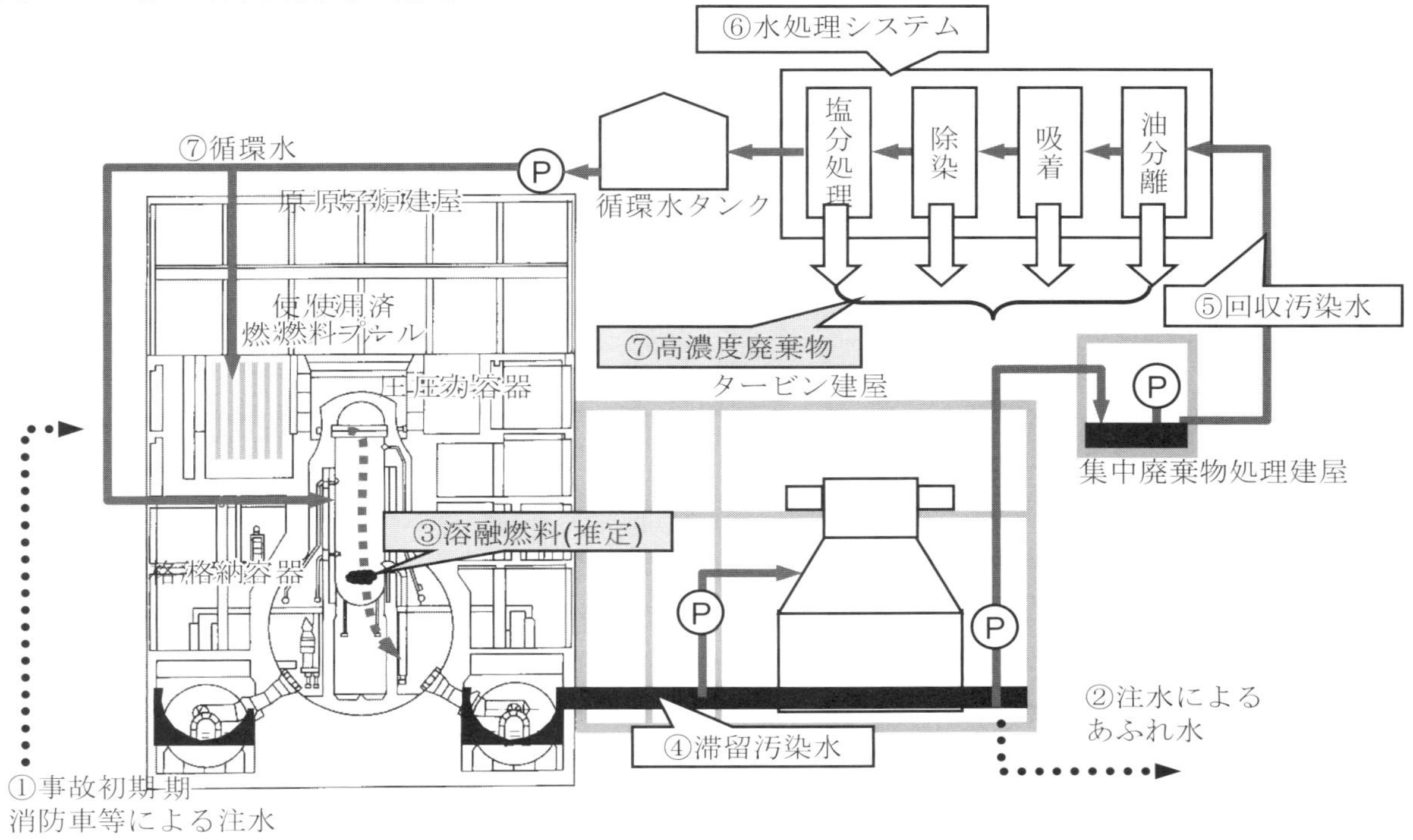

り、亀裂を通じて継続的に土壌へ浸出している可能性がある。また逆に地下水が建屋に浸出し汚染水を増加させている可能性もある。いずれにしても現状ではロボットでも観察できず、修理も不可能な状態なので、周辺のモニタリングにより間接的に推定するしかない。

一方、水処理システムを通しても放射性物質そのものは消滅しない。いずれも⑦のように、水から除去した汚染物質・不純物は高濃度の廃液や廃固体として外部に取り出すしかない。さらに水処理システムそのものも吸着剤などの資材を一定周期で交換する必要がある。それらの作業そのものにも洗浄水が必要であり、放射性物質に触れた水は再び汚染水となる。大量の水がそのままあふれ出てくるよりも保管場所の観点では制約が緩和されるものの、水を回しているかぎり、溶融燃料から際限なく発生する放射性物質が水に伴って外に移動してくる。要するに③の破損燃料を、水を通じて⑦の高濃度廃棄物として少しずつ取り出しているような状況である。また二〇一一年一二月八日に東京電力は、処理水の保管タンクが二〇一二年三月には満杯になり水の行き場がないために、海に放出するとの計画を発表した。放射性物質を除去した処理水としているものの、漁業関係者などからの強い反対を受けて計画は見直しを余儀なくされた。

これからの課題――内部被曝

福島県内の市町村では、一般公衆に対する年間の放射線許容被曝限度をはるかに超えている地域が出ているが、東京ではどうだろうか。放射性物質の人体への到達は実際には図1―6のように多数の経路がある。報道では「空間放射線量」が毎日伝えられており、最近は福島からの突発的放出はみられないので、

図1―6　放射性物質の人間への到達

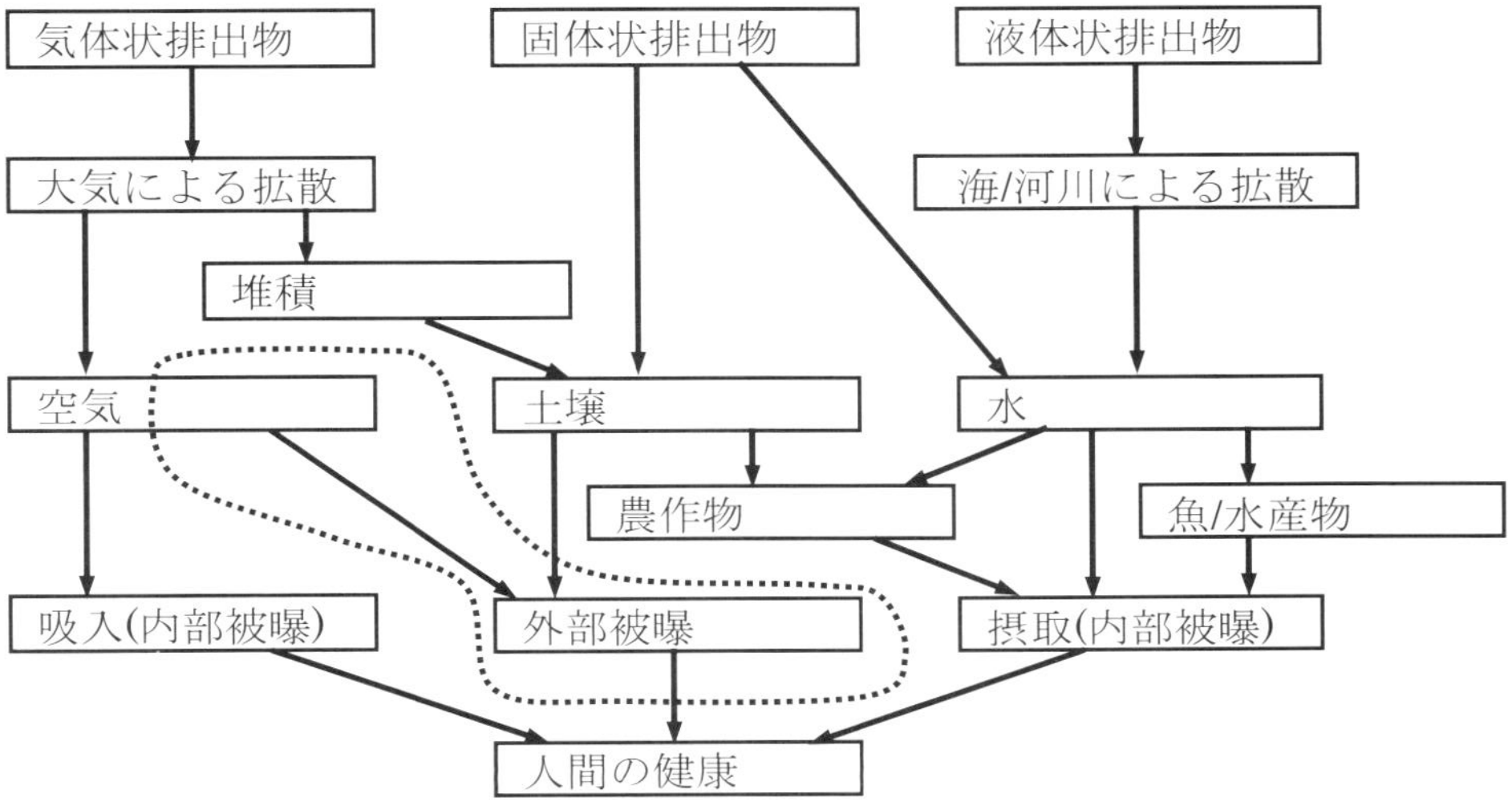

少なくとも東京都（首都圏）では、空間放射線については、おおむね事故前と同じ平常値であるかのように伝えられている。ただしこれは全体の被曝量の一部であり、図の破線内のみである。

図に示す経路の中にはデータの不足により計算不能な部分があるので、まず計算可能な経路のみについて評価する。東京都内でも場所によるデータのばらつきがあり、ホットスポットと呼ばれる線量の高い地域があるが、ここでは東京都のホームページの値[10]を使用する。食品の摂取による内部被曝について標準的な計算の方法[11]はあるが、どのような食品をどれだけ摂取しているかは個人によって大きく異なる。

このため「家計調査年報[12]」により、平均的な世帯で一人あたりどのような食品をどれだけ摂取しているかを推定した。また個々の食品にどれだけ放射性物質が付着しているか、一部の流通事業者で実際の測定値を表示している他は「流通している食品は暫定基準[13]をクリアしている」というレベルでしかわからない。このため、最大限の被曝の可能性として暫定基準（たとえば放射性セシウムについて、野菜類・穀類・肉その他について五〇〇Bq〔ベクレル〕／kgなど）まで放射性物質が付着しているものとして推定した。その結果、今後福島からの突発的大放出がないという前提で、東京での今後一年間の推定として次のようになった。

①大気中の放射性物質（空間線量）による外部被曝→九四μSv（マイクロシーベルト）／年
②水道水の飲用による内部被曝→一〇（同）
③食品の摂取による内部被曝→四八五〇（同）
④大気中の放射性物質を吸引することによる内部被曝→二七〇（同）
⑤地表面からの放射、土埃などを吸引することによる内部被曝→データ不足により計算困難

図1―7　東京での想定被曝量

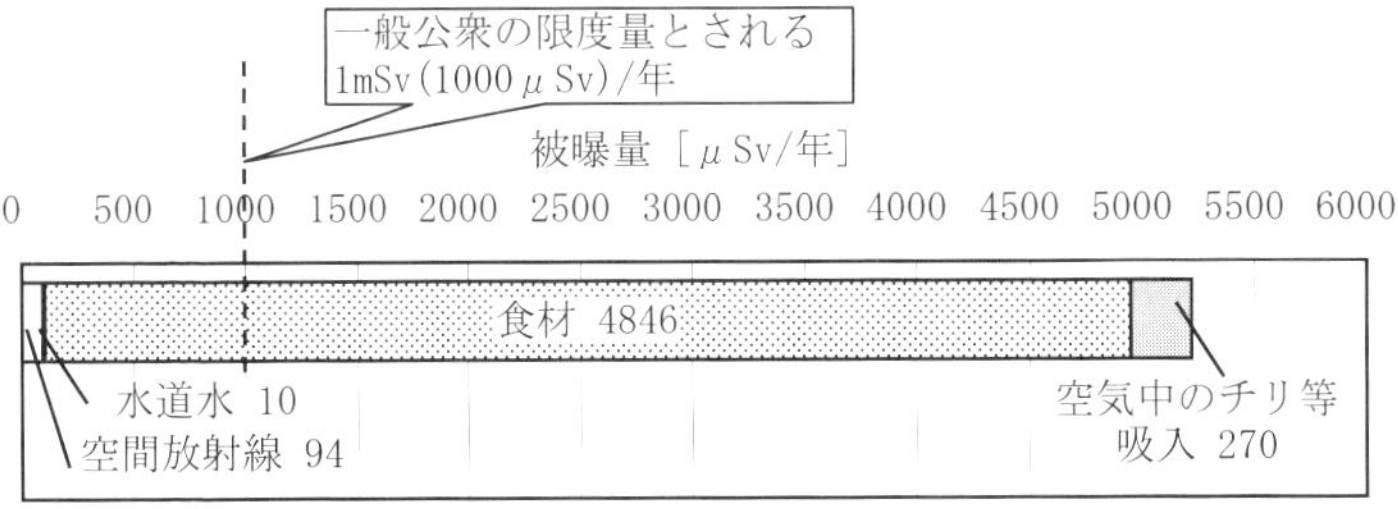

合計すると図1―7に示すように五二二〇μSv／年すなわち五・二mSv／年となる。これは一般公衆の被曝許容量の一mSv／年を大きく越えるが、その大部分は食品の摂取によるものである。食品のデータには不確定要素が多いが、市場に流通しているものは暫定基準をクリアしている、すなわち逆の可能性としては暫定基準と同じ放射性物質が付着しているとして計算したからである。もちろんこれは、食品の暫定基準の妥当性の議論につながる。さらに地表面の土埃の吸引については、一般公衆の土埃吸引量を推算する方法は確立していないものの、かなり高くなる可能性がある。なお以上の試算は成人に対するものであり、子どもに対しては影響の係数が大きいので、同様に計算すると数倍から一〇倍の被曝量となりとうてい許容できないレベルとなる。

なお二〇一一年一〇月二七日に政府の食品安全委員会は、健康影響が見出されるのは〇歳から生涯の累積でおよそ一〇〇mSvとする評価をまとめ厚生労働大臣に答申した。これは外部被曝を除く食品からの内部被曝の分としている。従来の食品ごとの暫定基準とされる数値は、食品からの被曝が放射性物質全体で年間一七mSvを超えないようにする制限から逆算して求められているが、もし前述の生涯の累積で一〇〇mSvという制限を採用すれば、現行よりも基準値が厳しくなる方向に変化する。ただし外部からの被曝も加えた場合の評価や、一方では放射性物質の放出量は日数とともに減少してゆくことを勘案すれば、具体的に食品ごとの新基準をどのように定めるのか今後の課題となる。

一方で長山淳哉氏（環境遺伝毒性学）は、子どもに対する影響も考慮し、現実的な許容範囲として暫定基準値の一〇分の一に規制すべきであると指摘している。[14]その後、二〇一一年一二月に厚生労働省は、飲食物に由来する放射性セシウムの被曝を年間一mSvに抑えるために、食品中の放射性セシウムの暫定規準を厳しくして二〇一二年四月をめどに施行すると発表した。これによると、野菜類・穀類・肉・卵・魚・その他の一般食品が一〇〇Bq／kg（暫定基準は五〇〇）、飲料水が一〇Bq／kg（同二〇〇）、牛乳が五〇Bq／kg（同二〇〇）としている。また乳児用食品についてはこれより厳しく全品目五〇Bq／kgとしている。この改定案に対して、飲食物に由来する放射性セシウムのみをカウントして年間一mSv以下とするだけでは不十分であり、外部被曝や呼吸摂取などの合計で年間一mSvを目標とすべきであるという批判や、他の核種（ストロンチウム等）についても個別に基準を定めるべきである等の批判がなされている。

1 電気事業連合会ホームページ「でんきの情報広場」http://www.fepc.or.jp/present/safety/shikumi/jikoseigyosei/sw_index_02/index.html

2 正式には「パスカル（Pa）」等の国際単位系を使用するが、慣用的に「気圧」で示す。

3 一九七九年三月二八日にペンシルベニア州のスリーマイル島原子力発電所で発生した事故で、周辺機器の不調や計器の誤指示などを発端として原子炉操作を誤り、燃料溶融が発生して放射性物質が環境に放出された。地震など自然災害は関与していない。

4 東京電力プレスリリース http://www.tepco.co.jp/cc/press/11120203-j.html

5 東京電力福島原子力事故調査報告書（中間報告書）別添資料10―1・10―6・10―7より。なお同報告書図版よりディジタイザで読み取りのため若干誤差がありうる。

6 『毎日新聞』Ｗｅｂ版 http://mainichi.jp/select/jiken/news/20111201k0000m040066000c.html

7 ＮＨＫウェブ版「首相 原発事故を語る」http://www3.nhk.or.jp/news/html/20110912/k10015537211000.html

8 『日本経済新聞』ウェブ版二〇一一年一〇月一日、その他各紙報道。

9 経済産業省東京ホームページ・電力株式会社福島第一原子力発電所について―原子力発電所事故の状況について― http://www.meti.go.jp/earthquake/nuclear/release.html

10 東京都健康安全センターホームページ http://www.tokyo-eiken.go.jp/monitoring/index.html

11 放射線医学総合研究所ホームページより「放射線被ばくに関する基礎知識」http://www.nirs.go.jp/data/pdf/i14_j3.pdf

12 総務省統計局「家計調査年報」http://www.stat.go.jp/data/kakei/2.htm

13 厚生労働省ホームページ http://www.mhlw.go.jp/stf/houdou/2r9852000001558e-img/2r98520000015 59v.pdf

14 長山淳哉『放射線規制値のウソ』緑風出版、二〇一一年。

第2章　「発電」と「停電」を考える

計画停電と大規模停電

二〇一一年三月一一日の地震により、東北から関東にかけての広範囲で多くの水力・火力・原子力発電所や送電・変電設備が被害を受け、それらの中には短期間での復旧が困難な箇所が多数発生した。三月一一日はたまたま金曜日であり、週末には企業も人も休む割合が多くなるため電力需要は下がるが、週明けの三月一四日から電力需要が増加することが予想された。図2―1は、地震の前週三月五日から地震発生日の三月一一日にかけて、東京電力における一時間ごとの電力需要量の変動の様子を示す[1]。

通常であれば、前週三月六日の日曜日から週明けの三月七日にかけて図2―1のパターンに示すように、電力需要が急激に立ち上がることが予想された。東京電力の供給範囲内でも、東北ほどではないにしても地震による被害で休業を余儀なくされる企業が発生していたが、それらを除いても週明けに電力需要が立ち上がれば、その時点での供給能力を超えるおそれがあった。このため東京電力の供給地域では三月

図２―１　時間毎の電力需要変動パターン

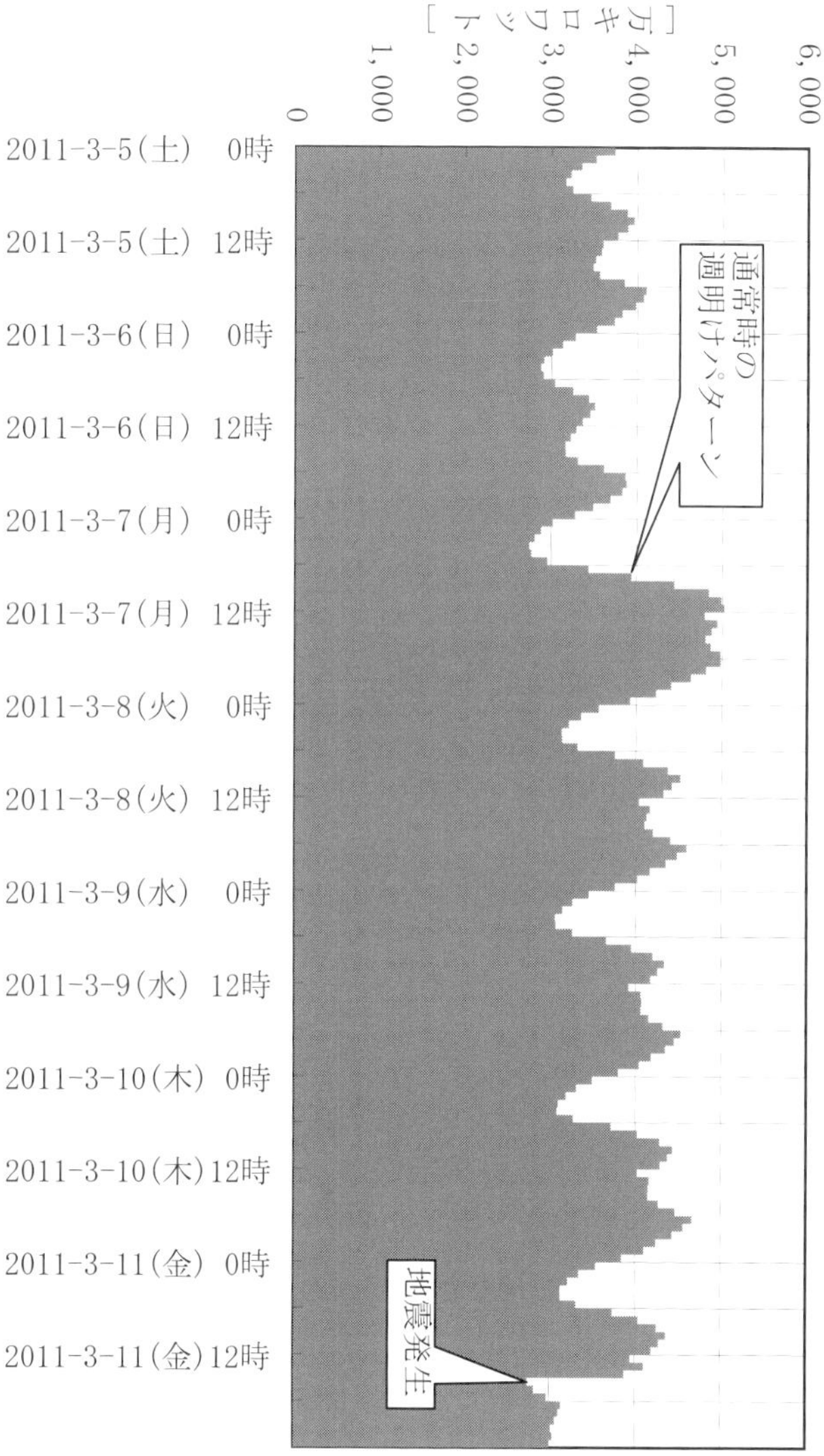
［万キロワット］
0
1,000
2,000
3,000
4,000
5,000
6,000
2011-3-5(土)　0時
2011-3-5(土) 12時
2011-3-6(日)　0時
2011-3-6(日) 12時
2011-3-7(月)　0時
2011-3-7(月) 12時
2011-3-8(火)　0時
2011-3-8(火) 12時
2011-3-9(水)　0時
2011-3-9(水) 12時
2011-3-10(木) 0時
2011-3-10(木)12時
2011-3-11(金) 0時
2011-3-11(金)12時
通常時の週明けパターン
地震発生

表2—1　計画停電と大規模停電の比較

	計画停電	大規模広域停電
開始時間	予告されている	予告なしに突発
終了時間	予告されている	いつ復電するか不明（米国では１週間の事例も）
実施地域	決まっている	不定。計画停電よりはるかに広域に起きる
その他	予告されていても中止されればそのまま送電継続される	復旧の過程で安定するまで停電・復電を繰り返す可能性

一四日から二七日まで、戦後の混乱期を除くと初めて「輪番停電（計画停電）」が実施された。

この計画停電は、国民の大部分を占める戦後世代の人々が経験のない事態であり、業務や生活への支障はもとより、信号機や道路照明の消灯による交通事故の発生や、医療・福祉機関における生命維持装置の停止などの危険が生じた。

また計画停電の当初は、本当に実施するのかしないのか決定が速やかに伝えられなかったり、停電時間帯や地域の周知が行き届かないなど、原発事故に対する不信も加わって「無計画停電」「暴力停電」などと批判された。

しかし計画停電を実施せずに大規模広域停電を招いた場合には、計画停電の地域も共に電気が来なくなるのであるから、より広範囲に同様の事故が起きたはずである。計画停電は原子力発電の必要性を印象づけるための情報操作であるとか、火力発電その他の発電方式の容量を過小申告しているなどの批判は、少なくとも地震直後の段階では当を得ていない。停電時間帯や地域の設定をめぐって「有力政治家の居住する地域は除外される」といった憶測さえ流布された。「計画停電」と「大規模広域停電」について、状況を表2—1に比較する。いずれが危険かはいうまでもないであろう。地震直後の計画停電に限っては、批判を覚悟で実施した東京電力の判断は適切といえる。

かりに福島第一・第二や東海第二が、原子力でなく火力であったとしても、今回の地震と津波では、数ヶ月から年単位で再稼動できない状況に陥ったことは同じである。現に福島県広野町にある東京電力広野火力発電所では、構内全域が津波で冠水して五系列の発電ユニットがすべて稼動できなくなり復旧は七月まで要している。三月一一日の本震はM九・〇と推定され、余震といえどもM七〜八クラスの大地震の連発が警告されていた。大震災で動揺した人々の不安の中、破壊を免れた発電所もさらに余震で停止すれば、大規模広域停電が起きた可能性は充分にあった。

政府や東京電力を批判するあまり、技術的理解を欠いた憶測を流布させたことは、結果として大規模広域停電を誘発する原因になりかねず、市民に大きな危険をもたらすおそれがあった。発電と停電のメカニズムを理解していれば「原発の必要性を印象づけるために火力その他の容量を過小申告」といった誤解は生じなかったはずである。電力の需要と供給のミスマッチでなぜ「停電」が起きるのか、それを避けるにはどうすればよいのか、発電や送電について一定の基本的な知識を有しておいたほうがむしろ安心できるのではないだろうか。

発電所のしくみと能力

発電プラントの概念は図2―2のようになっている。ここでは石油焚きの火力発電所の例である。①は燃料タンクで、石油焚きの火力発電所では一般には重油を使用する。もし石炭焚きであれば石炭の貯留・

処理設備、天然ガス焚きであれば液化天然ガスの受入・気化設備が設けられる。②の燃料ポンプによって④のボイラーに燃料を供給する。これらの設備は、船舶から燃料を受け入れる必要性から、海沿いに配置される。このため津波では大きな被害を受ける可能性が高い。福島第一原子力発電所は、非常用ディーゼル発電設備用の燃料なども同様に海沿いに配置されていたため、津波で破壊されて非常用ディーゼル発電設備が機能しなくなった。

また燃料の燃焼には多量の空気が必要であるので、③の送風機によって空気が供給される。こうして燃料の燃焼によって発生した熱で蒸気を発生させる。原子力発電では、この部分で重油を燃焼させる代わりに核反応の熱を使用している。燃焼後の排ガスは、⑤の排ガス処理装置（実際にはもっと複雑）によって、排ガス中の硫黄酸化物・窒素酸化物・ばいじんなどを一定以下に除去した後、⑥の煙突から排出される。我々が一般に火力発電所の煙突として外部から見ることができる設備はこの煙突である。

発生した高温・高圧の蒸気は、⑧の主蒸気管によって⑨のタービンに導かれる。これより右側は原子力発電でも基本的な原理は同じである。タービンを回した後の蒸気は、⑩の復水器によって水に戻され、⑦の給水ポンプでボイラーに供給される。復水器は通常は大気圧以下となっている。「復水器」という名称はこれまで専門家以外には知られることがなかったが、福島事故によってたびたび報道され知られるようになった。

蒸気を水に戻す際には大量の熱を除去しなければならない。通常は大規模な火力・原子力発電所は海沿いにあり、⑪の冷却水取水管によって海水を取り入れ、⑫の冷却水循環ポンプで復水器に送り込んだのち⑬の冷却水排水管で海に戻される。この部分は原発でも同様である。福島事故ではこの部分に汚染水が大量に溜まり、その処理に困難をきたしたが、地震で復水器に破損が生じていれば排水管を通じて汚染水が

図２―２　火力発電システムの概念図

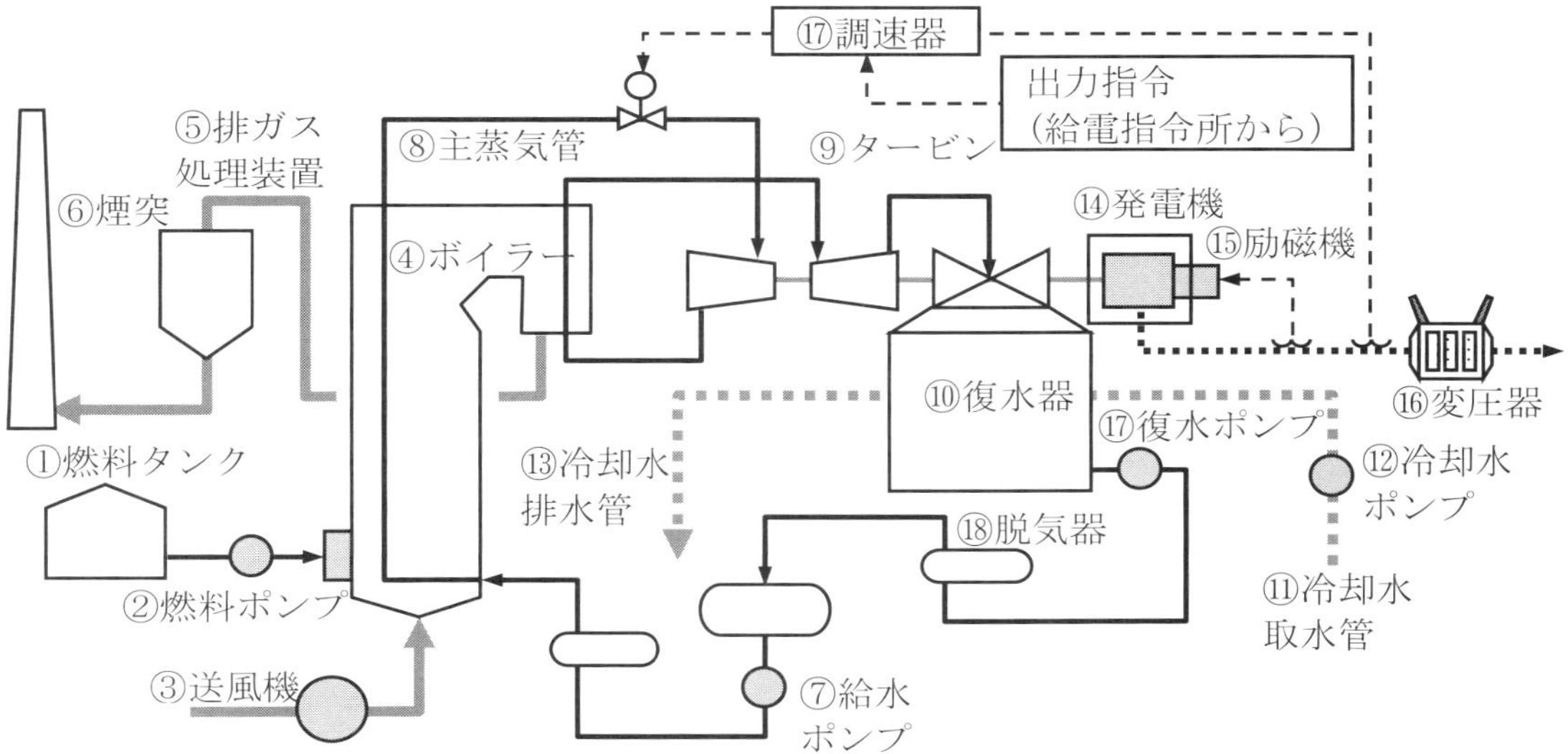

海に流出することになる。原発では、ひとたび重大事故があればあらゆる部分が汚染源になってしまう。

⑨のタービンと⑭の発電機は機械的に連結されており、ここで発電された電気が、⑯の変圧器を通じて電圧を上げて送電網へ送り出される。電力を長距離に送電するには電圧を上げたほうが効率が良いためであるが、技術的な制約により現在は最大五〇〇kV（五〇万ボルト）を上限として運用される。⑰の調速機は、発電機の負荷に応じてタービンへの蒸気量を制御する。なお細部であるが⑮の励磁機といった設備もある。発電機は磁界の中でコイル（電線の束）を回すことによって電気が起きるのであって、磁界のない状態で発電機を回しても電気は起きない。このため発電機内に磁界を作る機器が励磁器である。また電圧を調整する機能も持つ。つまり発電ユニットといっても、少なくとも起動時にはユニット外からの電源が必要ということである。このほか、高温・高圧のボイラーに水を給水するには、高純度の精製水を製造・補充する必要があるので、水処理設備が必要となる。また石炭焚き火力発電所では、石炭を粉砕して微粉炭にする設備や、燃焼後の石炭灰の処理設備なども必要となる。米国のスリーマイル島原発事故も、発端は原子炉本体とは直接関係のない水処理設備の不具合であった。

通常、一つの発電所には複数の系列がある。「系列」というのは「〇〇号機」と同じであり、電力会社でも「号」「系」と両方の呼び方をしているが同じ意味である。火力発電所ならば一つのボイラーに一つのタービン・発電機、原子力発電所ならば一つの原子炉に一つのタービン・発電機の組み合わせが一系列である。たとえば福島第一原子力発電所では一号機から六号機まで六系列が存在する。これらは固定された組み合わせであり、トラブルのときに隣の系列と切り替えて運転するような操作はできない。通常は同一の発電所（敷地）に数基から一〇基ていどの系列（号機）があり、また外部と送電線がつながっているので、起動時には相互にあるいは外部から給電を受けてユニットを起動できる。しかし今回の震災のように、同一の発電所のすべての系列や付属設備が一斉に機能を失い、さらに外部の送電線が倒壊して給電を受けられないなどの事態になると、ユニット全体を起動することができなくなる。

基本的なしくみだけでも、大規模の発電所はこのように多数の機器から構成されている。このため起動・停止には相当な時間がかかる。自動車のエンジンを始動するようなわけにはゆかない。再起動に要する時間は、逆にその前にどのような状態で停止したかによって変化する。すなわち、①夜間の低負荷時に一時的に止めるケース、②同じく週末の低負荷時に一時的に止めるケース、③長期的な計画停止（春・秋など電力需要が少ない期間に、低負荷運転でなく完全に止める）のケース、④設備廃棄を前提に閉鎖していたケース、⑤自然災害や主要機器の突発的故障による緊急停止などである。

ボイラーに点火して徐々に蒸気の圧力を上げ、タービンを起動して送電を開始するまでには、事故防止のためにさまざまな制約を守る必要がある。たとえば、ボイラーの温度を上げてゆく場合は一時間あたり何度以内などの温度上昇率の制約、タービンの回転数を上げてゆく場合には特定の回転数での運転時間の制限といった複数の制約がある。これを守らずに無理に急速に立ち上げようとすれば設備の破壊など事故に至り、状況によっては労働災害・公衆災害も起きかねない。火力発電だからといって事故が起きていないわけではない。

大型の発電システムでは、ボイラーとタービンを動かすにも、それらの本体が機能するとともに、周辺の多数の補助機器が正常に動作することが条件である。一〇〇万kW級の大型火力発電所では、停止状態から起動して定格の発電量で送電できるようになるまでの時間は、①の夜間停止後の再起動では三〜四時間、週末停止後の再起動では四～五時間、③の長期的な計画停止後の再起動では八～二四時間ていどが目安とされている。この起動時間は、補助機器が完全に整備され、それぞれ単独の試運転が完了している前提での所要時間である。補助機器といえどもトラブルが発見されればいずれにしても運転の継続はできないので、起動操作そのものに着手できない。④と⑤は状況により異なるので予測は困難である。

震災直後という状況を考えると、これらの機器が正常であることを確認するだけでも相当な時間が必要であったと思われる。図2―2でいえば、②③⑦⑫のような大型の送風機やポンプでは、外見上は異常がなくても、地震で取り付け位置がわずかにずれたような状態で無理に回せば機器そのものが壊れてしまう。そうなればいずれにせよ運転を中止せざるをえない上に、大型の通風機やポンプのような特殊な大型機器は受注生産であるため、交換しようにも年単位の時間がかかる。

原発の代わりに火力発電所を起動するにしても、もともと設備の廃棄を前提に長期間閉鎖していた系列を再開するには、多数の機器の整備・点検や個別の試運転から始めなければならない。地震直後の週明けに報道関係者が「どのくらい電気が足りないのか」と東京電力の担当者を詰問するような場面があったが、計画的な停止でないかぎり火力発電所の再開にどのくらい時間がかかるか、専門家でも即答できないので、何でも「情報隠蔽」と関連づけて批判することは適切でない。

「発電能力」と「発電量」

電力問題を考える際に重要な要素となる発電設備の「発電能力」と「発電量」について整理する。設備

表2―2　発電設備の数値の表現

内容	別の言い方	単位
設備能力	設備容量とも言われる。 「○○万 kW（キロワット）級の発電所」などの表し方。 原発では「電気出力」と言われる場合もある。	kW（キロワット）。 数量が大きい場合は「キロ」の代わりに「メガ」「ギガ」などの単位がつく場合がある。
実際の発電能力	供給力とも言われる。	同上。
発電量	一定期間（通常は1年間）に実際に送り出した発電の実績。	kW 時（キロワット時）。 同右「メガ」「ギガ」や、日本式単位で「億」などの単位が用いられることもある。
設備利用率	ある発電ユニットが設備能力一杯で通年運転したと仮定した発電量に対して、実際に発電した量の比率。	通常は％（パーセント）。

能力（設備容量）は、ある発電ユニットあるいは複数のユニットの合計（電力会社全体など）として、一定時間あたり最大どれだけ電力を発生させられるかという数字である。その上限はユニットの設計条件として決まっているので、運転方法でこれを超えることはできない。これがピーク時間帯に「電気が足りるか足りないか（停電するかしないか）」という議論につながる。これに対して発電量（発電実績）は、ある発電ユニットあるいは複数の発電ユニットが一定期間（通常は一年間）の積算としてどれだけ実際に発電したかという累積値である。これらを表2―2に示す。

世帯での電気使用にたとえると、設備容量は「ブレーカーの契約アンペア数」に対応するものであり、発電量のほうは「電力メーター」で積算される実際の使用量」に対応する。使用量は毎月の伝票をみるとわかるが「kW時」で表示されており、電力料金もそれに応じて課金される。世帯でブレーカーの契約アンペア数を超えて電気を使用するとブレーカーが自動的に切れるが、一方で契約アンペア数がいくら大きくても、実際に使用しなければ使用量は大きくならない。これと同じ意味である。

理論的には、ある電力会社に存在する発電所の設備能力（設備容量）を合計すればその時点での供給能力になるはずであるが、実際の発電所は少なくとも法定点検で停止しなければならない期間があるとともに、部分的に古くなった機器の交換や、大小のさまざまなトラブルによっても停止する。二〇〇三年には検査データ偽装などの影響で東電の原発が全基停止していた期間もある。このため実際には、ある時点での電力会社全体の供給能力は、多くとも設備容量の合計の九割ていどとなる。

一年は時間に換算すると八七六〇時間（二四時間×三六五日）である。ある発電ユニットが一〇〇万kWの発電能力があったとして、かりに一年間フル能力で稼動すると一〇〇万kW×八七六〇時間の積算で、日本式単位で表記すれば約八八億kW時発電することになる。しかし前述のように発電所はフル稼働できない期間があるので、フル稼働の理論値に対して年間に実際にどれだけ発電したかという割合が「設備利用率」である。なおこの「設備利用率（稼働率）」の考え方は、再生可能エネルギー（太陽光・風力など）に対しても同様である。太陽光や風力では気象条件により設備利用率が左右される。

電力会社の観点では、石炭火力・石油火力・LNG（液化天然ガス）火力・原子力の各ユニットがあった場合、原子力はその技術的な性質から出力の増減が好ましくないので、まず原子力をできるだけ定格出力で運転する。次に燃料価格の安い石炭火力を運転し、需要の変動には石油火力・LNG（液化天然ガス）火力の出力を増減して対応する。最近の設備利用率の実績としては全国平均では火力が五〇％前後、原子力が六〇％前後となっている。

なぜ「停電」するのか

自然災害や機器の突発的故障で発電所や送電系統が物理的に損傷したのであれば、送電ができなくなることは当然であるが、設備が正常に稼動していても、需要と供給のミスマッチによる停電がありうる。なぜそのようなことが起きるのだろうか。図2―3は一般的な送電のシステムである。図2―2における⑯の先にある送電網である。発電所から遠距離を送電する過程では超高圧（五〇万V等）で送電されるが、次に超高圧変電所（一五万V〔ボルト〕等に降圧）～一次変電所（六万六〇〇〇V等に降圧）を経て、一部は鉄道や大規模工場など大口の需要者に直接送られる。

さらに中間変電所・配電用変電所などを経て、六六〇〇V等に降圧された配電線が、街で見かける「電柱」に設けられた変圧器によって家庭や小規模工場に一〇〇ないし二〇〇Vで配電される。最近は都市美観や防災の観点から電線地中化が求められる場合があり、変圧器等を地上に設け、ケーブルは地下に通している地域もある。なお実際の送電系統は、セキュリティ対策などとして研究目的などを除き現在では公開されていない。

それでは、末端の利用者から発電所までがどのように関連して「停電」が起きるのだろうか。送配電システムでは、工場・家庭・ビル・商店など無数のユーザーの電力使用を供給側からは管理していない。たとえば家庭ではブレーカーが切れるまでは制約なく電気を使えるが、ブレーカーは安全のために電流の上限をカットするだけの器具であり、電力の使用量を管理しているわけではない。これら無数の末端ユーザ

図2—3　発電・送電の模式図

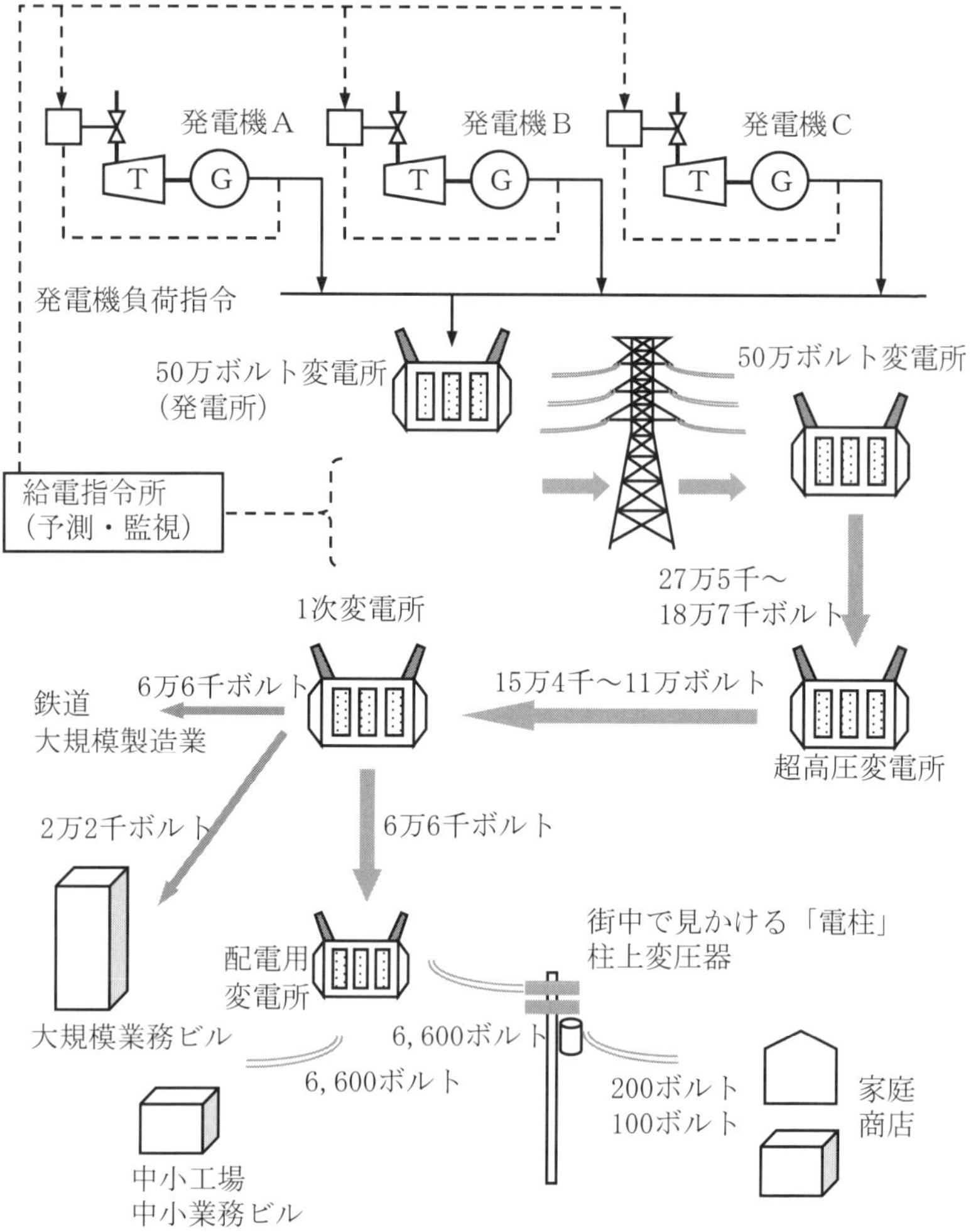

発電機A
発電機B
発電機C
T
G
発電機負荷指令
50万ボルト変電所
(発電所)
50万ボルト変電所
給電指令所
(予測・監視)
27万5千〜
18万7千ボルト
1次変電所
6万6千ボルト
鉄道
大規模製造業
15万4千〜11万ボルト
超高圧変電所
2万2千ボルト
6万6千ボルト
街中で見かける「電柱」
柱上変圧器
配電用
変電所
大規模業務ビル
6, 600ボルト
6, 600ボルト
200ボルト
100ボルト
家庭
商店
中小工場
中小業務ビル

ーの電力需要が積み重なって発電機（正確には多数の発電機の集合体）に対する需要となる。送配電システムでは、この積み重なった需要に一致するだけ電力を供給するように制御されている。

具体的にはある時点で、何らかの変動により需要が供給を上回る（下回る）と、交流の周波数が低下（上昇）する。数分単位の低下・上昇に対しては個別の発電機で、タービンへの蒸気量を調節（図2―2の火力発電の場合）して周波数と回転数を一致させるように制御されている。しかし数十分単位で需要と供給のバランスが崩れてくると系統全体の周波数が低下・上昇する。これに対しては、個別の発電機そのものの出力（負担）を増減して基準の周波数を守るように制御する。すなわち周波数を指標として需要と供給が一致するように制御される。この指令を出しているのが電力会社の給電指令所である。

ただし給電指令所は、そのつど成り行きで発電機への指令を出しているわけではない。二〇一一年に東京電力のホームページで公開されるようになった毎日の電力需要の予測（でんき予報）は、もともとこの送配電システムの業務のために備えられているデータである。前述のように無数のユーザーの電力使用量を供給側からは管理していないので、事前にそれを確定することはできず、前年度の同日のデータや気象条件、場合によっては社会的要因（著名なイベント、スポーツ試合など）も加味して各種の予測を立て、予め各発電機に分担を割り振っておく。予測が良く的中すれば個々の発電機での微調整で済むが、系統全体に影響を与えるような変動要因があれば各発電機の分担を変更して対応する。

さらに需要と供給のバランスが崩れてくると広域的に停電が起きる可能性がある。これは「系統崩壊」とも呼ばれる。その主な要因としては、系統全体としての発電能力の不足と、送電線の容量の制約の二つがある。これらは単独に、あるいは複合して作用することもある。前者の発電能力の不足については、系統に関連する発電機がいずれもフル能力に近く運転している場合に、いずれかの発電機のトラブルなどで供給能力の不足が生じると、その他の発電機が不足した分を引き受けなければならないが、それが間に合わない場合は系統全体の周波数が低下してゆく。周波数が一定以下に下がるとタービンの保護のため発電機が自動的に系統から切り離される。これは「脱落」とも呼ばれる。脱落が連鎖的に発生すると系統崩壊に至る。

もう一つの要因は、落雷・倒木・地震といった物理的なダメージによっていずれかの送電線（送電系統）が遮断された場合である。通常はすぐに別の系統に切り替えて迂回送電する対策がとられるが、各々の送電系統には送電容量の制約があり、迂回分をすべて引き受けることができないケースもある。すると発電機が正常であっても電力の供給が追いつかないエリアが発生する可能性があり、その程度が一定限度を超えれば、発電機の脱落と同様に系統全体の周波数が低下して系統崩壊に至る。

その実例として、二〇〇三年三月二八日の未明にイタリアの島嶼部を除くほぼ全土が停電する事故があった。その経緯を図2―4に示す。欧州では各国間で電力系統が接続されており、以前から相互融通が普及している。この時点でのイタリアはスイスから電力供給を受けていたが、スイス国内における倒木で送電系統が遮断され、スイスからの供給が停止して周波数（定格は五〇ヘルツ）が低下した。これが三時二五分三〇秒過ぎの急低下であるが、イタリア側の中央制御所が周波数の低下と供給のアンバランスを検出し、需要・供給の緩衝手段として運転されていた揚水発電のポンプを停止したことにより、いったんバランスが回復するかに思われた。しかしこの時に、波及をおそれたその他の国が系統を遮断したため、イタリア側で供給が不足して周波数の低下が回復せず、発電機の連鎖的脱落を引き起こし三分ほどの間に全土

図2―4　イタリア大規模停電の時間経過

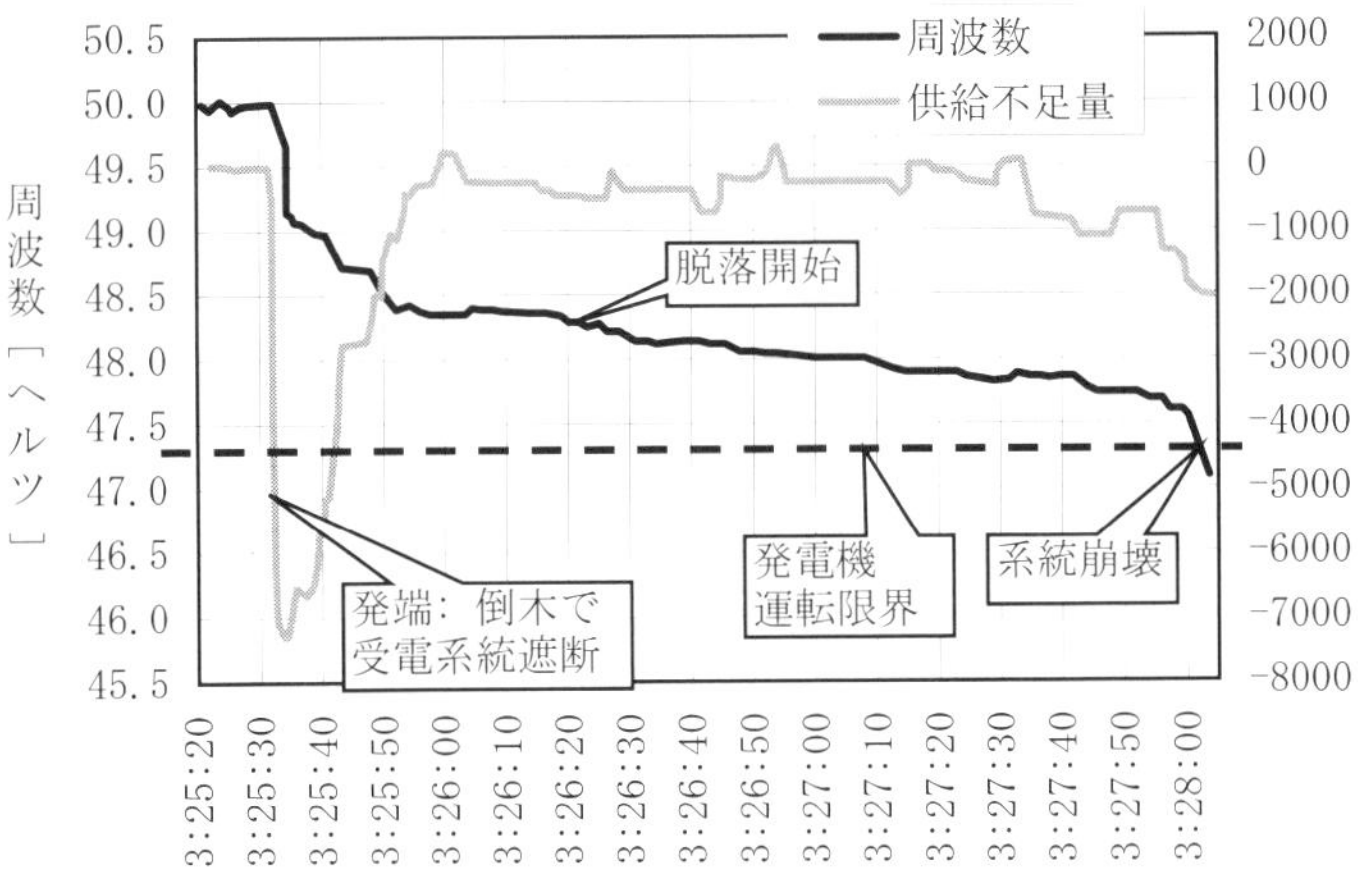

の停電に波及した。この事故で五六〇〇万人が影響を受けたとされ、復旧には二〇時間を要した。

また一九九六年にはマレーシアで全域停電が発生した。変電所事故で一部の系統が脱落して供給量が不足したことが原因で周波数が低下を始め、四七・五ヘルツを下回ったところで全域の発電機の連鎖的脱落が発生した。最初の引き金から一六秒で全域に波及している。機械であるから常に小さなトラブルがあり、災害時でなくてもユニットの停止や出力低下は常に起きている。東京電力の範囲では、夏期に北関東が落雷の多発地域となるが、こうした突発的な外乱が波及して連鎖的な脱落が発生する可能性もある。従って火力発電所がリストの上で存在するからといって、その設備容量を単に合計して「これだけ供給できるはずだ」という推測だけでは不十分である。この問題は、政治的意図とは切り離して専門家の見解を冷静に聞かなければならない。

東京電力のホームページで供給力に対する使用量のリアルタイムのグラフが公開されている。[2] 発電所の復旧と

表2―3　需給逼迫度と節電のお願い文

90％未満	比較的余裕のある１日となりそうです。
90％以上～95％未満	電気の供給は厳しくなることが予想されます。
95％以上	電気の供給は大変厳しい見通しです。
97％レベル	電力が不足する可能性があります。 （政府により「電力需給逼迫警報」が発出される）

節電が功を奏し、地震直後を除き二〇一一年の夏は計画停電は回避された。しかし緊張が緩むと、群集心理の集積で電力消費が短時間に急増に向かうおそれがある。ただ政府批判・東電批判を先行させるのではなく、技術的な背景も理解し適切な情報提供に努めるべきである。全体としてどのくらいの余裕を持って運転していれば安全なのだろうか。

望ましくは供給力の九割以下と言われている。それを超えてくると、たとえば個別の発電所の小さなトラブルや、落雷、気象条件の変動等の引き金で大規模広域停電に波及する可能性がある。二〇一一年夏の東京電力では「でんき予報」として、需給の逼迫度に応じた「節電のお願い文」を表示している。需給逼迫度とは、予想最大電力をピーク時供給力で割った比率（％）であり、それぞれ次のように表示される。(3) それによると表2―3のようになっている。

「電力需給逼迫警報」は、二〇一一年には実際に発出されなかったが、次のような手順である。翌日の最大電力需要とピーク時供給力の推定から、需給逼迫度が九七％以上（政府の表現では「供給予備率が三％未満」）が予想される場合、前日の一八時に電力需給逼迫警報の「第一報」が発出される。計画停電の実施の可能性が高い時間帯が想定される場合には、その時間帯についても通知される。さらに、計画停電の実施が確実となった場合、予定時間の二時間前に「第二報」が発出される。

図2―5　夏と冬の電力需要日変動パターン

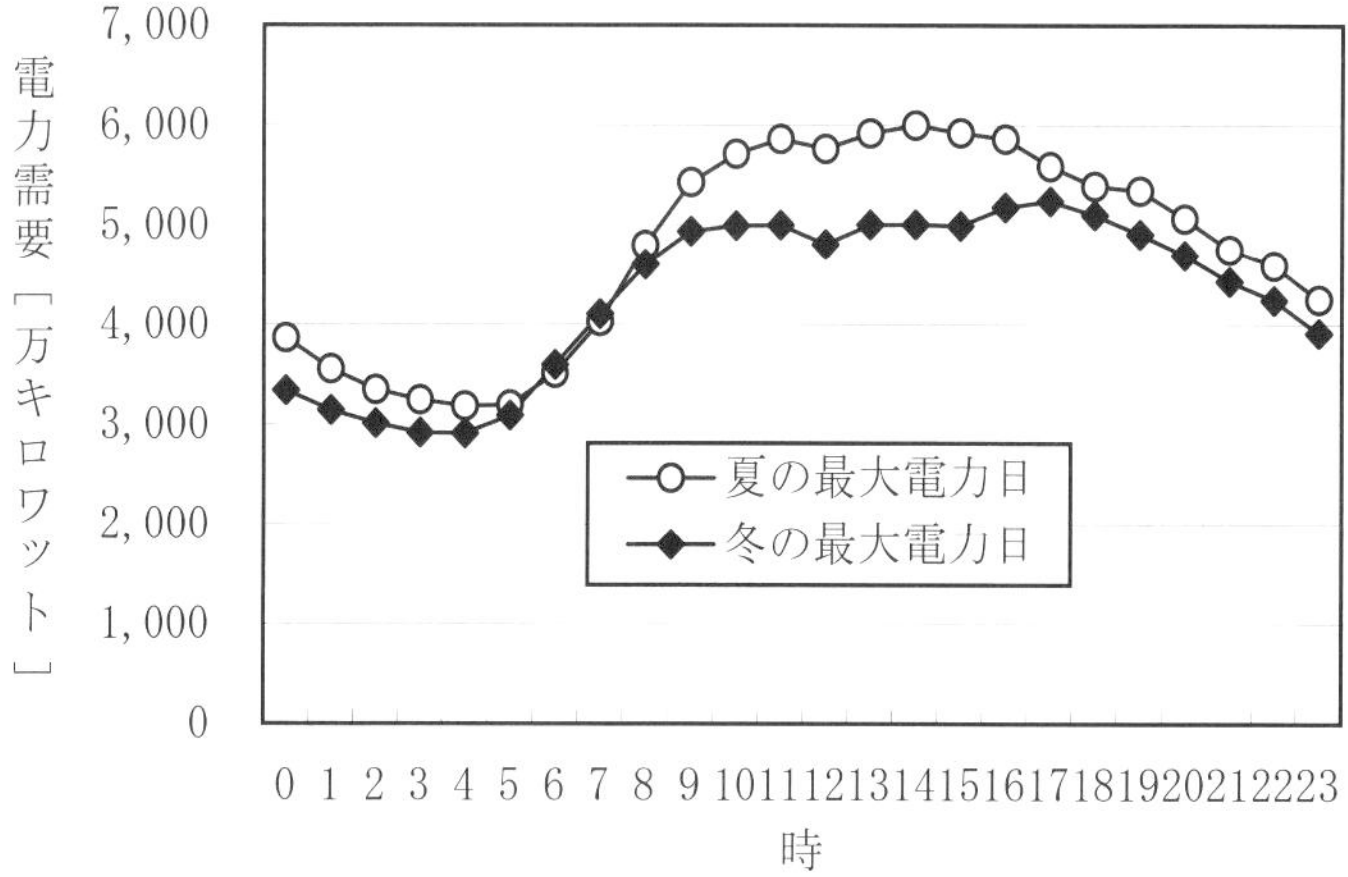

供給力がかりに五〇〇〇万kWとすると、その三％とは一五〇万kWである。これは大規模火力発電所の一系列分よりやや大きいていどの数字である。前述のように火力発電のシステムは多数の機器から構成されており、いくら機器を入念に整備していても、常に何らかのトラブルはありうる。全体システムの一部でもトラブルが発生すると、状況によってはその系列を停止あるいは出力を低下させなければならない。

たとえ軽微なトラブルであっても、能力を落として運転しなければならないケースもありうる。地震などの外的なトラブルにかぎらず、もし一系列が停止したことによって最大電力需要が供給力を上回ると、その時点で次々と系列の脱落が波及し、広域大規模停電に陥る。すなわち「供給予備率が三％」というのは、単に需要と供給力が近いという意味だけではなく、大規模発電システムの一系列分の脱落にやや余裕をみた数字といえる。

なお図2―5は二〇一〇年における夏の最大需要日（七月）と冬の最大需要日（一月）の時間変動パターンで

ある。なお夏には気温が上昇する一四時前後に最大電力需要が発生する日が多いが、冬は逆に夕方に最大電力需要が発生する日が多い。

電気は「足りる」のか「足りない」のか

図2―6は、二〇一〇年と二〇一一年について、東京電力の夏期の一時間ごとの電力需要を並べたものである。特段の「節電」が行われなかった二〇一〇年でも、五九〇〇万〜六〇〇〇万kWに達したのは年間で五時間のみである。さらに二〇一一年には「節電」が強化されたため、東京電力管内の原子力発電所の八割以上が停止して事実上の「脱原発」に近い状態でありながら、ピーク時期に確保された供給力の五一九〇kWを超えることはなかった。いずれにしても、最大供給力に近い需要が発生するのは、気象条件による変動はあるものの年間八七六〇時間のうち多くとも数十時間にすぎない。

さらに電力会社は、実際に需要量が供給力に切迫するまで傍観しているわけではない。「需給調整契約」という対策が震災前からすでに用意されている。需給調整契約とは、電力需給が逼迫して一定の条件に達した場合に、電力消費量の削減を求める契約である。ただしその見返りとして平常時の電気料金を割り引くなどのインセンティブが付与されている。理論的には不特定多数の末端ユーザーに対してもIT技術の活用などによって適用可能だが、現在の日本では一定規模以上の少数・大口の需要者（大規模製造業など）を対象とした需給調整契約が締結されている。

夏の七〜九月にピークが発生することは当然であるが、これと別に一〜三月の冬にも、もし例年どおり

図2—6　時間あたり電力需要の大きい順の表示

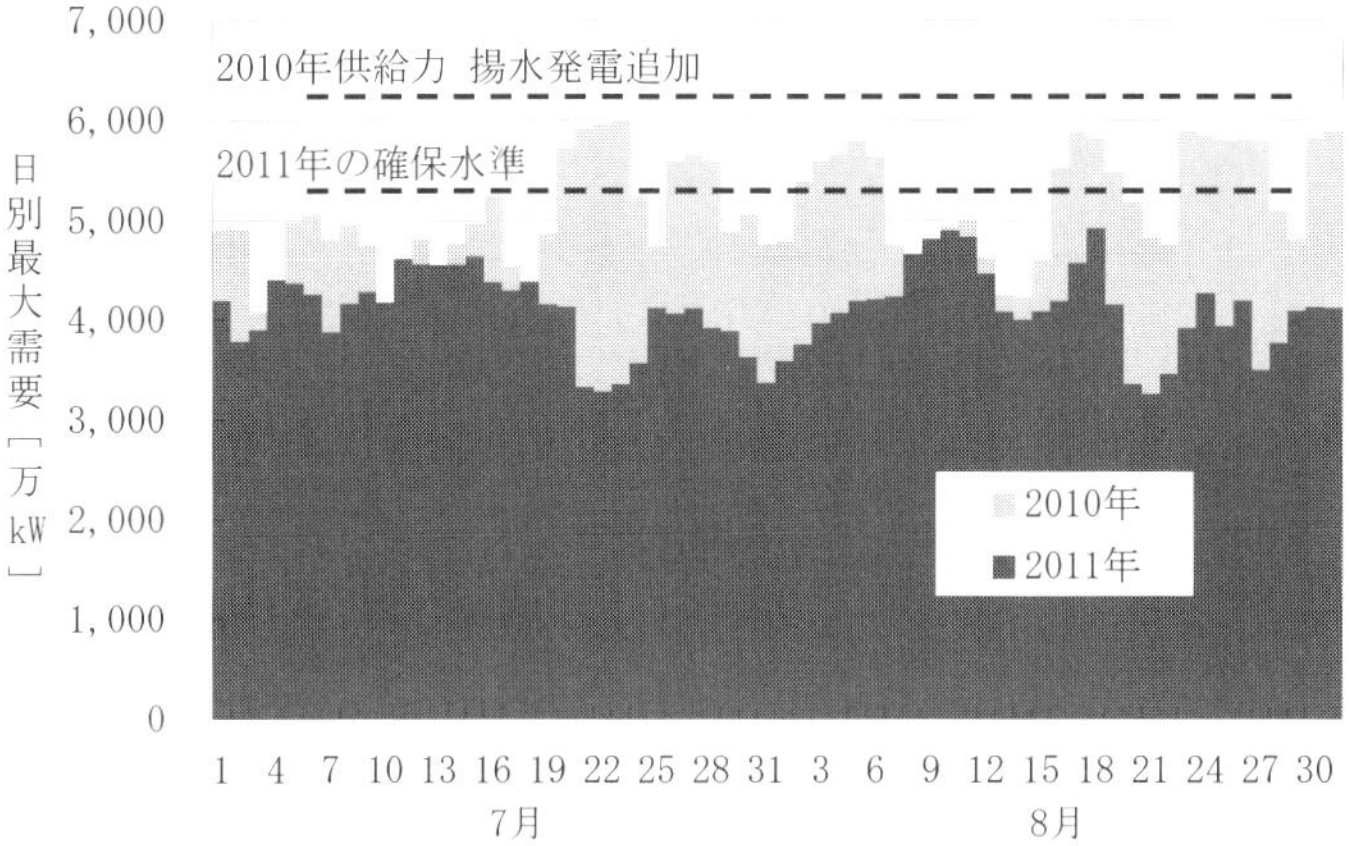

図2—7　電力会社ごとの供給力と需要の予測

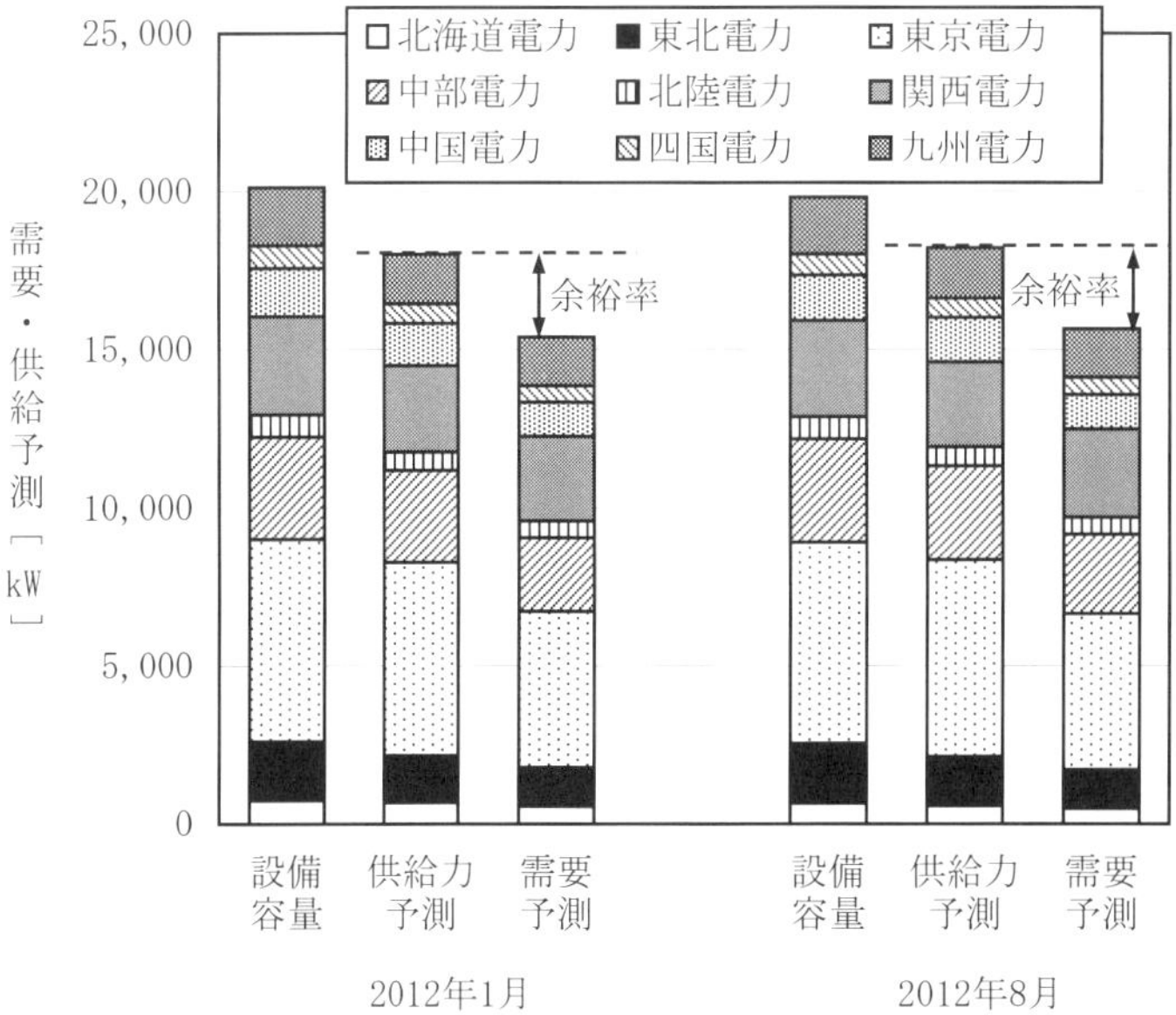

ならば二〇一一年の夏のピークに匹敵する需要が発生する可能性がある。また冬期の気温が低い北海道や東北では、例年でも冬のピークが夏のピークと同等あるいは上回る場合がある。節電は夏のピーク時だけでなく冬も重要である。

図2―7は、二〇一二年一月と二〇一二年八月について、各電力会社（沖縄を除く）の設備容量・供給力（実際に発電可能な能力）の予想・需要の予想を示したものである。なお推定の条件として、停止中の原発を除き、電力会社間の融通も除いている。また需要側では節電の効果を見込んでいる。これによると、現在停止中の原発を再稼動しなくても需要に対して供給力が上回っており、現在停止中の原発の再稼動は必要ないと考えられる。

このほか製造業や業務施設の中に自家発電設備を備えている場合がある。それらの自家発電設備から、電力ネットワークへの融通（送電）も可能である。ただし自家発電設備の動員が必要となるピークは夏期になると思われるが、大気汚染（光化学スモッグ）などの状況によっては、法律・条令の制約から、自家発電設備側の起動が常に可能とはいえないので、単に保有されている自家発電設備の合計値だけでは、そのまま供給力として見込むことはできない。

1　経済産業省ホームページ http://www.meti.go.jp/setsuden/performance.html
2　東京電力ホームページ http://www.tepco.co.jp/forecast/index-j.html
3　同「でんき予報」の需給逼迫度に応じた「節電のお願い文」の表示について　http://www.tepco.co.jp/forecast/message_ex-j.html

第3章　何が原発を「必要」としてきたのか

電力需要予測

精神論的な「節電」ではいつまでも続かない。福島原発の事故は収束しておらず、福島の人々の困窮は増し、経済的・社会的にも今後数十年にわたり大変な重荷を負う。一方で現実に多数の原発が停止していながら[1]二〇一一年の夏を乗り切ることができた。あと一歩で原発がなくても済む社会が実現できる。これらの現実を知りながら「原発が必要だ」と主張する人々の思考は理解できないが、一方で電力というエネルギーシステムは、あくまで「需要が供給を決定する」という性質に注意しなければならない。「原発がなくてもやってゆける」ことを数量的に確かめる必要がある。

第2章で示したように、電気というエネルギー形態は「需要側が供給側をコントロールする」という性質がある。我々が従来どおり電気を使っていれば、いずれ原発が必要という振り出しに戻ってしまう。政府や東京電力を批判しているだけでは脱原発は実現できない。再生可能エネルギーの導入も課題であるが、その前提として社会システム全体として電力需要を下げる必要がある。それには「何が、どれだけ電力を誘発しているのか」を知る必要がある。何が原発を動かしてきたのか数量的に認識することが、現実的な脱原発のスタートではないだろうか。

図3―1は、二〇〇〇年および二〇一〇年に「日本電力調査委員会」が報告した電力需要予測である。二〇〇〇年の時点では右肩上がりの需要を予測し、二〇〇八年まではおおむねその通り推移したが、経済状況の影響などもあって需要は低下した。二〇一〇年に予測を改訂しているが、やはり右肩上がりを想定している。さらに二〇二〇年、二〇三五年といった中長期予測についてもさらなる増加を予測している。これをそのまま前提とすれば原発の新増設も必要となるだろう。

また図3―2は世界の電力需要量の予測である。(2) 一般に先進国とみなされるOECD諸国でもまだ電力需要は伸び続けるという予測だが、これに加えて発展途上国に分類される非OECD諸国の電力需要のほうが急激に伸び、二〇一五年頃にはOECD諸国を上回る需要をもたらす。その結果として世界の電力需要は、右肩上がりに伸びるシナリオが描かれている。中国・インドは現在はOECDに加盟していないが、それらの国々での電力需要の伸びも大きいと予測されている。これは当然ながら原子力発電の必要性を高め、同時に化石燃料の大量消費を招く。

北半球の大気は基本的に西から東に流れているため、日本の西方に位置し地理的な距離が近い中国や韓国において、今回の福島のような重大事故が起きれば、日本は放射性物質の被害を受けることになる。福島第一原発の経験をこれらの国々にも伝え、世界的にも脱原発・脱電気社会を目指すことが求められる。日本からの原子炉の輸出は、福島で使用されていた原子炉形式に比べると新型であるとしても、慎

図3―1　国内の電力需要予測

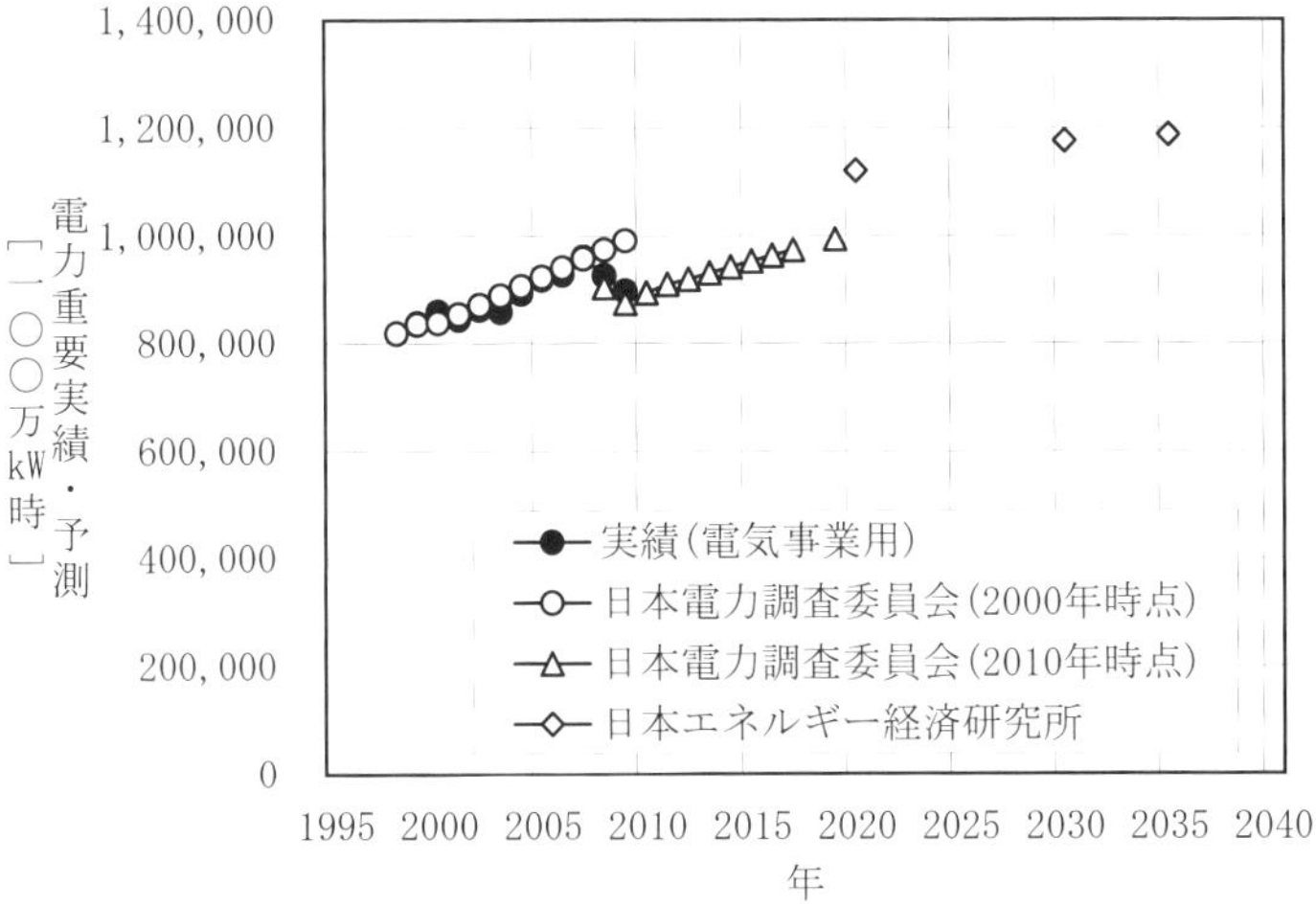
1,400,000
1,200,000
1,000,000
800,000
600,000
400,000
200,000
0
電力重要実績・予測
［一〇〇万kW時］
実績(電気事業用)
日本電力調査委員会(2000年時点)
日本電力調査委員会(2010年時点)
日本エネルギー経済研究所
1995 2000 2005 2010 2015 2020 2025 2030 2035 2040
年

図3―2　世界の電力需要予測

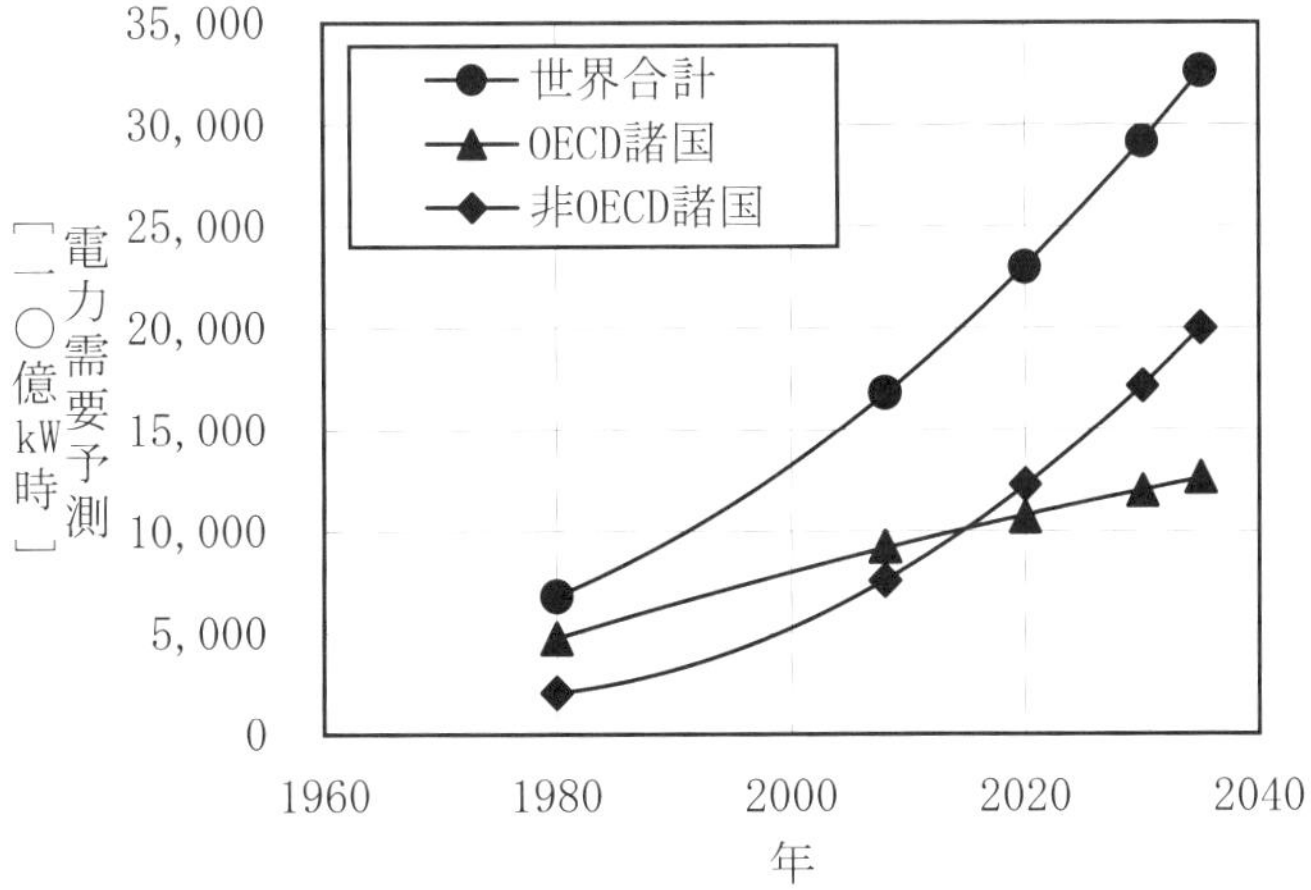
35,000
30,000
25,000
20,000
15,000
10,000
5,000
0
電力需要予測
［一〇億kW時］
世界合計
OECD諸国
非OECD諸国
1960 1980 2000 2020 2040
年

重を期すべきであろう。機器としての原子炉の問題だけでなく、運用や管理にも多大な問題が指摘されている。

「コンセント」からの電力需要

電力需要として第一に考えられる分野は、簡単にいえば各々のユーザーがコンセントや照明を通じての電力の利用である。図3―3は、高度成長期以降の国民一人あたりの電力消費量の推移を示したものである。ただしこの数値は、日本全体の電力最終需要量を人口で割った数値であり、家庭の分だけではなく産業の分も合計して平均した数値である。最近では低下傾向がみられるものの一貫して伸び続けてきた様子がわかる。一九五〇年代後半ころから、テレビ（白黒）・洗濯機・冷蔵庫が「三種の神器」と通称され、洗濯機・冷蔵庫については一九七〇年代前半までにおおむね一世帯あたり一台の普及率に達した。

その後、一世帯あたり複数保有が徐々に進展しているものの、台数として大幅な増加はみられない。ただし冷蔵庫は新しい形式ほど効率が向上している。次いで一九六〇年代後半から「新・三種の神器」あるいは「三C」と称されてカラーテレビ・クーラー・自動車（カー）の大量普及が始まった。現在は冷暖房兼用のルームエアコンが一般的であるが、当初は「クーラー」と呼ばれていたことからも知られるように冷房のみの機能であった。

図3―4は一九九〇年以降の一世帯あたりの家電製品の普及台数である。(3) 九〇年以降で台数としての増加が著しい品目はルームエアコンと温水洗浄便座である。このうち温水洗浄便座は通常の消費電力が七

図３―３　国民１人あたり電力消費量の推移

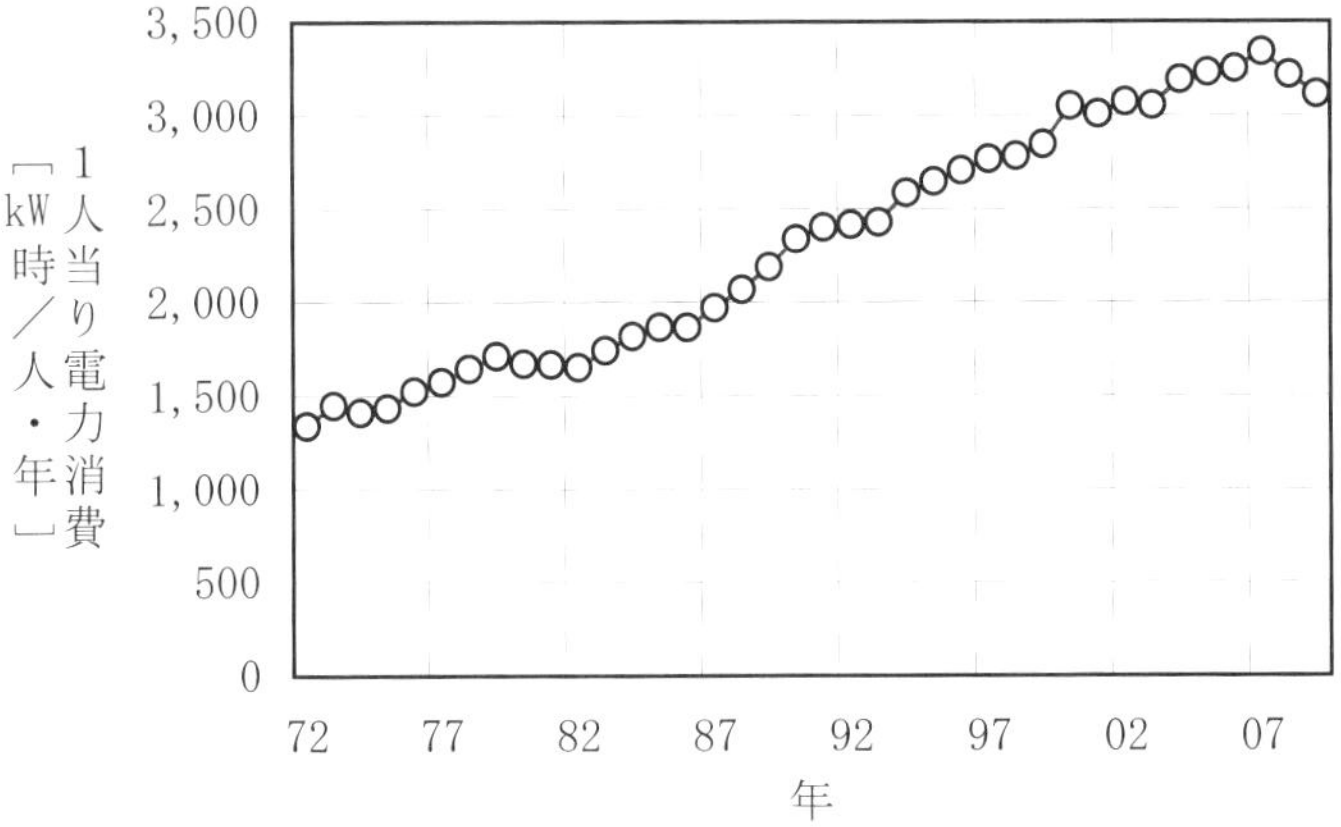

図３―４　家電製品の普及状況

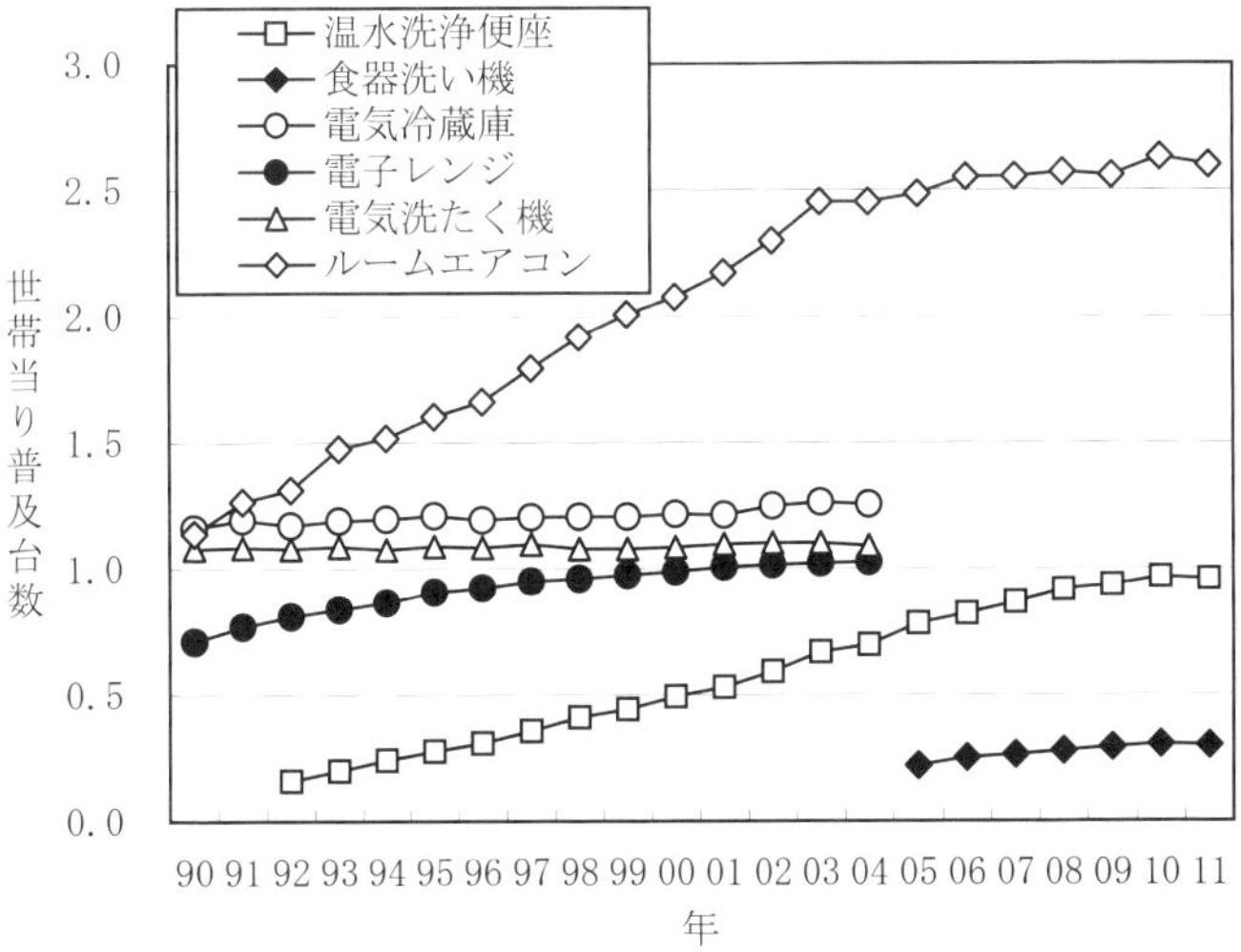

W（ワット）程度であるので電力消費量としては小さい。これに対して、台数でも消費電力でも大きい品目はルームエアコンである。真夏の最高温度出現時（一四時頃）の平均的なルームエアコンの消費電力は七〇〇W前後である[4]。

図3—5は、家庭用エネルギーについてエネルギー種類別の消費量の推移（帯グラフ）と、同エネルギーに占める電力の比率（折れ線グラフ）を示したものである[5]。ここでいうエネルギー種類とは、要するに家庭用のさまざまな機器（家電製品、ストーブ、湯沸器など）に供給されるエネルギーの形態という意味である。家庭用エネルギーの場合、気象条件の差による変動を大きく受けるため年によって凹凸がみられるが、全体として高度成長期から連続的に増加していることがわかる。ただし二〇〇〇年代中頃から伸びは止まり、減少傾向もみられる。また注目すべきは、家庭用エネルギー消費に占める電力の比率であり、連続的に増加している。つまり「電化生活」になっているわけである。

実はこの関係が、日本全体としてのエネルギーの利用効率の低下に密接に関連している。（第5章で後述）これは発電の過程で、一次エネルギーで供給されたうち約六割が廃熱として失われ、実際に電気に転換される比率は四割にとどまるという理由からである。「電化生活」になればなるほど、国全体としてのエネルギー効率を低下させる。近年はオール電化住宅も宣伝されており、オール電化住宅は省エネと宣伝されていたこともあるが、その評価は疑問であり市民団体から報告書が提示されている[6]。ただし福島原発事故の後は広告を自粛しているとみられる。

一方、図3—6は同じく家庭用エネルギーについて、用途別に示したものである。全体の合計（一番上の山の高さ）では図3—5と等しくなっている。用途とは、同統計では冷房・暖房・給湯・厨房・動力に

図3—5　家庭用エネルギーの種類別消費量・電力比率の推移

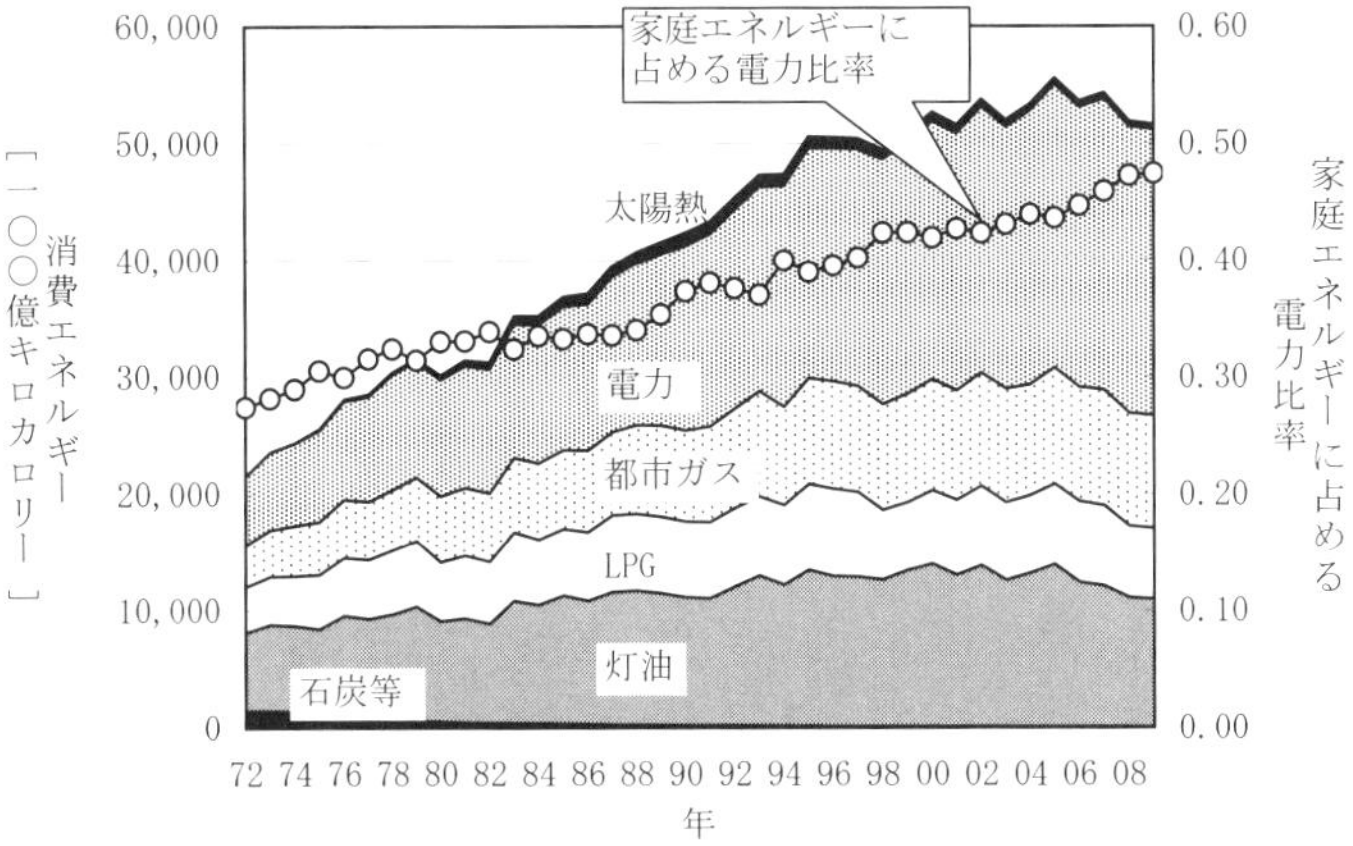

図3—6　家庭用エネルギーの用途別消費量

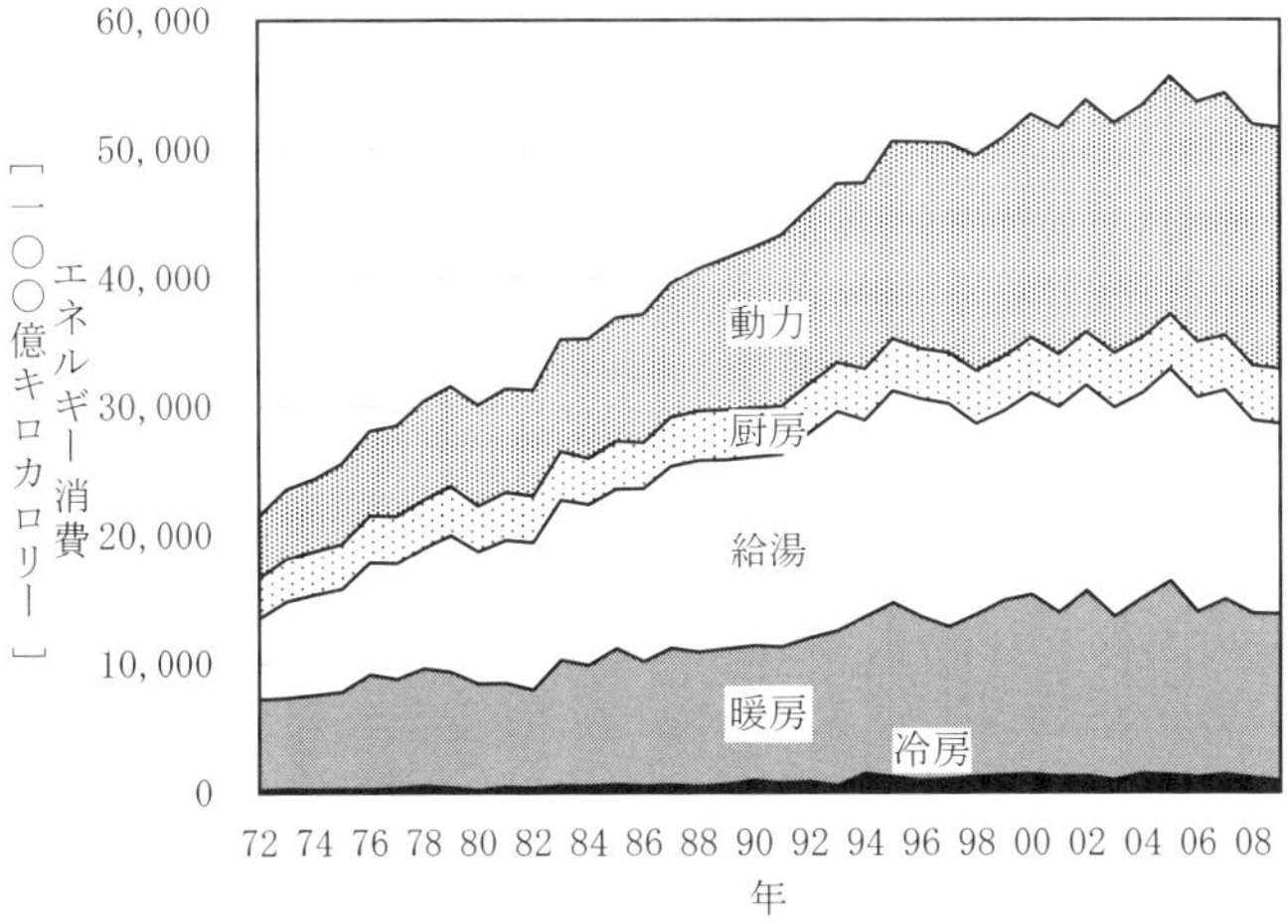

分かれている。家庭用途での「動力」とは疑問に思われるかもしれないが、冷暖房を別として、モーターを回して何らかの仕事をする電気器具を指す。この中では冷蔵庫が最も消費電力の多くを占める。その他には洗濯機や掃除機などがこれにあたる。洗濯機や掃除機は一日のうち限られた時間しか使用しないのに対して、冷蔵庫は利用者が意識的にオン・オフしないが一日中稼動しているので、冷蔵庫を含む「動力」の消費電力が最も大きくなる。

ここで注目するポイントは、冷房の消費エネルギーは年間では大きな比率を占めているわけではないという点である。二〇一一年三月以降の電力不足に際して、家庭部門では冷房の使用や設定温度が大きな話題となり、熱中症を防止するために過度の節約には注意するようにとの呼びかけさえ行われるほどであった。ただしこれは夏場のピーク時の問題であり、年間を通してみると冷房エネルギーは必ずしも大きくない。全体として二〇〇〇年代中頃から伸びが頭打ちになっているのは、省エネ機器の普及が要因と思われる。

図3―7は、同じく業務用エネルギー（製造業を除くオフィス、商業、その他第三次産業に類するもの）についてエネルギー種類別の消費量の推移（帯グラフ）と、同エネルギーに占める電力の比率（線グラフ）を示したものである。[7] 家庭部門と同様に、二〇〇五年頃から減少傾向を示しているが、特に石油の比率の減少が急激である。これは第5章に示すように、原油価格の高騰によって、家庭部門よりもコスト意識に敏感な企業では、設備を入れ替えてでもエネルギー源を石油から電気に転換したほうが総合的に経済的であるという選択が行われたためとみられる。しかしこれは、一方で全エネルギー中に占める電気の割合が増加することを意味する。ただし震災以降は傾向が変わっている。

図3—7　業務用エネルギーの種類別消費量・電力比率の推移

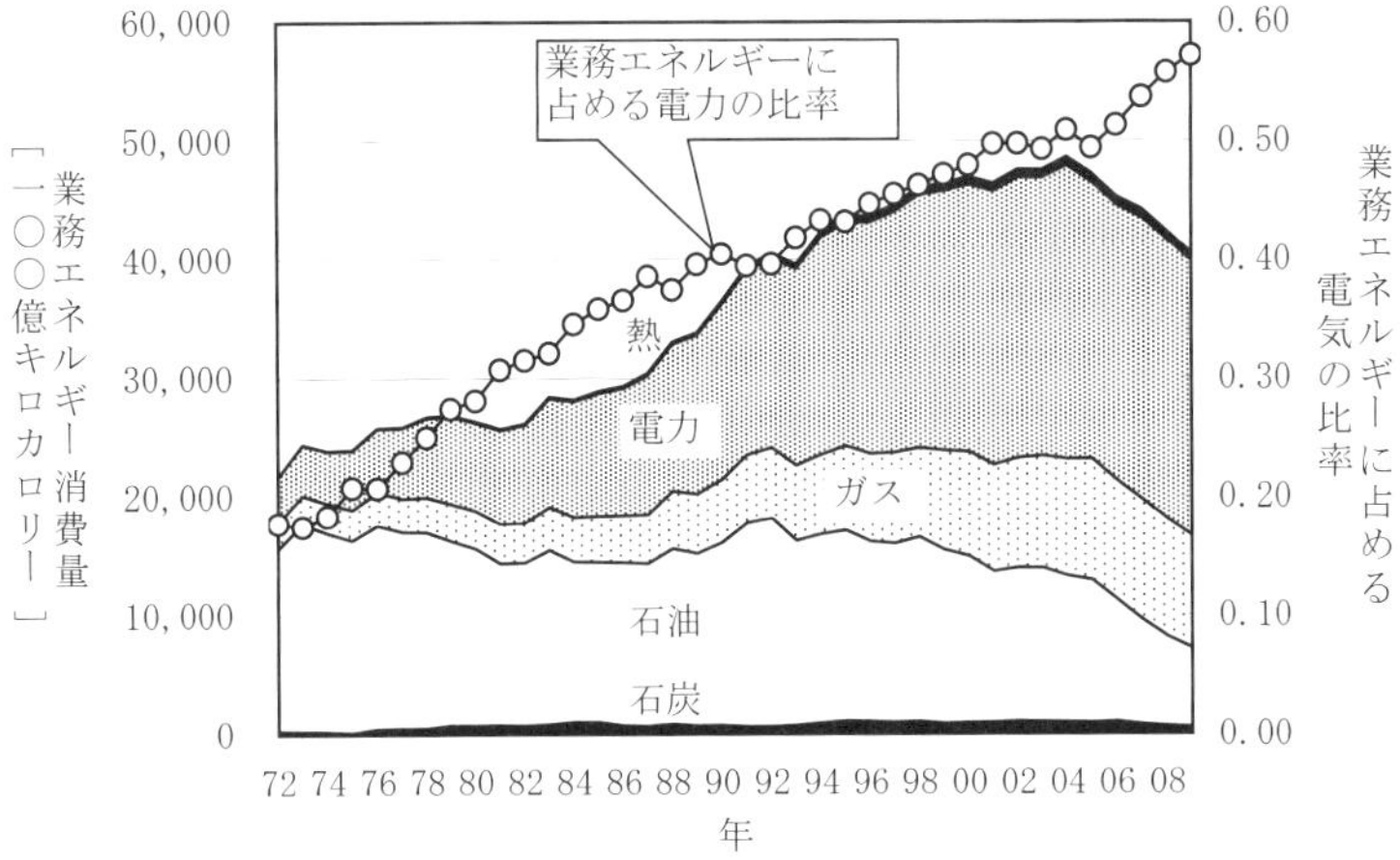

「非コンセント」需要

家庭や企業での照明や電力消費機器を通じた電力の使用管理は、直接的な電力の消費削減の方法としてわかりやすく、節電をするに越したことはない。

しかし消費者が日常生活で商品を購入したり、各種のサービスを利用すると、それ自体では一見電力を直接使っていないように思われても、舞台裏でそれらの商品の製造・流通やサービス提供のために電力需要が発生する。この量は軽視できない量があり、直接消費に匹敵するほどの量に達する。すなわち広義の「節電」とは、照明を消したりエアコンをがまんしたりするだけでなく、経済のシステムを通じた消費生活全般にかかわる問題であることを意味する。そのほかに、福祉やごみ処理などの行政サービスも電力需要を誘発している。

たとえば携帯電話で考えてみる。携帯電話機の本体は、家庭のコンセントで充電するとしてもメーターにはほとんど反映されないていどのわずかな電力しか消費しない。しかし携帯電話がいつでもどこでも利用できる舞台裏には、休みなく待機する基地局やサーバーの存在がある。地方都市や農山村部を旅行すると、めぼしい山の上はことごとく基地局のアンテナが立ち、山の斜面に送電線を敷設して電力を供給している様子がみられる。二〇〇五年の産業連関表によれば、携帯電話など移動電気通信のシステムはおよそ二五億kW時の電力を使用している。これは年間の原発一基分の半分弱の電力にあたる。もとより固定電話にも当然電話局の設備が必要で、携帯電話の一・四倍の電力を消費している。電話の使用を控えたところで基地局の電力消費は減らない。

結局、こうした「文明の利器」が、積もり積もって原発を「必要」としてきたのである。とはいえ今や、携帯電話はぜいたく品ではなく、むしろ経済的・社会的弱者（住居の問題など）で固定電話が保有できない人の生活必需品ともなっている。車いすで移動する障がい者からは「携帯電話の普及で外出が安心になった」と評価されている。単に「便利」なだけでなく、災害など緊急時にも必需品だろう。「昔はそんな道具がなくても暮らしていた」という説明だけでは説得力がない。原発を止める一方で、弱者の社会参加を妨げないシステムを維持するにはどのくらいの電力が必要なのだろうか。「原発がなければ戦前に戻る」といった誤った評価を否定するためにも、数量的な裏づけをしっかり持っておかなければならない。

また人々は公的サービスも利用している。毎日のように出す家庭ごみは、市民の観点では、減量や分別に協力するとしても集積場所まで持ち出せば一見完結するように思われる。しかしそれを運搬して焼却やリサイクルなどの処理を行うには、何らかの電力の使用が必要である。福祉・教育なども電力を使用しないわけにはゆかない。それらはどのくらいの量で、原発に換算すれば何基分くらいに相当するのか。また

「原発（など大規模発電施設）を過疎地に作ってリスクを押しつけ、大消費地の人々が便利な暮らしをしている」という指摘があるが、どの程度の量に相当するのだろうか。

需要構造を解明する——関東編

消費者の消費行為が、その場では一見電力を消費していないように思われても、産業のメカニズムを通じて電力需要を誘発している。こうした問題を検討するために、一つの方法は個々のユーザーが消費する商品やサービスから逆に追って、その製造や提供に必要な電力の消費量を積み上げることである。しかし世の中に存在する無数の消費者に対してこのような集計を行うことは現実的でない。これに対して「産業連関分析」を適用することによって、その「舞台裏」をあるていど推定することが可能となる。

もし、ある生産が単一の工程で行われるだけなら、どのくらい原材料やエネルギーを使っているのかは計算可能である。しかし現実には、財貨が単一の工程で生産されることはまれであり、分業が行われている。ある産業の製品は別の産業の原料に、という関係を積み重ねた結果として製品が消費者に届く。また分業は、必ずしも物理的に同じ場所で行われないから、必然的に工程間での持ち回りが生じる。第一次産業（農林業・畜産業・水産業など）では、部品を集めて組み立てるなどの過程は存在しないから、工業製品のような意味での分業はないように思われるが、最終的に消費者の手元に届くまでに、商業という機能を経て流通される。

またサービス業（第三次産業）では、物の製造そのものにかかわるエネルギー消費はないが、そのサービスを提供するためにエネルギーや資材を使い、自動車を運行すれば燃料消費も発生する。こうした検討にあたって、ある商品の製造・流通過程をさかのぼって、一つひとつエネルギーや汚染物質を調べ上げることは、あたかも電話の逆探知のような作業であり、社会全体にわたって集計することは非現実的である。また生産者に、製品に関してどのくらいの原材料やエネルギーを使っているかのデータを公開してもらうことはできるが、それにも限度がある。実務的には企業秘密などの制約があり、こうしたデータはなかなか入手できない。

また生産者では、自分の企業で担当した工程はよくわかっていても、原料段階からのデータは必ずしも捉えられない。それも工業製品ならまだ数字を出しやすいが、農業になると計算がさらにむずかしい。肥料や農薬をつうじて農産物に石油がどれだけ間接的に分配されるのかなど、各農家にとってはもちろんのこと、専門家にとっても計算は困難であろう。

このような問題に対しては、産業連関分析を適用すると、個別にエネルギー消費量や環境負荷を追跡しなくても、ある商品がどのくらいエネルギーや汚染物質にかかわっているかを概略で分析することができる。どのような産業の分野でも、何らかの生産の要素（原料、エネルギー、労働力）を投入して、生産を行っている。生産といっても有形の物質にかぎらず、いわゆる第三次産業に分類されるような業種は、無形のサービスを生産している。また、ある産業は別の産業に対して買い手となると同時に、また他の産業に対して売り手にもなる。その集積が、経済システム全体のネットワークを形作っている。商業も、商品の流通を通じて商業マージンを産み出す生産行為とみなされる。

生産された財貨やサービスは、多くの取引を繰り返すが、やがて最終消費者（個人や組織）に到達す

表3―1　最終需要部門の例

家計消費	一般の家計で商品やサービスを購入する額。
行政の消費	行政サービス（国、地方）の自己消費額。
公共事業	行政や公的企業の、土地、建造物など有形固定資産の取得額など。いわゆる「公共事業」がこれにあたる。
民間設備投資	民間の土地、建造物など有形固定資産の取得額など。
輸出	一般に考えられる輸出と同じ。
その他	上記に含まれない在庫など、その他の項目。これらは全体に占める率が少ないので、一括して示す。

る。その終点に達した分野を、産業連関分析では「最終需要部門」と呼び、次の表3―1のような分野(8)が挙げられる。このうち家計消費支出が、一般の個人的な消費者に相当する。そのほかに企業・官庁・団体なども、それぞれ消費の主体、ユーザーである。この他に輸出部門、すなわち海外からの需要部門もある。こうした財貨とサービスの流れを、金額表示ですべて縦横の集計表にしたデータが「産業連関表」である。

「ある産業の製品は別の産業の原料に……」という流れを逆に下流から、つまり最終の消費者の側からたどってみると、消費者が商品Aを一〇〇円で購入したとき、それを生産した者に一〇〇円の金の流れをもたらすだけでなく、その生産者に原材料やエネルギーを供給する別の者に、また何円かの金の流れが生じているはずである。さらに、その原料の原料に……という関係が何十、何百と積み重なって、経済システムの全体が構成されている。産業連関分析では、ある最終の需要が、経済全体に対して、どのくらいの波及的な影響を引き起こしているかを計算することができる。

産業連関表は基本的にお金の流れで示されているが、石油、電気、ガスなどのエネルギーも、財貨として有償で取引される。石油や電気の取引額を通じて流れを追跡することにより、ある産業にどれだけ石油や電気が投入されているか、波及的な分も含めて分析できる。電力に換算することも可能であるし、電力を一kW時発電するのにどのくらいの化石燃料（火力発電の場合）を消費するかや、硫黄酸化物や窒素酸化物などの大気汚染物質が何g出るのかといった工学的な関係を併用して、大気汚染の分析にも利用することができる。

両者の関係を組み合わせて、消費者がある商品そのものを入手する段階では電気などエネルギーを消費していないように見えても、経済システム全体ではどのくらい電気などエネルギーが消費されたことに相当するのかを計算することができる。なお産業連関表の基本は、総務庁が五年ごとに刊行する国内の連関表であるが、自治体でもそれぞれの範囲で地域産業連関表を作成している場合がある。

これらのデータでは、それ以外との地域との出入り（移出・移入）も表示されている。これは国における輸入・輸出に相当することになる。ただし大都市圏の場合、隣接都道府県との相互間で大量の通勤・通学者の流入・流出がある。これらの人々が消費する財貨やサービスは、いずれの都道府県に帰属しているとみなすのかといった検討も必要となる。

こうしたデータを使って、大消費地である関東圏の消費者のために、それ以外の東北などの地域がどのくらいリスクを直接・間接にこうむっているかなども推定することができる。関東地方については、経済産業省関東経済産業局から「関東地域産業連関表」[9]が公表されている。ただし「関東地域産業連関表」の集計範囲は「関東広域圏」で、栃木・茨城・群馬・千葉・神奈川・東京・埼玉・山梨・静岡・新潟・長野であるので、東京電力の供給範囲と一致していない。その他にもいくつかの統計上の制約があって、完全には追跡しきれない部分があるが、「都道府県別エネルギー統計」[10]などその他の統計も併用して、関東広

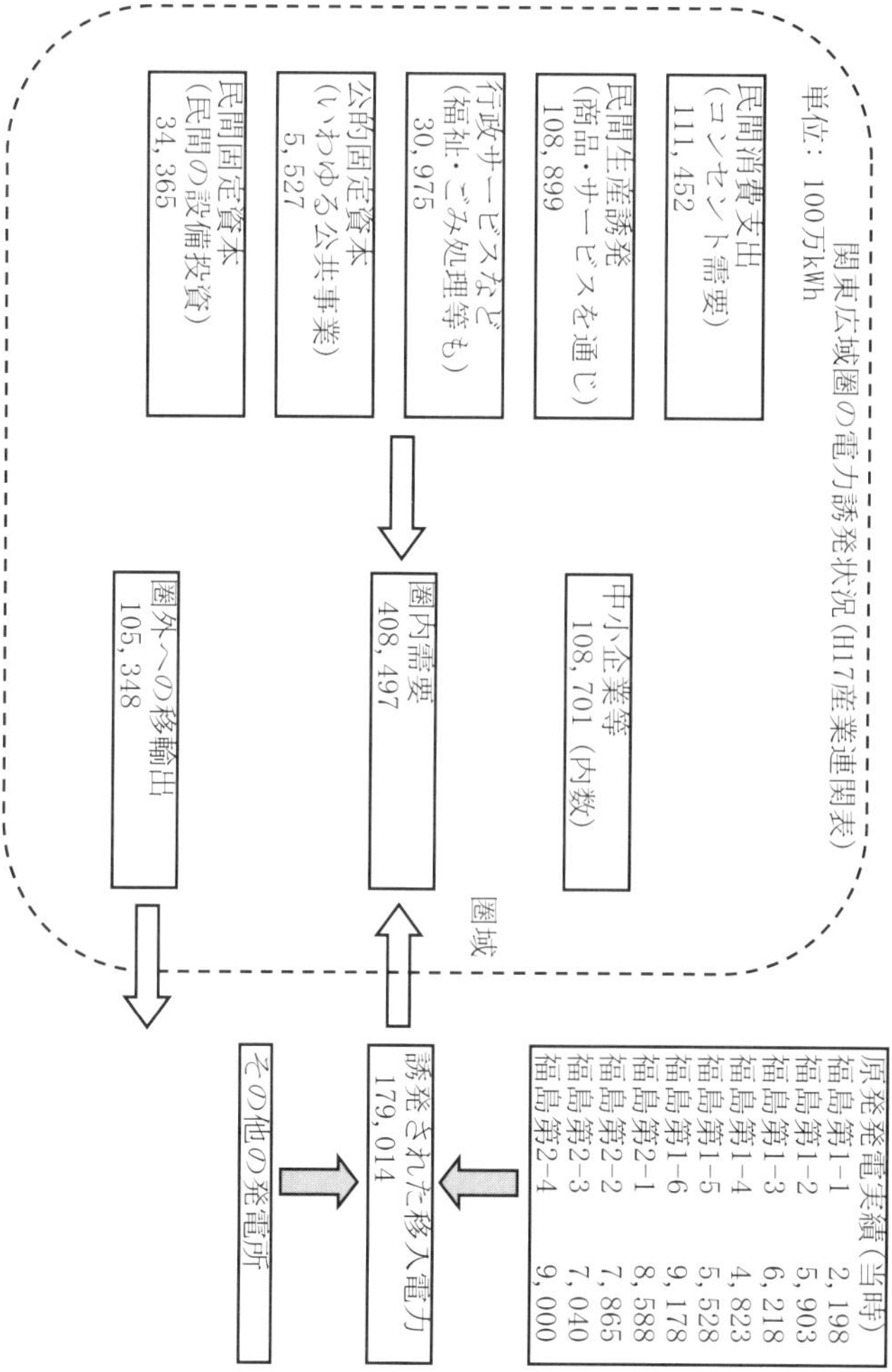

単位：100万kWh
関東広域圏の電力誘発状況（H17産業連関表）
民間消費支出
（コンセント需要）
111, 452
民間生産誘発
（商品・サービスを通じ）
108, 899
行政サービスなど
（福祉・ごみ処理等も）
30, 975
公的固定資本
（いわゆる公共事業）
5, 527
民間固定資本
（民間の設備投資）
34, 365
中小企業等
108, 701（内数）
圏内需要
408, 497
圏外への移輸出
105, 348
圏域
原発発電実績（当時）
福島第1-1 2, 198
福島第1-2 5, 903
福島第1-3 6, 218
福島第1-4 4, 823
福島第1-5 5, 528
福島第1-6 9, 178
福島第2-1 8, 588
福島第2-2 7, 865
福島第2-3 7, 040
福島第2-4 9, 000
誘発された移入電力
179, 014
その他の発電所

図3—8 関東広域圏の電力需要構造

域圏の電力需要構造をおおまかに分析してみる。

図3―8は、こうして得られた関東圏内の分野別電力需給である。まず一般の消費者による直接の電力需要は一一万一四五二（GWh《ギガ》・一〇〇万キロワット時～以下同じ）である。これに対して、消費者が商品を購入したりサービスを利用したりすることによって間接的に誘発した電力は一〇万八八九九GWhである。すなわち、家庭で直接使っているのと同じくらい、消費者の消費行動によって電力が誘発されていることになる。また圏外への移出・輸出によって、やはり同じくらいの一〇万五三四八GWhの電力が誘発されている。ただしこれらは労働者の所得の源泉でもあるので、単純に減らすべきという評価を下すことはできない。

図3―9は、消費行動による電力の誘発、すなわち家庭の電気メーターには出てこなくても消費者が舞台裏の電力需要を誘発している項目のベスト三である。「対個人サービス」とは、娯楽・スポーツ・飲食（外食）・理容美容・宿泊などである。これらだけでも平均的な原発三つ分くらいは動かしてきた。一般消費者が日常の暮らしの積み重ねとして誘発する商業・サービスによる分も無視できない。食品の冷凍などはかなり電力を使うからである。多くの市民は、意図的に無駄づかいしているわけではないが、平均的な暮らしを営んでいるだけで、関東（広域）全体を集積すればこのような量になってしまうのである。

このような消費・生産のあり方を漫然と続けれていれば「やはり原発が必要だ」という振り出しに戻ってしまう。単に個人の「心がけ」「がまん」によって脱原発を目指すだけでは長続きせず、また現実的でもない。社会システムとして電力需要を下げる仕組みを目指す必要がある。かといって、単に生産・消費を縮小するだけでは、付加価値もしぼんで国税・地方税収も減り社会保障にも支障をきたす。同じ付加価値を産み出すのに対して電力需要が少ない産業構造への転換、電気でなくても済む用途を他のエネルギ

図3—9　関東広域圏の家計消費項目の誘発電力量

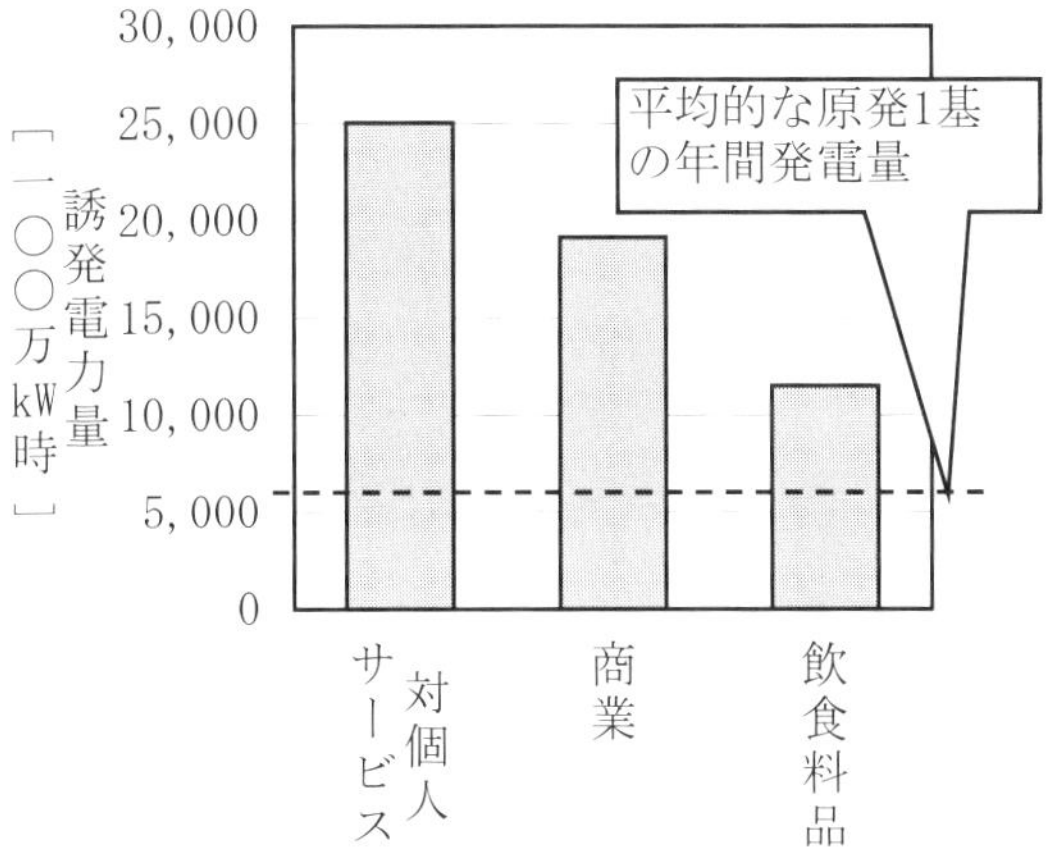

ー源に転換するなど、仕組みから変えなければならない。その具体策については第5章以降で検討する。

需要構造を解明する——広島編

同様の計算は全国の都道府県ごと（特定の大都市については都市ごと）にも可能である。すなわち電力会社の供給範囲ごとに計算可能である。これはその地域の特性を反映した電力の需要構造を分析することになる。ここでは広島県（中国電力の供給範囲内）を取り上げる。計算は、広島県産業連関表[11]、経済産業研究所都道府県別エネルギー統計[12]、電力需給の概要等[13]を利用して行う。広島は中国電力の供給範囲であるが、幸いなことに中国電力は原発依存度が低い。中国電力に現存する原発は島根一・二号機のみである。

中国電力の上関原発に関するホームページによると「中国電力は原発依存度が低いので他の電力会社並みにバランスの良い電源構成が望ましい」という解説を震災

後の二〇一一年末になっても掲載したままであるが、[14]もはやそのような説明は説得力を失った。余談だが「原発が安全だと主張するなら東京に作れ」という指摘がある。「東京」とは一つのたとえであって、一般化すれば「過疎地にリスクを押しつけて大消費地に電力を供給している」という意味であろう。この意味で中国電力は、全国に先がけて原発の都市立地を実践している。市町村合併の結果ではあるが、島根原発は県庁所在地の松江市に立地しているからである。

図3―10は広島県内の分野別電力需給である。

まず一般の消費者による直接の電力需要は六八〇六GWhである。これに対して、最も大きい電力需要は、県内で物を生産して県外へ移出（＋輸出）する経済活動によるものである。これは民間消費支出に起因する分より多い。たとえば福山市のＪＦＥスチール等の寄与が大きいものと考えられる。これらの総合的な結果として、県内で二万二九五六GWhの電力需要が発生する。

この電力需要は、県内の発電量では賄いきれないので県外から七三三二GWhの移入（受電）が必要となる。この中には、島根原発の発電分の一部が含まれることになる。一方で、中小製造業の電力需要は一九五一GWhにとどまり、島根原発の発電量よりはるかに少ない。広島県においては、中小あるいは零細製造業が無理に節電する必要はないともいえよう。

図3―11は、同じく広島県において一般消費者と行政が誘発する電力（直接消費する分を除く）の項目別の内訳である。

関東圏と同じように、順位は入れ替わっているもののベスト三は商業・対個人サービス・食料品である。しかしそれでも原発の新設を不可欠とするほど大きくはない。医療・保健・社会保障などの行政サー

図３―１０　広島県の電力需要構造

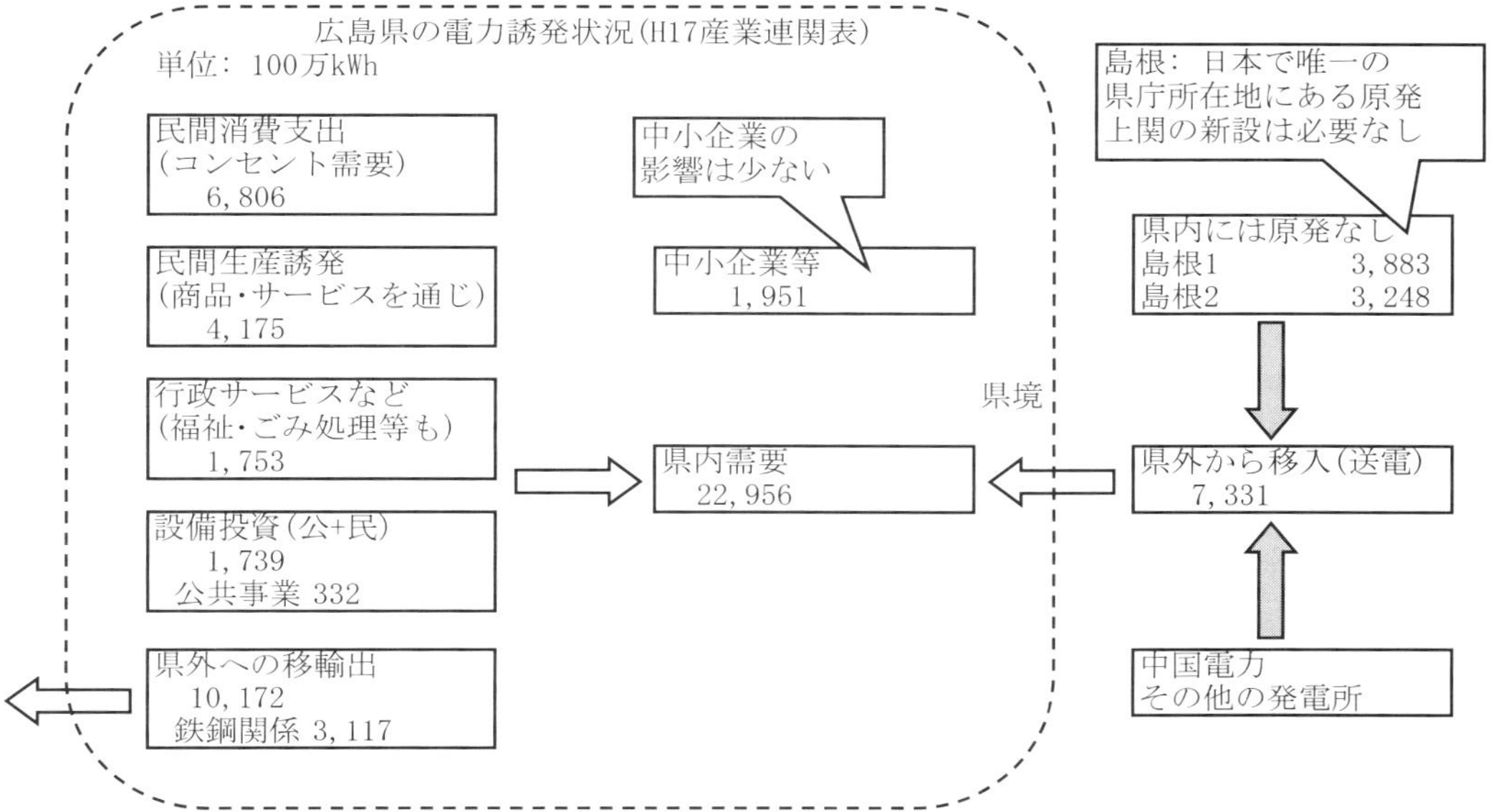
広島県の電力誘発状況(H17産業連関表)
単位：100万kWh
民間消費支出
(コンセント需要)
6,806
民間生産誘発
(商品・サービスを通じ)
4,175
行政サービスなど
(福祉・ごみ処理等も)
1,753
設備投資(公+民)
1,739
公共事業 332
県外への移輸出
10,172
鉄鋼関係 3,117
中小企業の
影響は少ない
中小企業等
1,951
県内需要
22,956
県境
島根：日本で唯一の
県庁所在地にある原発
上関の新設は必要なし
県内には原発なし
島根1 3,883
島根2 3,248
県外から移入(送電)
7,331
中国電力
その他の発電所

図３―１１　広島県の家計消費項目の誘発電力量

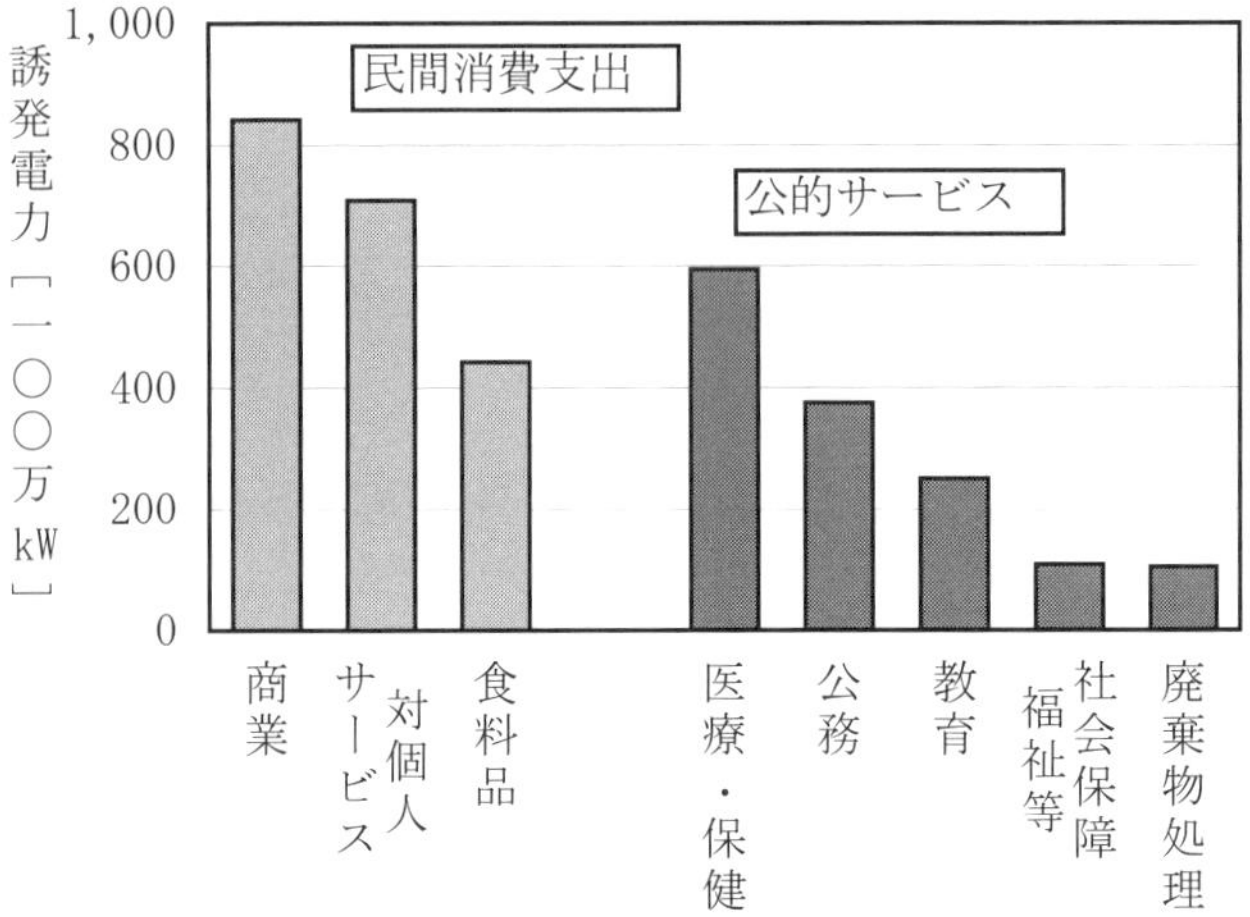

ビスの活動が誘発する電力も同様である。少なくとも広島県については、県内では電力が自給できず外部から電力を導入しているとしても、上関原発の新設が不可欠であるほどの量ではなく、他の火力発電で代替できる。

1　原発の運転状況を一覧するには下記のようなサイトがある。
気候ネットワーク「発電所ウォッチ」http://www.kikonet.org/research/ppwatch.html　全国原発マップ http://www.green-act-saitama.org/genpatsu/genpatsu-map.htm
2　日本エネルギー経済研究所『エネルギー・経済統計要覧』二〇一一版。
3　内閣府消費動向調査 http://www.esri.cao.go.jp/jp/stat/shouhi/shouhi.html
4　経済産業省節電ポータルサイト 家庭向け http://seikatsu.setsuden.go.jp/
5　日本エネルギー経済研究所『エネルギー・経済統計要覧』二〇一一年。
6　気候ネットワーク検証ペーパー「オール電化住宅は地球温暖化防止に寄与するのか?」http://www.kikonet.org/hakko/06report.html#alldenka
7　日本エネルギー経済研究所『エネルギー・経済統計要覧』二〇一一年。
8　もとの産業連関表では、「一般政府消費支出」「国内総固定資本形成」「対家計民間非営利団体消費支出」などの用語が用いられているが、表のように集約した。
9　平成一七年関東地域産業連関表　http://www.kanto.meti.go.jp/tokei/hokoku/20091015iohyo12.htm
10　都道府県別エネルギー統計　http://www.rieti.go.jp/users/kainou-kazunari/energy/index.html
11　広島県産業連関表　http://toukei.pref.hiroshima.lg.jp/hsdb/STSheetList.aspx?STTYPE=190&STTYEAR=2005
12　都道府県別エネルギー統計　http://www.rieti.go.jp/users/kainou-kazunari/energy/index.html
13　平成二一年版「電力需給の概要」経済産業省資源エネルギー庁電力・ガス事業部編
14　中国電力・上関原子力発電所ホームページ http://www.energia.co.jp/atom/kami_kensetsu1.html

第4章　地域の「節電」を考える

「節電」の考え方

福島第一原発事故を契機に、節電が社会的に強い関心を集めた。そもそも原発の如何にかかわらず取り組むべきテーマのはずであるが、あまりにも急速に関心が高まり企業や市民の参加が促進されたため、震災以前から節電に取り組んできた自治体や市民団体の関係者からは「今までの努力は何だったのか」との戸惑いも聞かれるほどであった。原発停止の賛否については意見の相違がみられるとしても、節電の重要性は変わらないし、実施メニューも従来から提案されてきたものである。

基本的に「節電」には二つの考え方がある。一つは時間的な変動に対応するピークカットであり、もう一つは全体の電力使用量を削減する、すなわち全体量の「底下げ」である。別の表現をすると、前者は一時間あるいはそれ以下の時間における瞬間値としての「キロワット（kW）」の削減であり、後者は「キロワット時（kWh）」の削減である。この関係を簡潔に表現した「東京都電力対策緊急プログラム」[1]の解説を引用すると次の図4―1のようになる。

また単に「がまん」するのでなく、同じ目的を達成するのにより少ない電力で済ませることを考えるべきであろう。また総合的な対策により社会全体として電力依存そのものを見直してゆくこと、電気以外の別のエネルギー源で同じ目的を達成する「脱電気」を目指すことも節電の一つの側面であろう。②のkWhと

図4―1　「節電」の二つの考え方

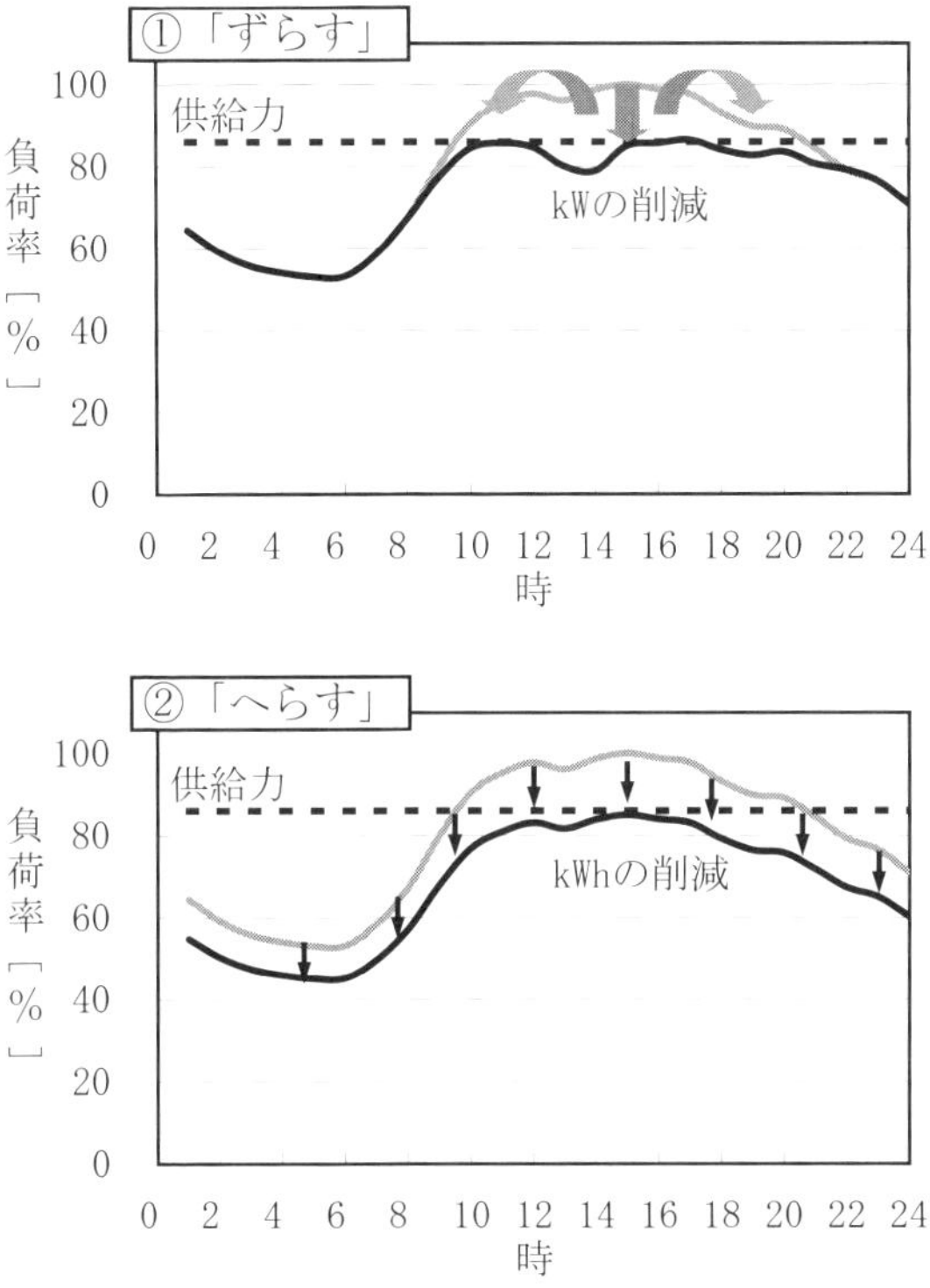

しての削減は地球温暖化対策としても有効である。逆に①のピークカットの観点からは、ピークでない夜間・休日等には、日常生活上で無理な節電をする必要はないともいえる。

東京都の資料では、二〇一一年三月一一日の地震直後の計画停電はやむを得ない対処と評価しながらも、社会・経済的に影響の大きい計画停電については、各種の節電対策によって回避すべきであると指摘している。①のピーク対策については、操業（営業）時間のシフトや、休業日・夏期休業期間の分散化、家電製品のピーク時における使用の見直しを挙げている。②の全体量底下げについては、空調・照明等の削減、家電製品の省エネモード（可能な場合）、待機電力の削減などを挙げている。しかし操業（営業）時間のシフトや休業日・夏期休業期間の分散化については緊急対策的な性格があり、長期にわたっては市民の生活に与えるマイナス面が無視できないため、恒常的な節電には別の対策も合わせて検討する必要がある。

日本経済団体連合会（経団連）は、会員企業に対して二〇一一年の節電についてアンケートを行った結果（回答八七社）を公表している。報告によると、各種の対策は電力のピーク需要の削減に大きな成果をあげる一方で、企業活動に様々な影響があったとしている。製造業・非製造業とも、「照明・空調の運用改善」が効果があったとしている。その他に効果のあった取組みとしては、製造業では「自家発電、蓄電池の導入・活用」「休日・休暇の活用」「夜間・早朝操業等の勤務時間シフト」、非製造業では「照明・空調以外の機器の運用改善」を挙げた企業が多い。

その反面で、コストや従業員の家庭生活への多大な影響、社内外のコミュニケーションが困難になる等が指摘され、二〇一一年と同様の取組みを今後も実施可能であるとの回答は一社のみであったとしている。これらの結果から、政府に対する要望として、原子力発電所の速やかな再稼働、電力の使用制限に際して

表4―1　家庭の節電対策メニュー

家電機器	最大電力日の予想消費電力（W）	対策	対策による効果（W）
エアコン	695	設定温度の2℃上昇（冷房の場合）	130
		すだれやよしずによる窓からの日射遮蔽	120
		エアコンの代わりに扇風機使用	600
冷蔵庫	207	設定を強→中（例）に変更	23
		扉の開閉、内容物の整理（詰込み防止）	2
照明	68	不要照明の消灯	60
テレビ	65	必要以外はオフ（ながら見の防止）	21
		画面の明るさ低減	4
温水洗浄便座	7	節電機能の利用、必要時以外オフ	5
ジャー炊飯器	25（保温）	早朝に1日分をまとめ炊き、冷蔵庫に保管	25
各種機器の待機電力	34	機器の主電源オフ、コンセント抜きなど	25

は、産業界のみに過度な負担を強いることのないようにすべきことなどを挙げている。

家庭部門の節電

家庭に対しては法的な削減義務はなく、あくまで呼びかけであるが、政府の節電ポータルサイト（家庭向け）[2]によると、夏の午後における個人の行動による対策メニューが提案された。平均的な世帯（在宅）の夏期最大電力需要日の一四時ころの最大消費電力の合計を一一九七Wと想定すると、家電機器ごとの内訳は表4―1のようになっている。これらの中で全体に占める比率が大きいものはエアコン（六九五W）と冷蔵庫（二〇七W）である。また各々の機器に対する節電対策メニューとその効果もあわせて示す。

業務部門の節電

（財）省エネルギーセンターでは、ホームページで業務ビル用の節電対策シミュレータ[3]を提供している。このシステムでは、オフィスビル、卸・小売店、食品スーパー、ホテル・旅館、医療機関、学校などの建物種類ごと、さらに建物内での用途別（事務室、食堂等）の床面積など各種の条件を入力することにより、節電対策による電力削減量を推定し、時間帯ごとにも表示することができる。なお節電のみでなくCO_2排出量についても計算される。

対策メニューとして、①設備の導入・改修を伴わず短期的に実施できる運用面の対策、②比較的軽度の改修・更新による対策、③比較的大規模（空調システムの全面更新など）による対策に分かれ、それぞれ対策の程度（たとえば空調設定温度の変更）を設定することができる。これらのメニューの中には、従来からも省エネ対策としてよく知られた手法（設定温度の変更、窓からの日射の遮蔽）と、空調に関する専門知識が必要になる手法が混在しているが、①の「設備の導入・改修を伴わず短期的に実施できる運用面の対策」の中から選択できるメニューを表4—2に示す。なお一部の施設のみに適用可能なメニューもある。

例題として、床面積約七四〇〇㎡・在館人数約六四〇人のビルを想定する。この建物において①冷房設定温度を三℃上昇させた場合、②これに加えて緑のカーテン設置及びブラインド遮光を実施した場合の、昼間の時間帯別電力需要のシミュレーション結果を次の図4—2に示す。

計算の結果、この建物における一五時前後の電力需要ピーク時において、冷房温度三℃の上昇により約

表４―２　業務の節電対策メニュー

種類	
空調換気設備	冷房設定温度緩和（基準26℃）／暖房設定温度緩和（基準22℃）／冬期湿度設定の緩和／冷暖房負荷削減を目的とした外気導入量の制御／ウォーミングアップ時の外気取入れ停止／空調・熱源機器の立ち上がり運転時期の短縮／空調・換気運転時間の短縮／夜間等の冷気取入れ（ナイトパージ）／外気冷房（中間期冬期の外気導入運転）／冷水出口温度の調整／冷却水設定温度の調整／熱源台数制御装置の運転発停順位の調整／冷暖房ミキシングロスの防止（室内混合損失の改善）／冷温水の混合損失の防止／フィルタの定期的な清掃／換気運転時間の短縮（間欠運転・換気回数の適正化）／駐車場換気設備のスケジュール運転／配管摩擦低減剤の使用／窓を開けて空調・換気を止める／カーテン、ブラインドにより日射を調整する／緑のカーテン設置
ボイラー設備	ボイラーなど燃焼設備の空気比の調整／蒸気ボイラーの運転圧力の調整／ボイラー等の停止時間の電源遮断
給排水衛生設備	給排水ポンプの流量・圧力調整
給湯設備	給湯温度・循環水量の調整／洗面所給湯期間の短縮（夏の給湯停止）
照明設備	照明使用の削減／不要照明・不要時間帯の消灯／昼休み時の消灯／デスクライトへの調光機能付電球型蛍光ランプの採用
昇降機設備	閑散期のエレベーターの一部停止
受変電設備	専用変圧器の不要時遮断
コンセント設備	コンセント機器使用の削減
事務機器	ＯＡ機器の昼休み等におけるスイッチオフ
民生機器	自動販売機の節電（照明消灯・夜間運転停止等）の実施
業務用機器	冷蔵冷凍ショーケースの温度の適正管理
全体	営業日数の削減

三%、緑のカーテン及びブラインド遮光においてさらに二%のピークカット効果が発揮できることがわかる。ただしそのビルに導入されている空調システムによって、駆動するためのエネルギー源のうち電力・重油等の比率が異なるため、どのようなシステムを導入しているかによって効果は異なり、設定温度を変化させても電力への影響が少ないシステムもある。

実際には「緑のカーテン」といっても生育状況など現実の条件によって効果は異なるが、各種の対策で、どのていど効果があるのかを概略にせよ予め知ることは有益であろう。ピークカットの目標を一五%とすれば、この建物については前者の対策では不足しており、他の対策を追加する必要があることがわかる。また前述のシステムとの関連で考えれば、システムの構成によっては、やみくもに空調設定温度を上昇させてもそれに応じて必ずしも電力需要が下がらないケースもあり、過度に快適性を損なう方策は得策でない。また逆に、メニューの選択によって、同じ節電量に対して来館者等へのサービス低下をより少なくする方法を検討することもできるであろう。

二〇一一年夏の節電の成果

東京電力は二〇一一年夏の電力需要実績を報告している。[4] 夏期の高温発生時における気温と電力需要は図4―3に示すように密接な関連がある。ただし二〇一〇年すなわち震災前の夏期と、二〇一一年の夏期、すなわち節電が強力に推進された状況を比較すると明確な差がある。その差は九〇〇〜一〇〇〇万kWに達しており、これが節電の効果と考えられる。原発の設備容量にすれば一〇基弱に相当することになり、脱

図4—2 業務ビルの対策による電力需要の削減

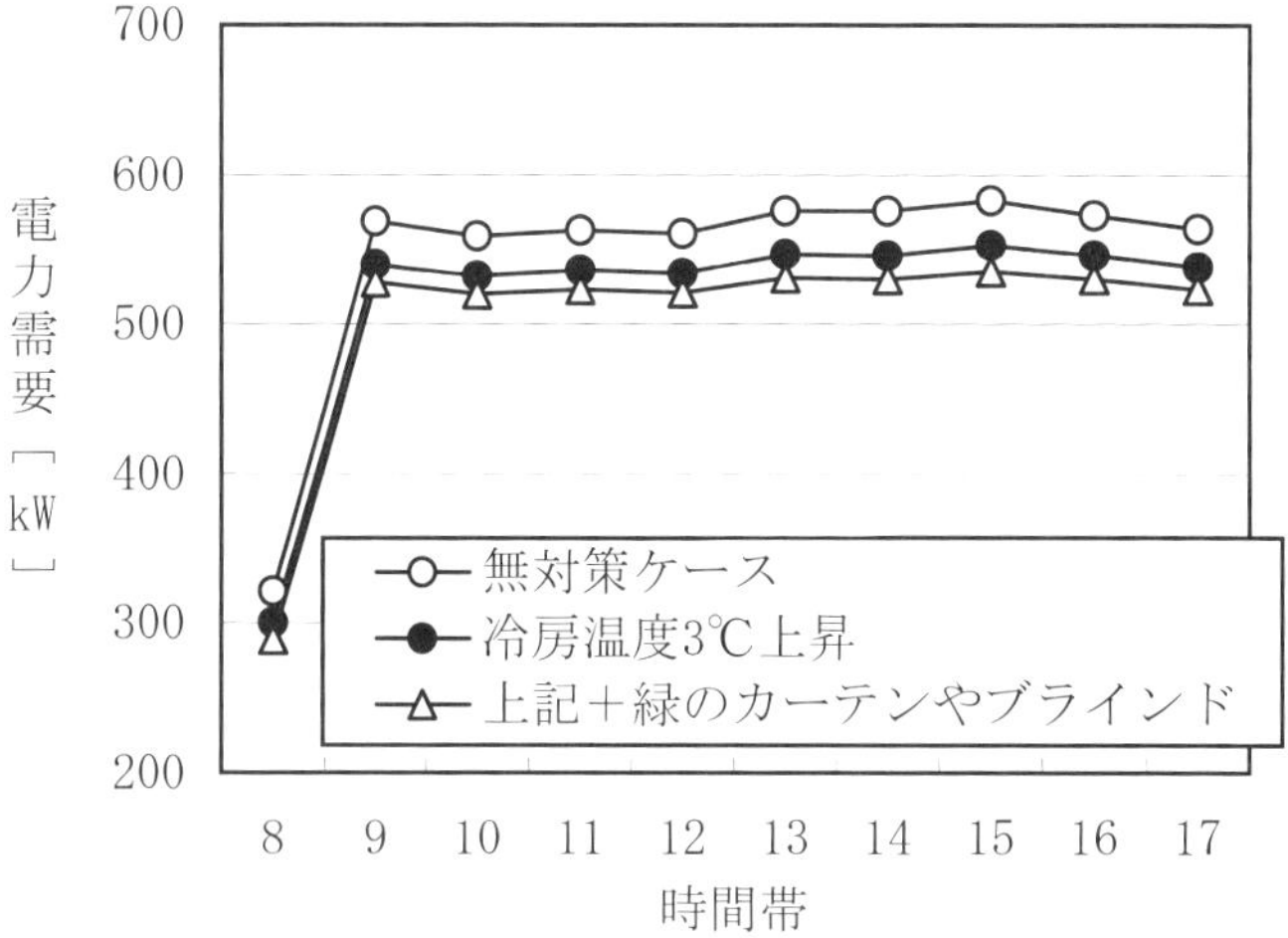

図4—3 気温と最大電力需要の関係

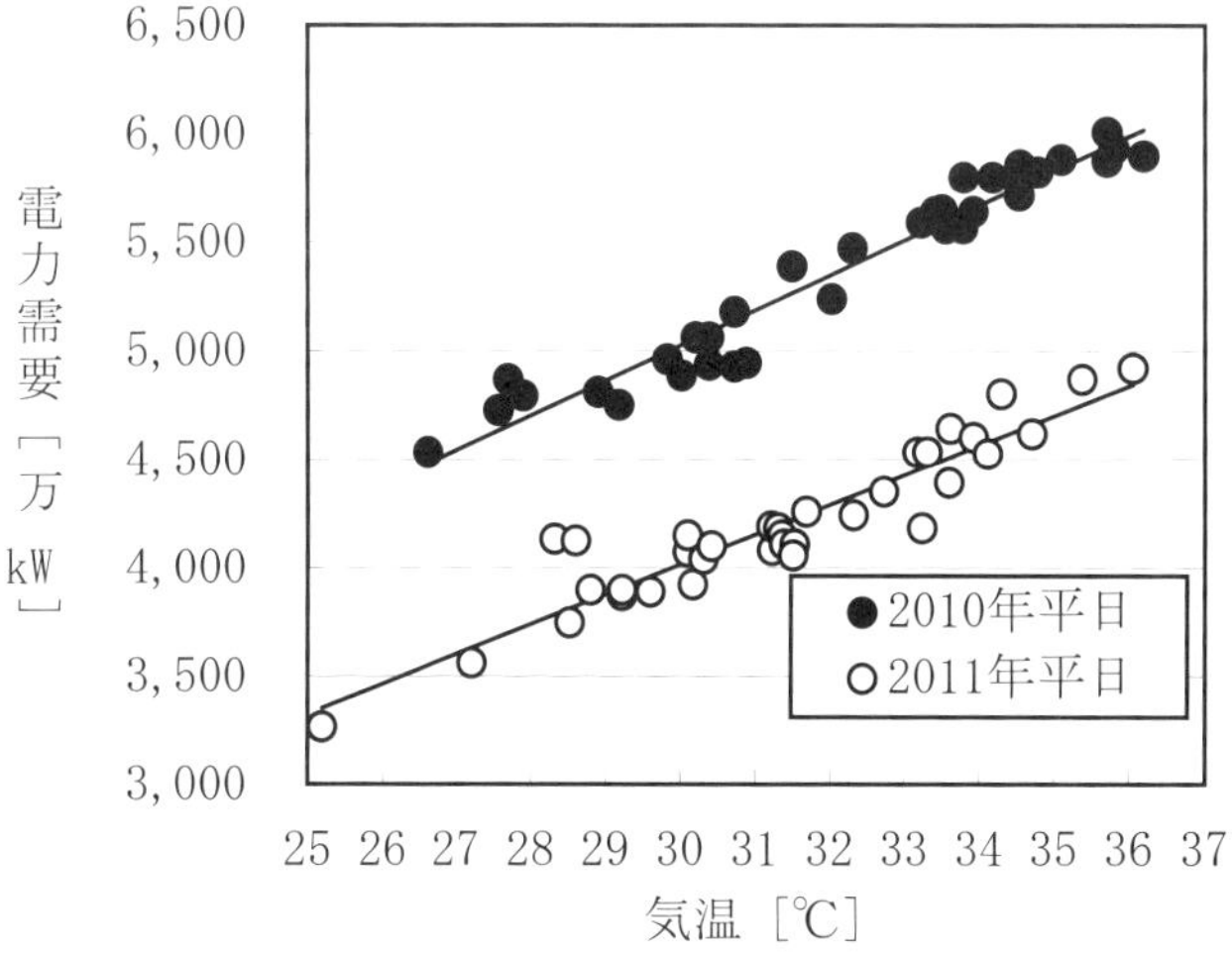

図4―4　需要者別の節電効果

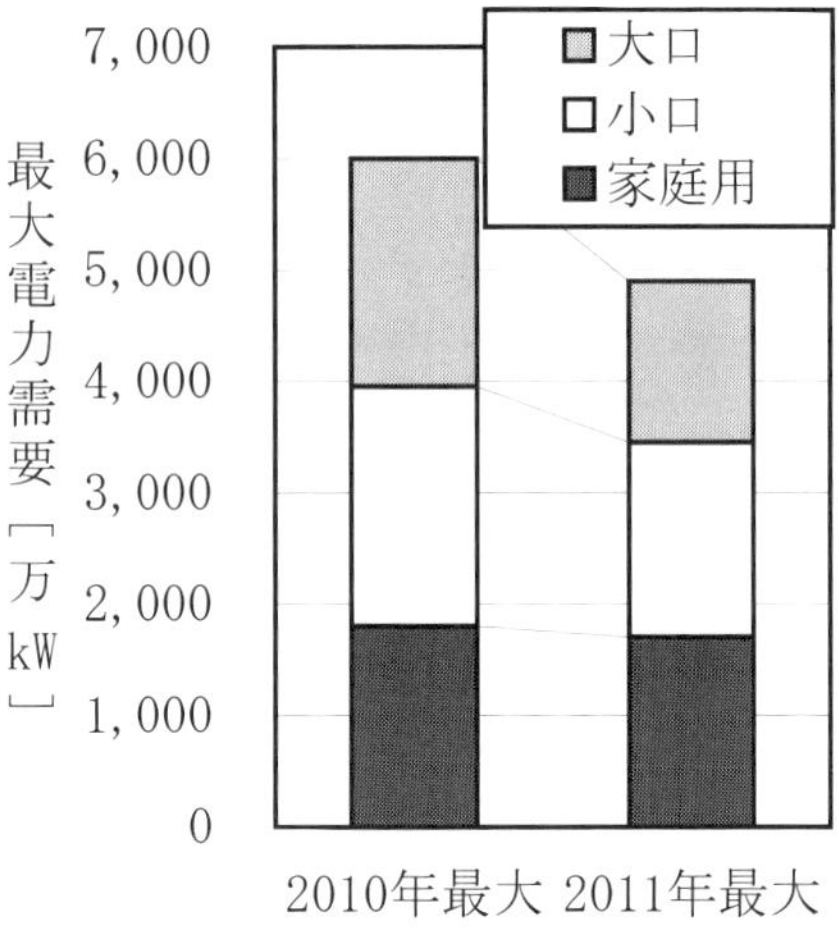

原発をサポートする節電の効果を確認できるデータであるともいえる。ただし二〇一一年夏の節電では、すべての国民が未経験の事態ということもあって、市民生活や企業の活動に支障を来した対策もあり、二〇一二年以降の恒常的な節電には再検討の必要がある。

図4―4は同じく東京電力の資料より、二〇一〇年の最大電力需要出現日（七月二三日・最高気温三五・七℃）と、二〇一一年の同じく最大電力需要出現日（八月一八日・最高気温三六・一℃）のピーク時における需要区分別の電力需要量を示したものである。家庭は一般の電灯契約、小口は中小工場など、大口は鉄道・大規模工場・大規模業務ビルなどである。家庭用で約一〇〇万kW（昨年比六％減）、小口で約四〇〇万kW（同一九％減）、大口で約六〇〇万kW（同二九％減）の削減となり、全体として一八％のピークカットが実施されたことになる。

東電の資料では、計測された当該日は気温がかなり高かったため冷房需要があまり減らなかったためと分析している。ただし七～八月の月別の総電力消費量（kW時）ではかなり節電の効果がみられている。また同資料の別の側面として指摘されるのは、大口に対しては実際に測定した時間ごとのデータがあるのに対して、小口と家庭はそのようなデータが東京電力自身でも収集されておらず、間接的な推定にとどまっているという点である。小口と家庭についても実データをリアルタイムに測定・分析するようなシステムを整備すれば、節電もより効果的に実施できると考えられる。

節電するとむしろいいこと

節電を不快や制約といった負の側面だけではなく、プラスの面で捉えることもできる。家計の電力料金は地域住民の所得から支払われているのであるから、地域の市民が産み出した富が地域外に流出していることに相当する。家庭において太陽光発電等を最大限導入しても、年間を通じて電力の購入をゼロにすることは難しいが、かなりの節電は可能である。節電は電力の安定供給と、温室効果ガスの削減にも貢献する。かりに一律一五％の削減を実行したとすると、全国の家計消費で約七四五三億円が節約される。

もしこの金額を地域内で循環させ、いわゆる地産地消に活用すると、どのような効果が生じるであろうか。地域経済の振興・雇用の創出、さらには巡って地方税収の増加につながる。節電を「がまん」「活動が制約される」とネガティブな方向だけに捉えるのではなく、地域振興の一側面として考えることもできるのではないだろうか。こうした問題意識から、節電した電力料金分の金額を地域内で循環させたと仮定した場合に、それがどのくらいの経済・雇用効果をもたらすかを推計してみる。

雇用や所得が増加するメカニズムの概念は次の図4―5のようになる。地域の家庭で節電した金額を、地産地消、すなわち地域内で自給・消費（自給率一〇〇％）される商品やサービスの購入に全額振り向けるとする。なお貯蓄には回さないとする。これにより地域内の所得や雇用が誘発される。さらにその所得や雇用がさらに商品やサービスの購入を産み出し、間接の地域内の所得や雇用の誘発も加わる。これらの合計により所得や雇用が増加すれば、それに応じて地方税収も増加することになる。

税収の増加額については、地方税の課税額は、税目や課税対象者の所得などを基に一定の計算式によって算出されるが、全市町村を対象に個別にそれを推定・算出することは困難である。そこで森田・加藤・林・森本は、自治体の各種税目について統計的に推定する方法を提案している。[5] 雇用者数の増加と、その課税所得の増加にともなって増加する住民税個人割については、就業者人口や平均所得を要素としたモデルによって説明されるとしている。本章でもそれを適用して、自治体ごとの雇用者数の増加と所得の増加から、各々の住民税個人割税収を推定した。

実際には購入される商品やサービスのうち最終的な所得が地域に帰属しないものもあると思われる。このため推計した結果はあくまで計算上で最大期待されるポテンシャルであって、現実にはそれより低くなる。このような計算上の制約はあるが、前述の節電分の金額七四五三億円を地域に還元したと仮定すると、消費・生産の促進効果を通じた雇用の発生は全国で一九万人に相当し、また雇用者の所得増加効果は六二五一億円に達する。これらの所得増加によりもたらされる地方税収の増加は八〇六億円と推定される。ただし現実には、これらの金額が確実に地域内部で循環されるような仕組みを合わせて構築する必要がある。前述のように、電力料金の節約額を全国で集計すれば七四五三億円の巨額に達するとしても、一世帯あたりでの現実の電力料金の節減額は一月あたり五〇〇〜一〇〇〇円ていどなので、その他の消費支出に紛れて明確に意識されないかもしれない。地域通貨との組み合わせなど確実に地域に残る方策を考えるべきであろう。

図４―５ 雇用や所得が増加するメカニズム

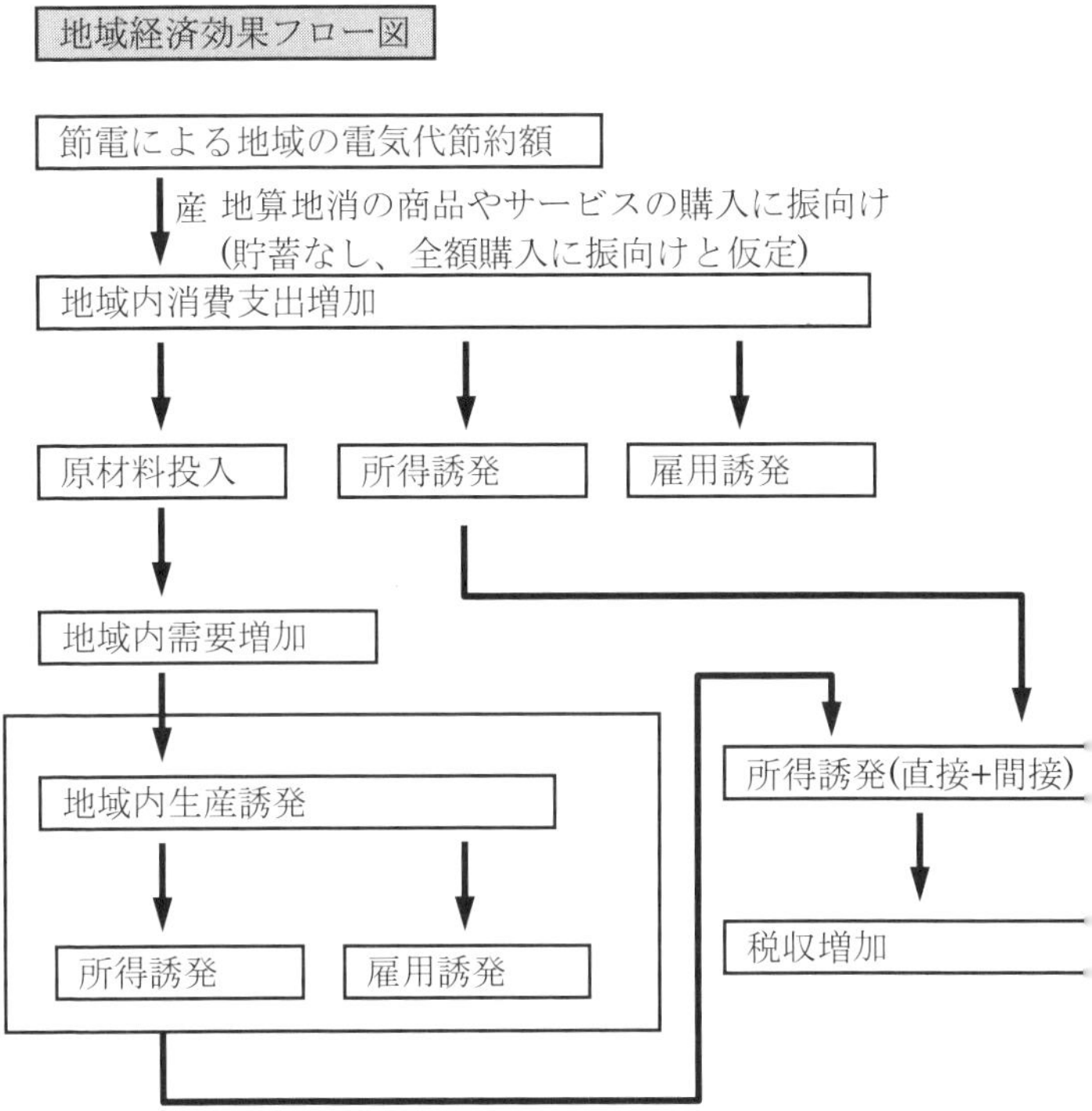

具体的な都市におけるケーススタディ

個人や個別の企業・施設における短期的な行動面での施策における節電はもとより重要であるが、それだけでは持続性がない。関心の高い人は節電に積極的に取り組む一方で、そうでない人は何もしないという状態では、結局のところ省エネ効果は限定的に終わってしまう。また電力の需要構造は地域の地理的・社会的条件によってさまざまなので、一律の目標や施策では効果をもたらさない。中長期の都市政策やインフラ整備なども組み込んだ枠組みとして検討し、電力の削減について、具体的な自治体を事例に検討し、個別の行動だけに依存せず、建物や街のあり方そのもので節電が実現できる系統的な街づくりについて検討することが必要である。

こうした検討の指針として、環境省「地球温暖化対策地方公共団体実行計画（区域施策編）」策定マニュアル[6]や、国土交通省都市・地域整備局では「低炭素都市づくりガイドライン（二〇一〇年八月公開）」などの資料が提供されている[7]。後者のガイドラインは、地区レベルの低炭素効果の推計手法を整理・提供することによって、施策の立案、効果の把握方法を整理し、自治体の取り組みを支援することを目的としている。現在実用化されている技術と手法に基づいた条件を設定しており、開発中の新技術は前提としていない。また住民側からみた利便性・快適性は低下しないという前提である。

一つの市町村は、特性が異なるさまざまな地域から構成される。各地域にどのように人が住んでいるか（戸建・集合住宅の別、家族や年齢の構成など）により、効果的な政策が異なってくるはずである。単に市町

図4—6 人口密度（人/㎢）からみたA市の状況

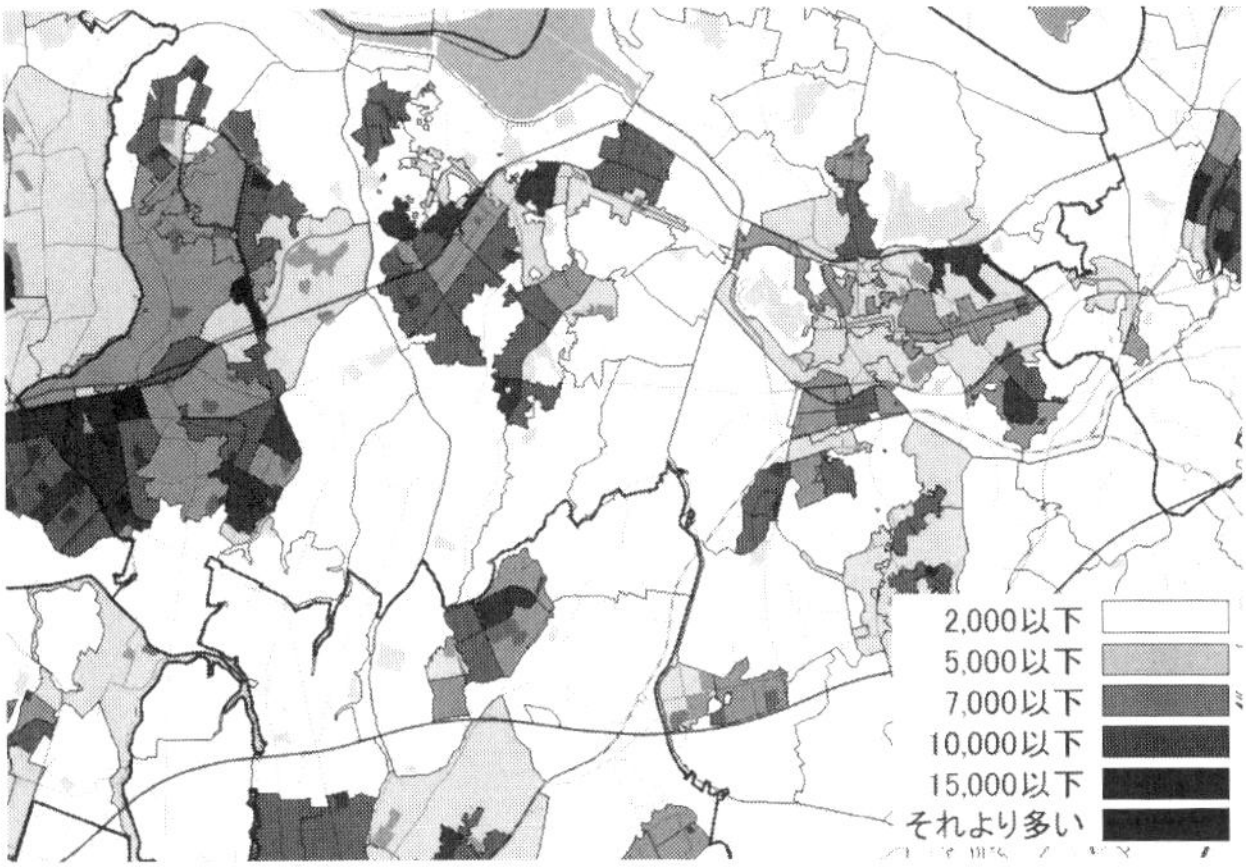

村を一括した検討でなく、小地域（町丁目単位）での検討も必要になる。またその市町村の全体の開発や土地利用などの方向性を示す「都市マスタープラン」や「総合計画」、場合によっては「交通マスタープラン（地域交通計画）」などとの整合性も必要となる。地域の特性はさまざまな指標であらわされるが、例えば人口密度でみた場合、図4—6のようになる。

具体的なケーススタディの対象として、首都圏のA市を取り上げる。同市はかつての街道沿いに発達し、また首都圏の中でも古くから鉄道が敷設された沿線にあり、総面積約一〇〇㎢、人口約一七万人である。市内の地域特性を大別すると、①鉄道・旧街道沿いに発達した旧市街地、②低層住宅を主とする新規開発の住宅団地、③低密度の伝統的集落および農地（山林は少ない）がある。②と③は斑に混在している。また製造業集積地区（工業団地）が三地区、城址等歴史的地区、ゴルフ場が存在する。南部には農地や雑木林も多い。

A市全体の概況として、この地域での二〇〇七年におけるCO₂排出量および電力消費量は表4―3のとおりである(8)(CO₂排出量には電力由来分も含む)。なお製造業についてはエネルギー消費実態が事業者によって個別的であり、削減対策も個別的にならざるをえないので本項の検討からは除外した。現在は二〇一一年であるが、統計の制約から、最新の推計は家庭・業務について二〇〇七年、自動車について二〇〇五年の統計に基づく。各市町村においてより最新の統計が利用できれば、それを利用することが望ましい。

家庭の対策

A市では、住宅土地統計(9)その他のデータからみると、多数の住宅が密集した団地はあるが、高層マンション等は少なく戸建住宅が集まった団地が多い。戸建住宅は集合住宅に比べて、世帯あたりのエネルギー消費が大きい一方で、太陽光・太陽熱の利用ポテンシャルが大きい。A市における地域別・建方別住宅の分布状況の例を表4―4に示す。節電量やCO₂削減量の推計にあたり、例えば太陽光発電を想定した場合、最大限導入のポテンシャルを示すのか、現実の導入率はどのくらい見込まれるのか、導入期間はどのくらいを想定するのかなど、仮定により施策効果の結果は異なる。ここではガイドラインや新実行計画を参考に、各々のメニューについて現実的な導入率を設定し、今後一〇年を想定した削減ポテンシャルとして示す。

またA市における一戸あたりの平均床面積、当該地域(関東地方)における世帯あたりの種類別エネル

表4―3　A市のCO_2排出量及び電力消費量

	民生		自動車	
	家庭	業務	旅客	貨物
CO_2（t/h）	196,779	128,207	163,485	89,632
電力（MWh/年）	257,499	265,543		

表4―4　A市の建て方別戸数

	戸建	長屋建	集合	延床面積
	戸数	戸数	戸数	㎡
○○町○丁目	251	9	238	4万3941
○○町○丁目	37	0	10	4965
○○町○丁目	177	0	12	2万1773
○○町○丁目	189	9	46	2万5944
○○町○丁目	604	6	294	8万8848
…	…	…	…	…
○○町○丁目	65	0	0	7753

（実際には170地区ある）

表4―5　対策メニュー別の期待効果

メニュー	効果
太陽光発電設備の設置	一般住宅用に設置可能な発電容量3kW程度ピーク時発電量2kW、発電容量1kWあたりの年間発電量は700kW時前後（いずれも汚れ、変換器損失等を考慮）
太陽熱利用機器（給湯用）の設置	ただし太陽光と太陽熱は同時には設置できない（屋根の占有の点から）とする。なお燃料削減効果はあるが節電効果は少ない。
高効率電化製品への買換え	機種ごとに異なるが平均12%程度の節電
家電製品の待機電力削減	世帯あたり平均180kW時／年
戸建住宅（新築時）の次世代断熱基準採用	暖房負荷　平均48%の削減（うち電力分は暖房機器の構成により異なる） A市の住宅更新率を考慮。
戸建住宅（既存）の断熱リフォーム	暖房負荷　平均19%の削減（うち電力分は暖房機器の構成により異なる）

図4—7 農家の付属家屋に設置した太陽光パネル

ギー使用量などのデータを併用し、A市の地域別あるいは市全体の電力その他のエネルギー消費量を推計する。なお電力とともにCO_2排出量の観点から評価する場合、電力をCO_2排出量に換算するにあたり排出係数（電力一kW時の消費あたり何kgのCO_2が発生するかの係数）にいずれの数値を採用するかによって評価が異なる。今後、実態として多くの原発が停止する状況ではどのような係数を適用すべきか判断が難しいが、当面は環境省の施行令排出係数に準拠するものとした。対策メニューとしては表4—5のような項目および効果が考えられる。

太陽光発電設備の設置については、農村地域や郊外部では図4—7（写真）に示すように付属家屋や庭を利用して市街地の住宅よりも広い受光面積を得ることが可能である。この点を考慮して、農地が多いA市の特性から発電容量の地域差を考慮

表4—6　業務部門の対策メニューと効果

メニュー	効果
太陽光発電設備の設置	業務用として発電容量平均10kW／棟 発電容量1kWあたりの年間発電量は700kW時前後（いずれも汚れ、変換器損失等を考慮）
ESCO事業[10]と建物対策による省エネ設備・技術の導入	総合的な省エネ率（%）の想定 事務所　14 小売店　8 医療・福祉　18 ホテル・飲食　13

している。またA市における住宅の築年数分布の統計を利用して住宅の更新率を推定し、新築住宅の次世代断熱施工の効果を推定した。戸建住宅では耐震対策に合わせて断熱リフォームを実施することは住民にとっても負担が減りメリットがあると考えられる。また旧市街地域の築年数の高い住宅を対象に、その一部を段階的に集合化する方策を想定して、戸建住宅と集合住宅の消費エネルギー差による削減ポテンシャルを求める。また導入地域は限定的であるが、新住宅地の集中熱供給システムも検討した。

業務の事業所単位の削減対策

次に業務部門（事務所・商業施設・その他サービス施設、公的施設など）について検討する。業務部門では、業種によって床面積・エネルギー種別とその使用比率などが異なる。このため業務種別・エネルギー種別のデータが必要となる。実際には事業所ごとの個別の調査・コンサルティングによることが望ましいが、計画としてポテンシャルを推定するには統計的なデータも利用できる。メニューは表4—6のような項目が考えられる。

表4—7　自動車部門の対策メニュー

	施策	コメント
①に関して	トリップ数を減らす	自動車を利用せず代わりの手段を利用する、複数の用事を1回で済ませるなど。
②に関して	トリップあたり距離を減らす	目的地まで全部を自動車で移動せず、パークアンドライドを利用し鉄道を併用する、複数の用事を1回で済ませるなど。
③に関して	走行距離あたりエネルギー消費量を減らす	燃費の良い車に買い換えたり、「エコドライブ」を実践するなど。

このデータとA市における業種別の業種別床面積などのデータを併用し、電力その他のエネルギーの削減を求めた。

自動車のエネルギー削減対策

自動車のエネルギー消費は、一見すると節電と関連が乏しいように思われるが、実際は密接に関連している。その問題については第6章で触れるが、ここではまずA市の実態を反映したエネルギー削減対策を検討する。ここで自動車（乗用車）は移動体であるので、家庭や業務（事業所）のように固定された建築物における削減対策とはやや異なる性質がある。自動車からのエネルギー消費量は次の式に示す要素で決まる。この要因に対して、①～③のいずれか、あるいは組み合わせとして複数の要素を減らせばよい。考えられる施策には次の表4—7のようなものがある。

エネルギー消費量＝①人口あたりトリップ数（移動回数）
×②トリップあたり距離
×③走行距離あたりエネルギー消費量（いわゆる「燃費」の大小のこと）

図4―8　A市内ゾーン間の自動車トリップの分布

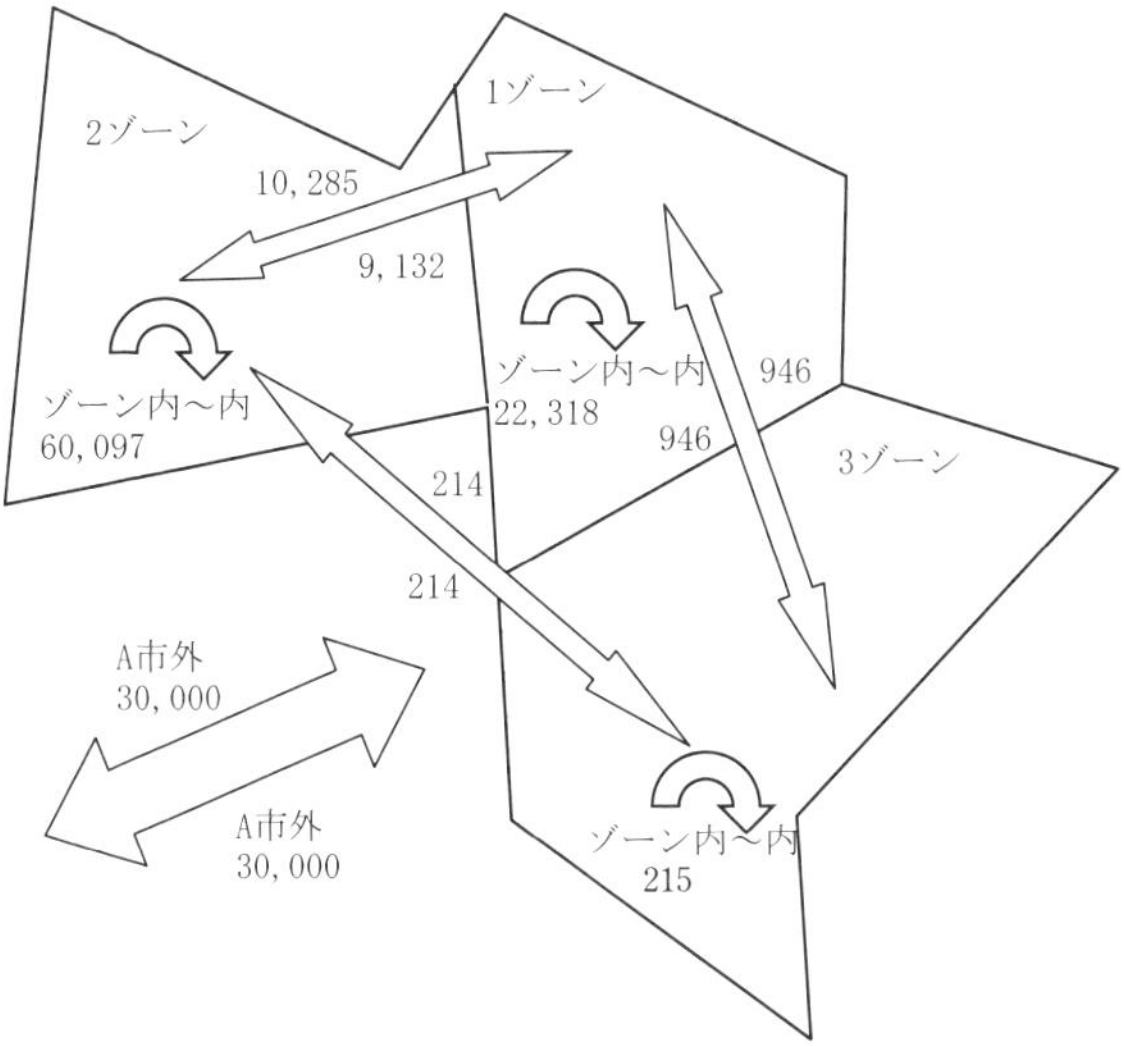

自動車に関するエネルギー削減対策は、これまで市町村全体の自動車保有台数や平均走行距離などから推計することが多かった。しかし家庭・業務を小地域単位で検討するのと同様に、自動車も市町村よりも細かい地域別の自動車の動きに応じて検討することが望ましい。自動車については、住宅や業務の小地域に相当するほど細かいデータは公開されていないが、A市については市内を三つのゾーン（交通調査を実施する地域）に分割した地域相互の自動車の動きに関するデータがある。[11] 図4―8に乗用車の一日あたりトリップ数について示す。

これによると、自動車の利用が最も多いのは①第二ゾーン内部、②第一ゾーン内部、③第一～第二ゾーン相互間の行き来である。第三ゾーンは地理的条件からみても、住宅が散在する農地を主とした地域であるため、自動車の必需性は高いが交通量は少ない。なお起点・終点を市外に有する交

表4—8　A市で考えられる交通対策メニューと効果

項目	内容	想定削減率
全域・環境対応車への置換による排出原単位の削減	環境対応車への自然置換を想定。	年率2%
エコドライブの実施	エコドライブの普及推進。全員が参加するとはかぎらないので現実的な普及率を想定する。ハイブリッド車等の導入は同等の効果があるので重複を除く。	最終普及率[12] 16%および単体削減率5%
第一ゾーン内部の自転車利用促進	公共交通利便性の向上（既存バスの利便性向上、コミュニティバスの整備など）、自転車走行空間の整備など総合的に対策を実施する。	現状トリップ数に対して6%削減
第一ゾーン内部の公共交通利用促進		現状トリップ数に対して3%削減
第二ゾーン内部の自転車利用促進		現状トリップ数に対して7%削減
第二ゾーン内部の公共交通利用促進		現状トリップ数に対して3%削減
第一～第二ゾーン間の公共交通利用促進		現状トリップ数に対して5%削減

通は、ここでは検討から除くものとする。A市では東西方向に二本の鉄道路線（JR・私鉄）が貫通し、首都圏方向へは比較的公共交通のサービスレベルが高い一方で、ゾーン内・ゾーン相互・南北方向には公共交通のサービスレベルが必ずしも高くない。

データからわかるように自動車は市内かつ同一のゾーン内、すなわち比較的近距離での交通手段であることがわかる。これより自転車の利用促進、公共交通のサービスレベル増加により一定の自動車からの転換を促進すべきである。第三ゾーンに関連する交通はトリップ数が少なく、したがって自動車部門のエネルギー消費量も市全体に占める比率は少ない。ここでは検討から除外する。エネルギー消費量の多い前述の①②③について、

図4—9 CO_2排出量

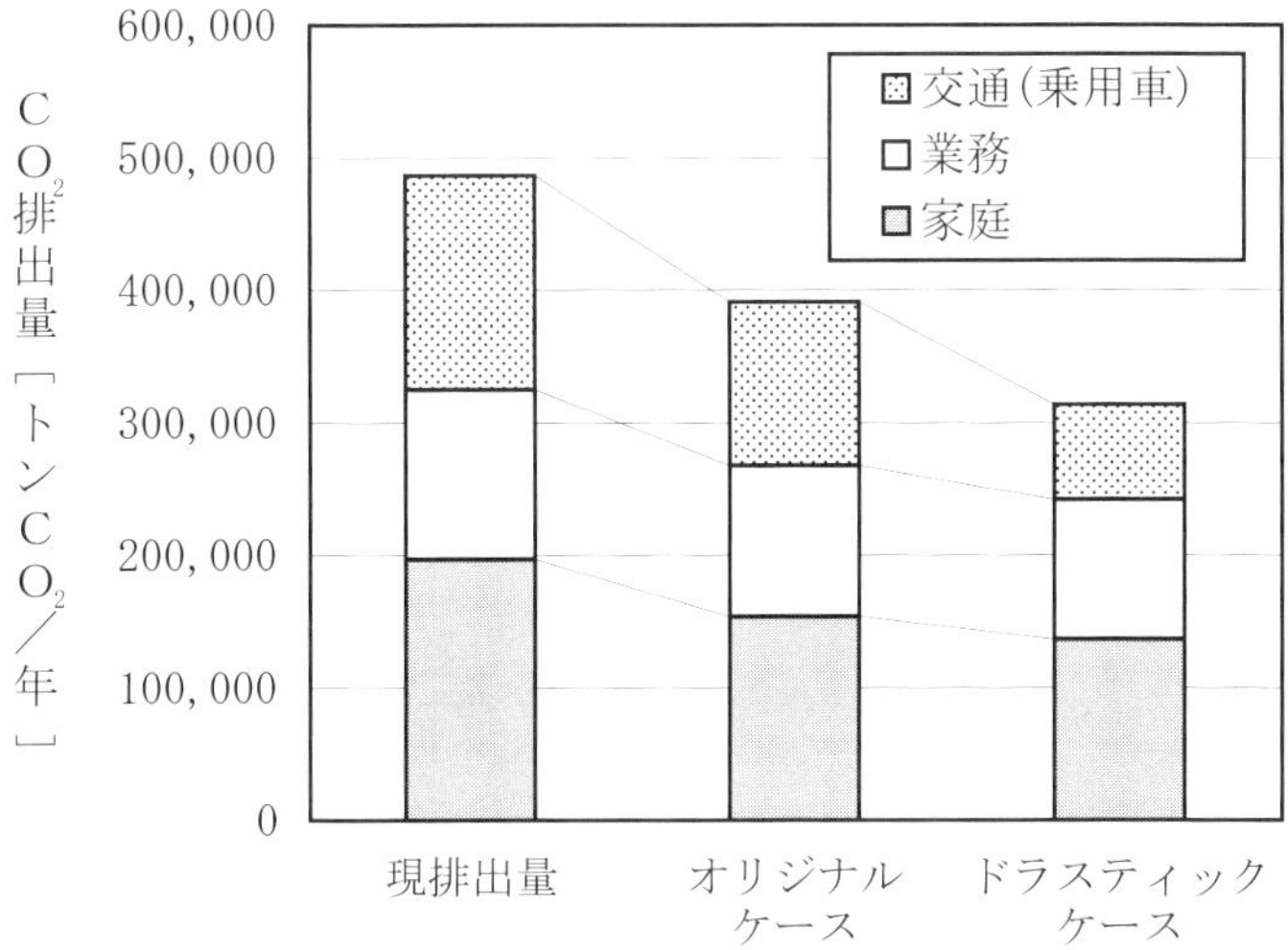

地域の実態と合わせて検討しうる対策メニューと効果を表4—8のように想定する。

総合評価

以上のような方法で削減効果を求めた結果を「オリジナルケース」として示す。この結果は、前述のように現実的な普及率を想定したものであるが、加えて太陽光発電その他の対策を加速的に導入する「ドラスティックケース」も参考までに示す。燃料削減量（ここではエネルギー起源のCO_2削減量として表示）と節電量の双方の結果の要約を、次の図4—9、図4—10に示す。本章の主テーマである節電の観点でみると、現状に対してオリジナルケースで約一八％、ドラスティックケースで約二六％の節電に相当する。またCO_2についてはオリジナルケースで約二〇％、ドラスティックケースで約三六％の削減に相当する。前

図4―10 電力消費量

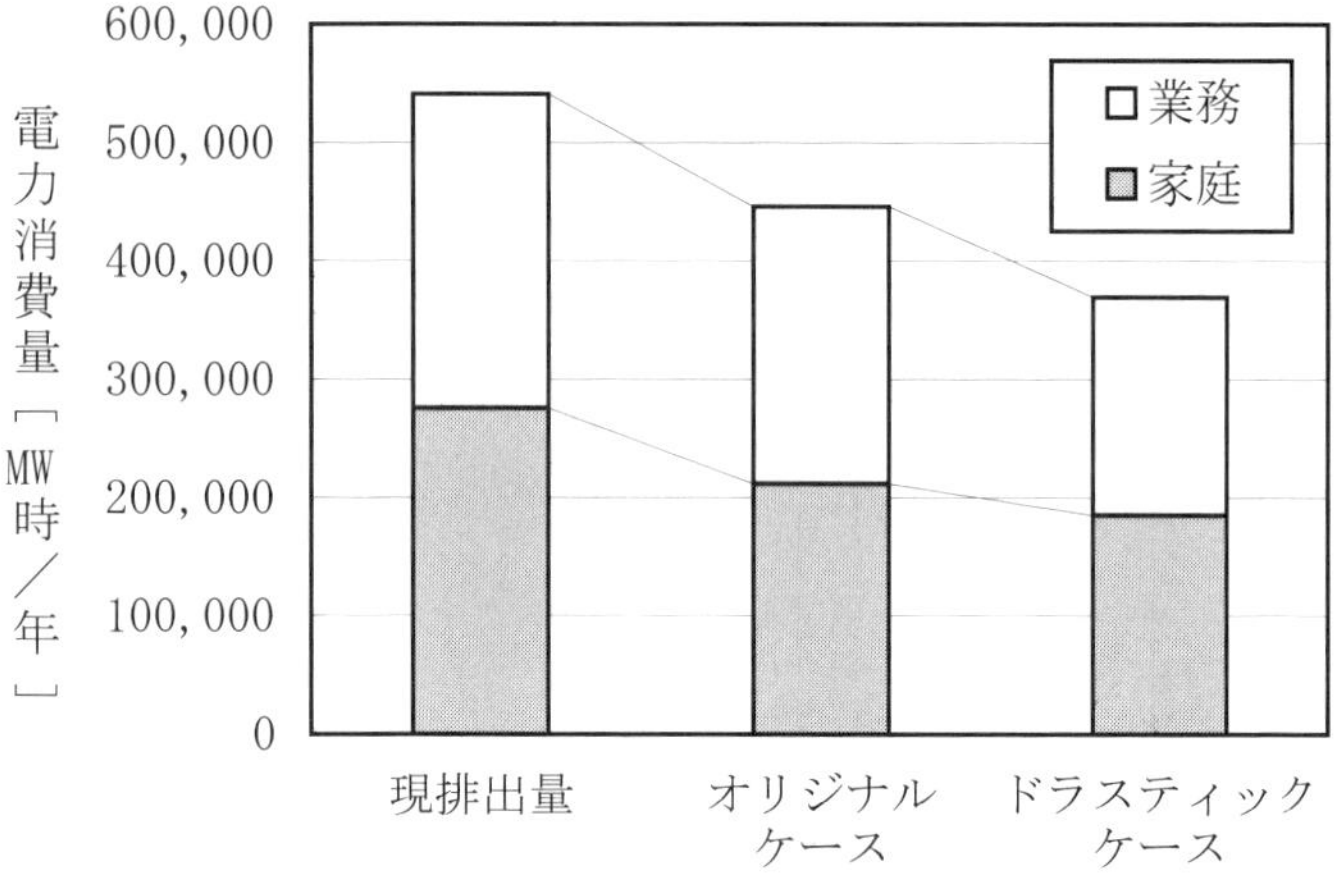

述のように、これらの推計は現在実用化されている技術や手法に基づいた条件を設定しており、開発中の新技術は前提としていない。またこの結果は、利用者側からみた効用（利便性・快適性）は低下しない前提としているが、エアコンの設定を従来よりも緩やかにするなどの行動変化が加われば節電率はさらに向上する。「電気」という面からみれば、現実的な範囲で三〇～四〇％の需要側での削減は可能と思われる。それだけで原発は不要となる。

1　東京都環境局ホームページ「東京都電力対策緊急プログラム」http://www.kankyo.metro.tokyo.jp/climate/program/index.html

2　経済産業省「政府の節電ポータルサイト」http://seikatsu.setsuden.go.jp/

3　省エネルギーセンターホームページ http://www.eccj.or.jp/audit/setsudensim/index.html

4　東京電力ホームページ「今夏の電力需給状況について」http://www.tepco.co.jp/cc/press/11092602-j.ht

ml

5 森田紘圭・加藤博和・林良嗣・森本貴志「全国市区町村の経済・環境両面からの持続可能性評価」『第三三回土木計画学研究発表会・講演集』二〇〇六年六月。

6 http://www.env.go.jp/earth/ondanka/sakutei_manual/manual0906.html 環境省「地球温暖化対策地方公共団体実行計画（区域施策編）」策定マニュアルより。

7 国土交通省「低炭素都市づくりガイドライン」のホームページ http://www.mlit.go.jp/crd/city_plan/teitanso.html

8 環境自治体会議『環境自治体白書』二〇一〇年版およびその補足データ「温暖化対策悩み共有フォーラム第一回in東日本」CD−ROMより。

9 住宅・土地統計ホームページ http://www.stat.go.jp/data/jyutaku/kekka.htm

10 ESCOは、顧客と契約して節電など省エネ対策を実施し、その削減実績から報酬を得る事業。

11 「道路交通センサス自動車起終点調査」平成一七年集計結果より。

12 伊東大厚「エコドライブによるCO_2削減」『自動車交通研究』三四頁、二〇〇六年版。

第5章　エネルギー大量消費社会

一〇〇万倍に増えた機械の出力

森江健二氏は、文明の進歩に逆比例して物の耐久年数が短くなるとして〈それ（産業革命）以前はいくら西欧思想が自然を支配しようとしても、動力源が人力や畜力、風力や水力などの自然力で、物理的な自然破壊力は知れている。ところがひとたび便利なものを手にした人間の欲心はとどまるところを知らずである。人間環境の物理的破壊にとどまらず、精神的な破壊へと進みつつある。産業革命以来、ものの耐久年数は文明の進歩に反比例して一〇のn乗で短くなりつつあると言われている。石造りの建物千年、機関車百年、自動車十年、家電などの買い替え消費財一年という具合に、限りなく〇《ゼロ》に近づきつつあるのはどうしたことだろう〉[1]と述べている。

その一方で、人間が一度に扱いうるエネルギーは、人工的な動力が発明されたころに比べて、一〇〇万倍になっている。図5―1は、動力を発生する機械の、一基あたり最大出力の増加、言いかえると人間

図5—1　動力機械の出力増大の歴史

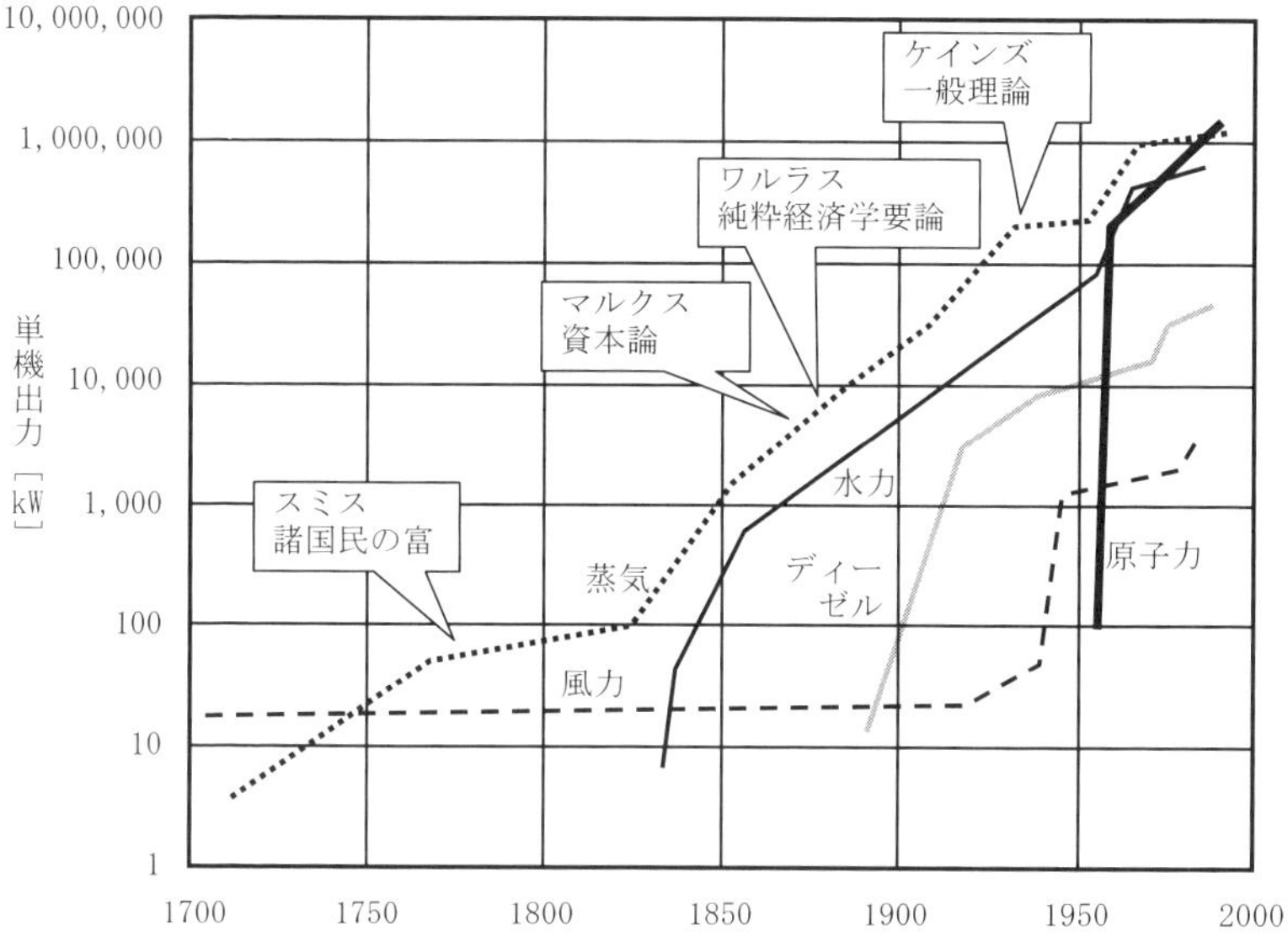

が一度に扱いうるエネルギーの増加の様子を、過去三〇〇年について示したものである。[2]なおグラフの縦軸は「対数表示」であり、一つの目盛でそれぞれ一〇倍（一桁上がり）を示す。一七一二年にニューコメンが推定約四kWの蒸気機関を製作したが、現在の火力・原子力発電用の蒸気タービンは一二〇万kW、つまり約一〇〇万倍になっている。人間がエネルギーをいかに瞬時に大量に解放するかに力を注いできたかという経緯が示されている。

太線に原子力の最大出力の増加が示されている。一九五六年に一〇〇kWの実験炉での発電が行われてから、わずか数年後に一挙に二〇万kWの商用発電所に拡大し、現在では火力の最大出力と同等の一二〇万kW級が実用化されている。原子力も火力も、蒸気でタービンを回す部分は共通の技術なので、その部分については原子力が火力の発展を利用したにすぎないとも言える。しかし蒸気を起こす部分の原理は全く異なり、火力が二〇〇〜三〇〇年かかって到達した過程を、数年から十年で済ませてしまったための無理が、いろいろな側面で噴出しているのではないだろうか。

ところで同図に、経済学上の著名な考え方をあわせて示してある。経済学では、アダム・スミスとマルクスは同時代の古典的な思想として教えるが、アダム・スミスとマルクスの時代を比べると、人間が一度に扱いうるエネルギーが二桁、すなわち一〇〇倍異なっている。続いてマルクスやワルラスとケインズの時代を比べると、さらに一〇〇倍上がっている。さらにケインズの時代と、現代を比べると再び一〇倍上がっている。ワルラスは「希少資源をいかに最適に配分するか」を論じ、現在の経済学の主流をなす限界理論を創出したとされている。しかし中村修氏はワルラスの時代になっても、彼あるいは同時代の経済学者は、経済そのものを制約する自然環境の有限性を認識していないと指摘している。[3] 以後の経済学も同様であった。いま人間が一度に扱いうるエネルギーが、ワルラスの時代よりさらに一〇〇〇倍ほど増えている状況のもとで、どのような経済学も、もはや環境そのものの制約を避けて通れないはずである。石油危機やバブル崩壊など、方向を転換する機会は何度かあったのに、全体として「右肩上がり」の成長は制御することができないのだろうか。これが結局は福島原発事故にも連なっているように思われる。

エネルギー大量消費社会

福島第一原発事故は、良識ある市民がこれまで可能性を警告してきたとおりに、あるいはそれを超えた

図5―2　1人あたり電力使用量の世界的な不公平

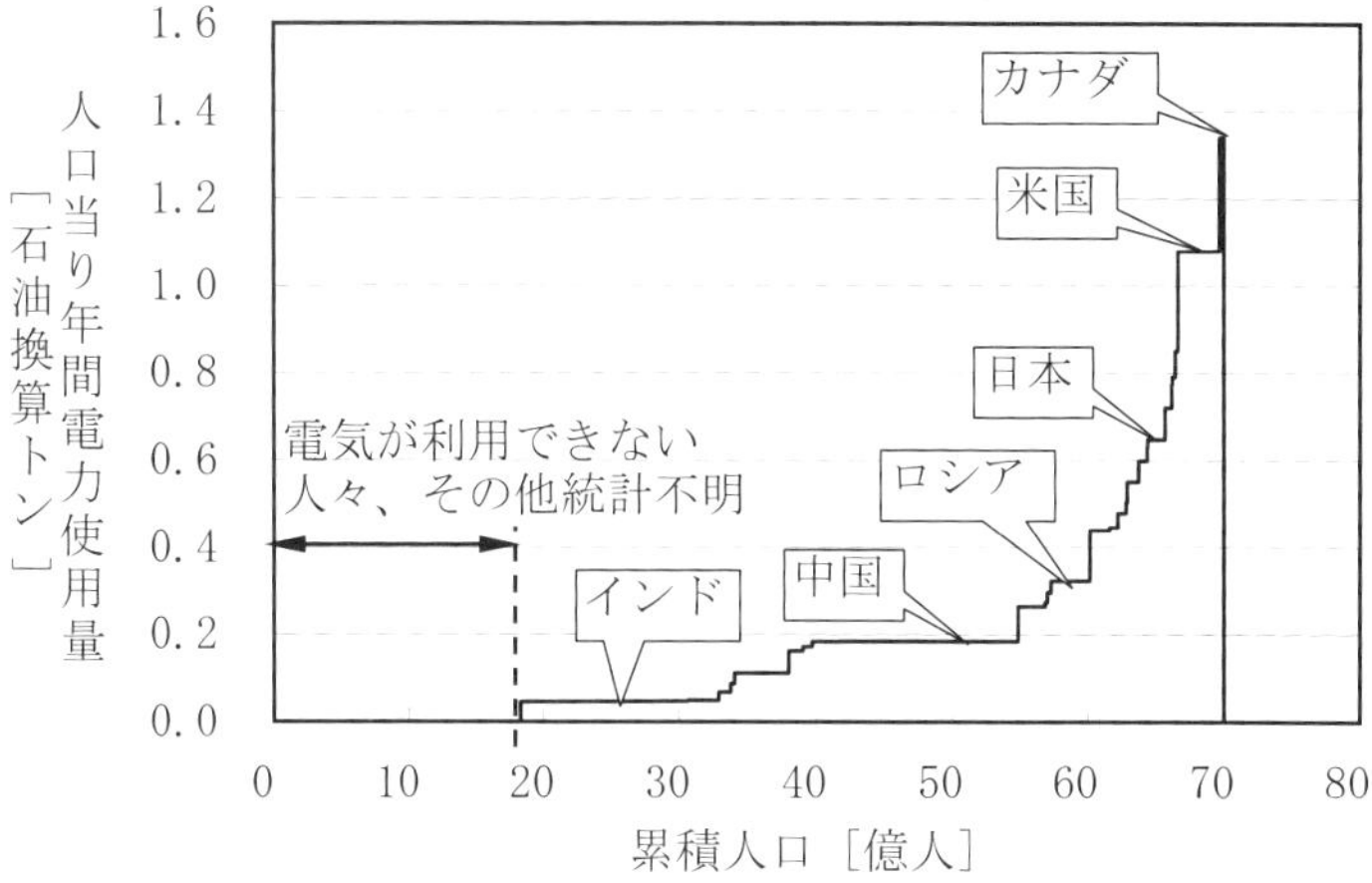

被害をもたらした。

ここで政府・自治体・電力業界の責任が問われることはもちろんであるが、一方で市民も、大量生産・大量消費の社会経済システムをそのままにしては、やはり「原発は必要だ」という振り出しに戻ってしまう。再生可能エネルギーの導入にしても、まず省エネ・節電が前提である。原発がなくても安心して暮らせる社会を作るには、これまでのエネルギーの使い方を考えなおすことから始めるべきではないだろうか。

図5―2は二〇〇八年の時点で、地球上の人間のうちどのくらいの人数が、一人あたりどれだけ電力として一次エネルギーを消費しているかを「石油換算トン（後述）」として示す図である。(4) またグラフの下の面積を合計すると地球上で消費されている電力エネルギーの合計をあらわすことになる。二〇一一年一〇月末までに地球上の人口が七〇億人を超えたと推計されているが、地球上で一四億人が電気を全く利用できないと推定されている。

エネルギー消費量の表示方法には「一次エネルギー」と「最終エネルギー」の二種類がある。たとえば火力発電では、石炭・石油・天然ガスなどをボイラーで燃やして蒸気を発生させ、それでタービンを回して発電している（第2章・図2―2）。ここで燃やした熱のうち約四割しか有効な電力に変わらない。残りの熱は、煙突から大気中に放出される分やタービンの蒸気の冷却水から海や河川に放出される分である。技術的な改良によってその効率は年々改善されているが、理論的な限度がある。

また一般に効率は石炭↓石油↓天然ガスの順に高くなる。当然ながら古い発電所より新しい発電所のほうが効率が高くなる。

最初に燃やしたほうを「一次エネルギー」、電気に変えられて実際に使った分を「最終エネルギー」と考えればわかりやすい。実際の一次エネルギー源は、水力・火力・原子力・そのほか現在は少ないが太陽光・風力など、発電原理の異なる各種方式が混在しているが、すべて石油を燃焼させて発電したものと仮定して単位をそろえ、その熱量で比較・表示したものが示した図5―3の「石油換算トン」である。別の見方では、「最終」とは家庭や工場の電気メーターで積算される使用量をすべて合計した数量であるが、舞台裏でそれに対応して、より多くの石油や原子力のエネルギーが使用されているということである。

このように統計の存在する範囲だけで考えても、地球上の地域によって一人あたりの電力使用量に大きな格差が存在する、あるいは別の見方をすれば、人類のうち少数の人々が、他の多くの人々に比べてけた違いのエネルギーを消費している様子がわかる。

日本はアジアの中では比較的北部にあり、暖房のエネルギーを必要とするので電力使用量も増えざるをえない条件があるが、中間グループの中ではトップクラスに位置している。米国に比べれば日本は構造的に省エネであるものの、日本のレベルでさえも地球上の他の人々が同じように電力を消費したら、環境に対して途方もない影響が生ずることは容易に想像される。なおデータはあくまで各国の国民の平均値であって、さらに国の中での偏在があることも忘れてはならない。

図5—3　国民1人あたりのGDPとエネルギー消費

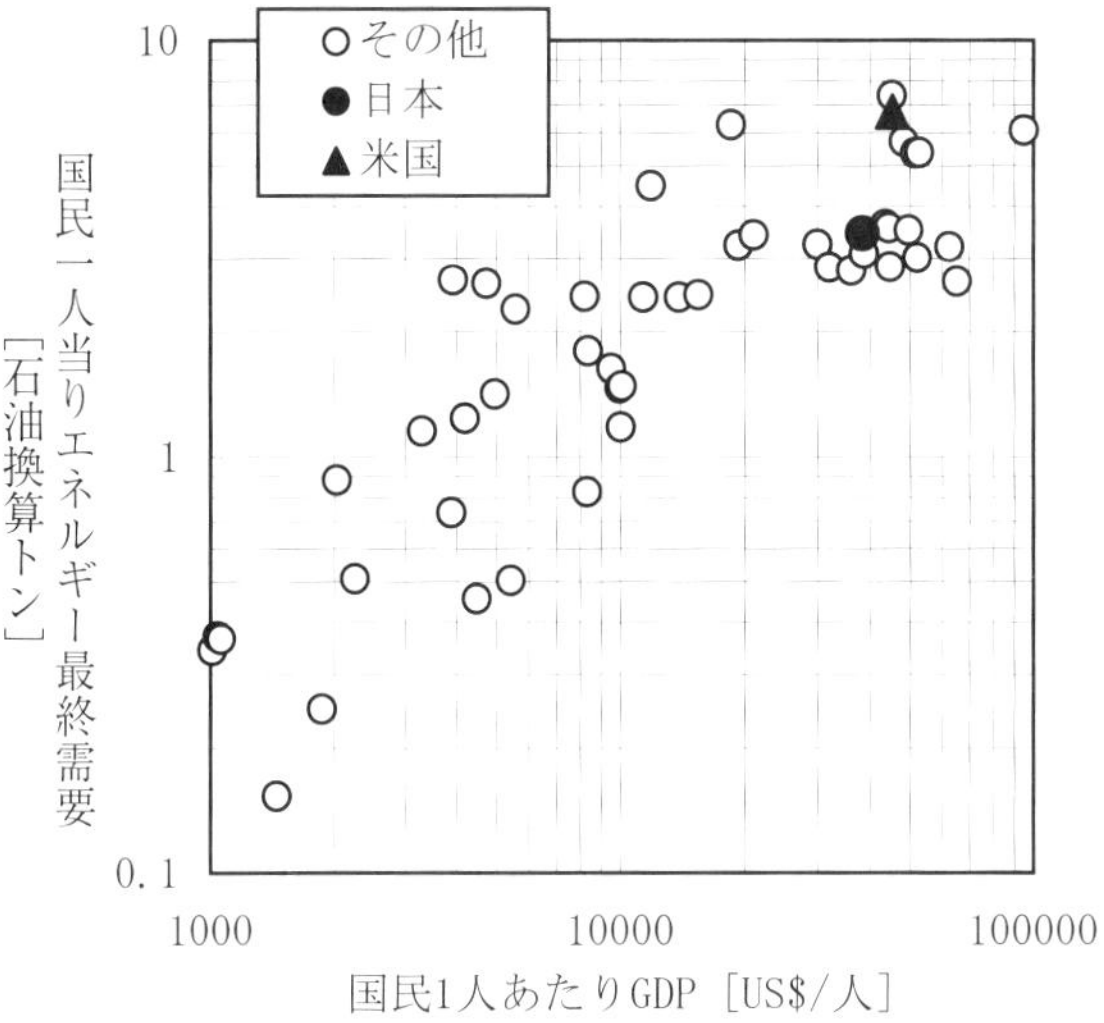

消費するほど「生産」になる

図5—3は、各国の国民一人あたりのGDP（国内総生産）と、同じく一人あたり最終エネルギー消費量の関係を示したものである。多少の分布はあるが、一人あたりのGDPと最終エネルギー消費量はおおむね比例関係にある。これは、興味深い関係を見出したと言えるのだろうか。比例に近くなるのは当然であり、現在の経済の指標では、物理的な意味で消費しているだけの行為を、「生産」だとみなすからである。できるだけたくさん消費すると、それだけたくさん「生産」したことになる。

中村修氏は「われわれが経済的に『生産』とみ

なしていることを注意深く観察すれば、それが単なる地球の資源の『加工』にすぎないで物質的・エネルギー的には何も生みださず、『消費』しかしていないことに容易に気づくことができる。例えば、多くの工業生産の場合、また近代化された農業の場合、そこでは経済的な価値は増加し『生産』されているのだが、その経済的『生産』のために自然のストック（資源、化石燃料）が消費されている、という奇妙な現象が起こっている。『奇妙な』というのは、われわれは自然を消費しているにもかかわらず、それを生産という言葉で表現しているからだ[5]」と指摘している。

第三次産業の生産活動は、サービスや情報など無形の財貨が多いが、その過程でも、資源やエネルギーは物理的に消費される。しかも、昔なら生活の一部として個人的、家庭的に行われていた行為を、「サービス財」として貨幣的に購入する比率も多くなっている。ただしこれには両面性がある。社会的弱者の参加を妨げない社会を実現するには、資源とエネルギーの消費があるていど不可欠である。

基本的にどのような政治体制——旧社会主義国家——でも、「生産」の量ができるだけ多いほうが良い価値だと評価されてきた。流れの量を増すには、取り扱い量を大きくするか、または分布の偏差を大きくして、落差をつけなければならない。それが地球上の荒廃と貧富の差をますます拡大しているのではないだろうか。現実の経済は、大量生産・大量消費・大量廃棄の「フロー」を作り出さないと、経済システムが維持できないという自縄自縛に陥っている。

経済のシステムがあまりにも大きく広くなりすぎており、誰もそのメカニズムをよく認識できず、またシステムの中で自分がどの位置にいるのかもわからない。意図的に浪費しているという意識はなく、むしろ勤勉に働いた結果として消費を増すことを良い価値としている。しかしそれが集積すると、止めようも

図５―４　日本の総合的なエネルギー使用効率

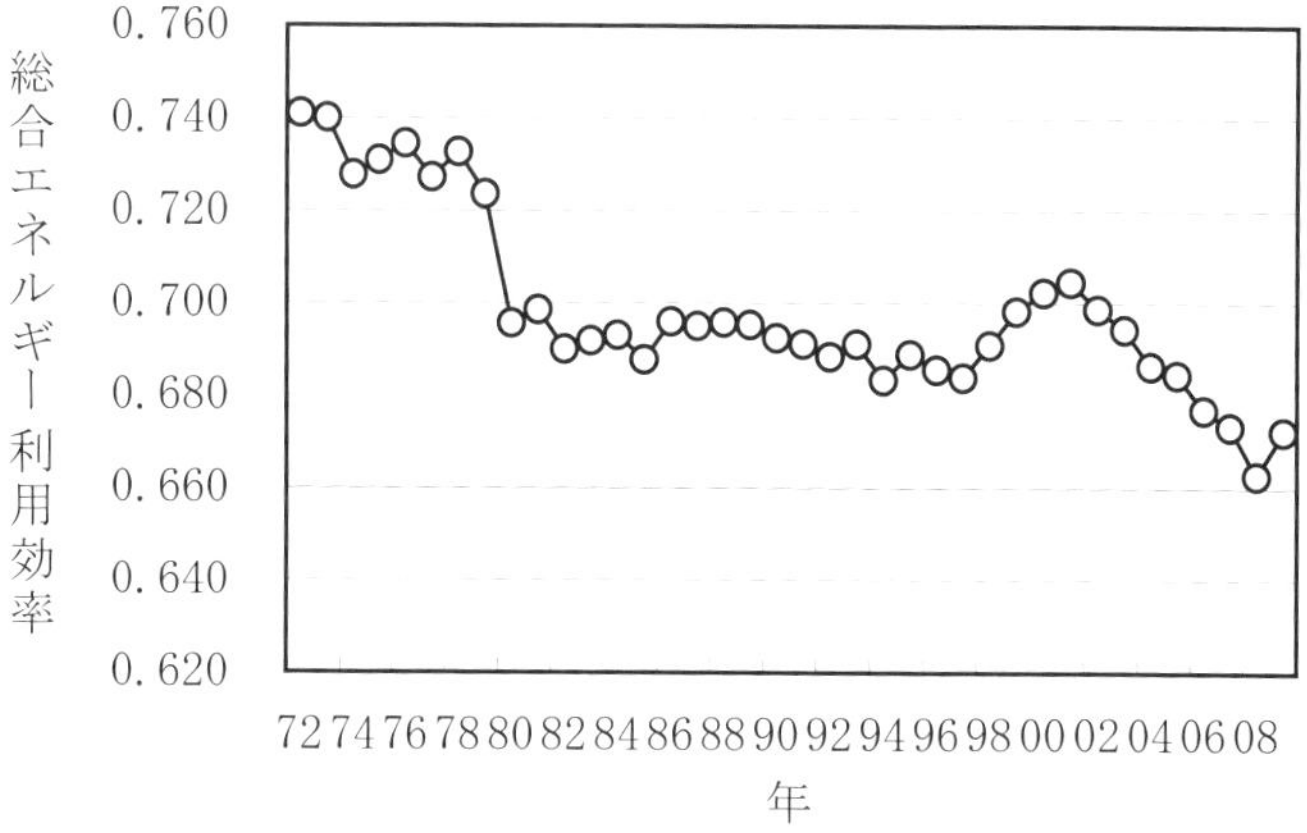

ない経済システムの暴走、環境破壊を招く。国際的な市場経済がさらに地球上に蔓延すれば、経済的強国の人々の多くは、罪悪感を持つことなく消費を続けるであろうし、むしろそれが自分たちの努力の正当な報酬であると考える。しかしそれは同時に、自分たちの幸福の源泉にごみを投げ入れ、コンクリートで埋めてしまうことも意味する。

日本は省エネ先進国か

電力不足や節電が社会的に注目を集め、原発問題といえば「電気の話」になってしまっているのは無理もないことだが、これを構造的に検討する必要がある。図５―４は、国全体として供給される一次エネルギーの総量に対して、同じく国全体としての最終エネルギー消費の比率を示すものである。すなわち日本の総合的なエネルギー使用効率を示すことになる。日本は一般には「日本は省エネ先進国」と認識され、しかも技術的進歩に伴って年々向上しているはずであるのに、逆に年々低下しているのはどうしてだろうか。それはすでに第3章で示したように「電気」として使用する割合が増加しているためである。

図5―5は、国内のエネルギーの供給と需要のバランスを示すものである。①の総供給は、国内の一次エネルギーの総供給量の推移である。現在の日本では、その大部分は海外からの石油・石炭・天然ガスに加えて、原子力で賄われる。このうち原子力は下の③の線である。「原子力が電気の三割を担っている」と言われると、原子力が止まったら大変だという印象を受けるかもしれないが、それは電力に転換する分だけを抜き出した比率であるので、日本全体として過大に評価すべきではない。日本の一次エネルギー供給に占める原子力の比率は一割程度である。

次に②は、国内のエネルギーの総需要の合計である。これは産業・家庭・交通などの利用分野と、プラスチックなど物質に転換する分（非エネルギー）も加えた合計である。ところで①と②の差、すなわち両矢印の部分はどこへ消えてしまうのか。それは利用できず捨てざるをえない損失エネルギーである。両矢印と、③の原子力による供給量を比べると、原子力で供給される一次エネルギーの四倍くらいにあたる量を捨てていることになる。この捨てている部分をいくらか改善すれば、無理な「がまん」をしなくても、そもそも原子力はいらないではないか。

それでは、その「捨てている」熱とは何だろうか。経済学の世界では「総需要＝総供給」が教科書的な基本だが、エネルギーの世界ではそうではない。エネルギーの形を変えるたび（熱から電気に、電気から動力に、など）に損失が発生する。これは物理的に不可避な現象であって、技術的な発展によって効率を改善することはできてもゼロにすることは絶対にできない。

日本では一次エネルギーの大部分を輸入に依存しているため、国内からみても一次エネルギーを輸入す

図5—5　日本のエネルギー需給

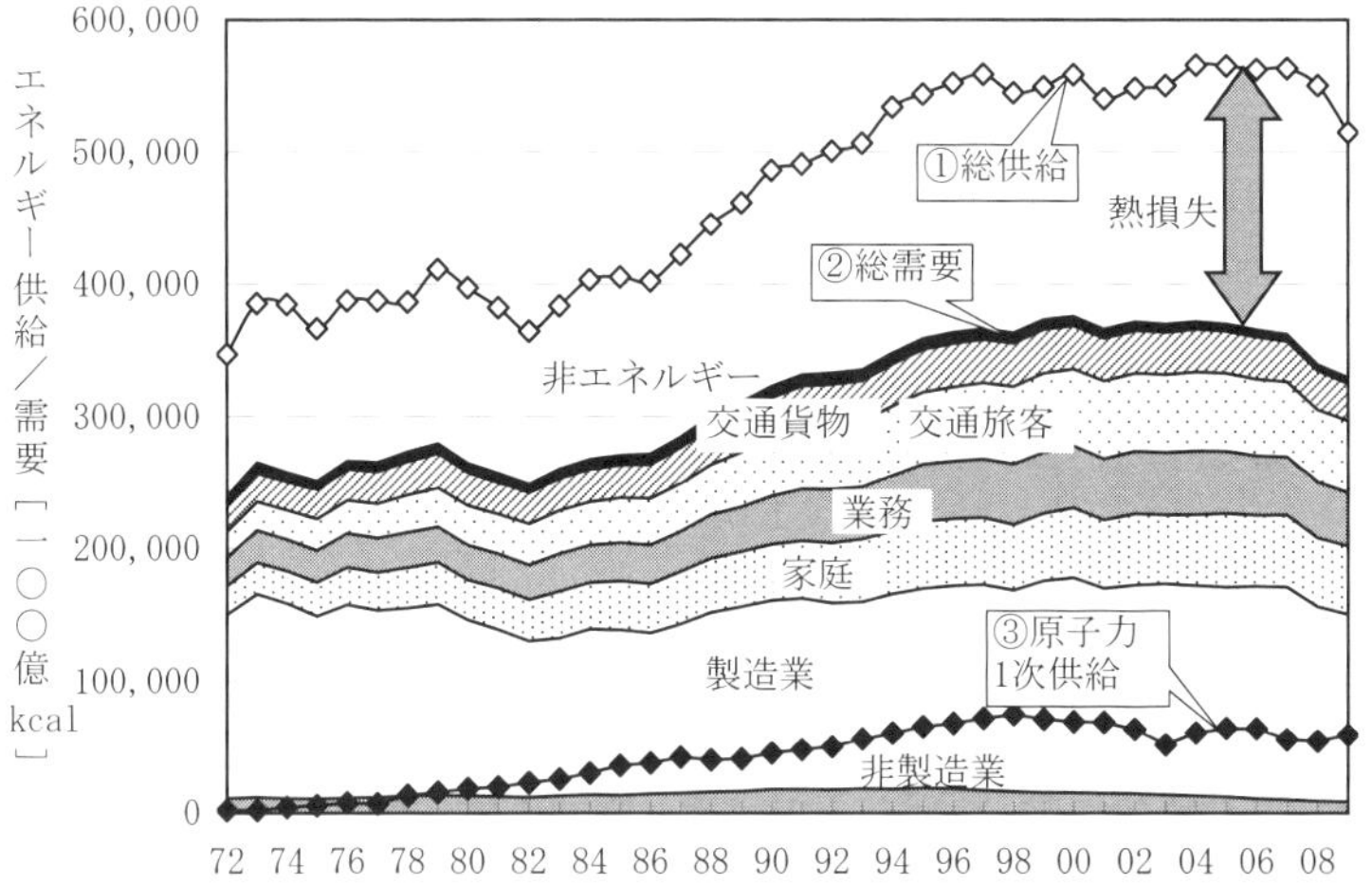

るということは、日本の所得が海外に流出していることを意味する。二〇〇八年には原油価格が高騰していたこともあり、日本全体で二五兆円も海外に払っている。額だけでなく、このように価格が極端に変動するのでは企業の経営面からみても常に重大なリスクを抱えることになる。エネルギー自給は企業の観点からみても重要である。

　原子力を推進する理由として、燃料となるウランの価格が安いこと、したがって電力価格が安いことを理由に挙げる論者がある。しかしそれも根拠は乏しいのではないか。図5—6は原油・天然ガス・ウラン（正確には酸化ウランとして取引される）の長期価格動向を示すものである。[6] 結局のところ、これらの価格は連動して同じような動きをしており、相対的には同じことである。実際には長期契約など価格の変動を緩和するような実務的手段がとられているが、いずれにしても海外に一次エネルギーを依存することのリスクは変わらない。

また、例えば東京電力のホームページ(7)でさえ指摘しているように「他の資源と同様に有限であり(可採年数：約八五年)、このまま使い続けると供給が不安定になる可能性」がある。このため使用済み核燃料の再処理による利用が必要とされるが、原発事故を受けて再処理の動向も見通しが不明である。それならば国内で自給できるエネルギーを主軸に据えてゆくほうが安全保障の面からも好ましいのではないか。

「脱電気」も重要

図5―7は、原油一キロリットルに相当するエネルギー(約九〇〇万キロカロリー)を一〇〇km輸送するのに要するコストを、原油タンカーを一・〇として相対的に示すものである。日本はそもそも現在の経済・社会活動に必要なエネルギーのほとんどを輸入せざるをえないが、それをさらに国内で分配する必要がある。物体として運ぶ石油・ガスや、送電線で送る電力がある。電気はたしかに便利なエネルギー形態であり、節電は必要としても社会的には今後も何らかの量は使い続けなければならないだろう。しかし図5―7にみられるように「電気を運ぶ」ことは物体を運ぶのに比べて数十倍のコストがかかる。

石油は、火力発電所を通じて電気に転換することもできるし、液体燃料として自動車・航空機・船舶などの移動体向けエネルギー源として使用することもできるし、ガス化して気体燃料として使うこともできるし、プラスチックなど物質にも転換することができる。

しかし電気は、火力や原子力はもとより、環境負荷が少ないと考えられる再生可能エネルギーで発電したとしても「電気」しか作れない。電気をエネルギー源として、各種の原料から燃料や物質を化学的に合

図5—6　輸入エネルギー価格

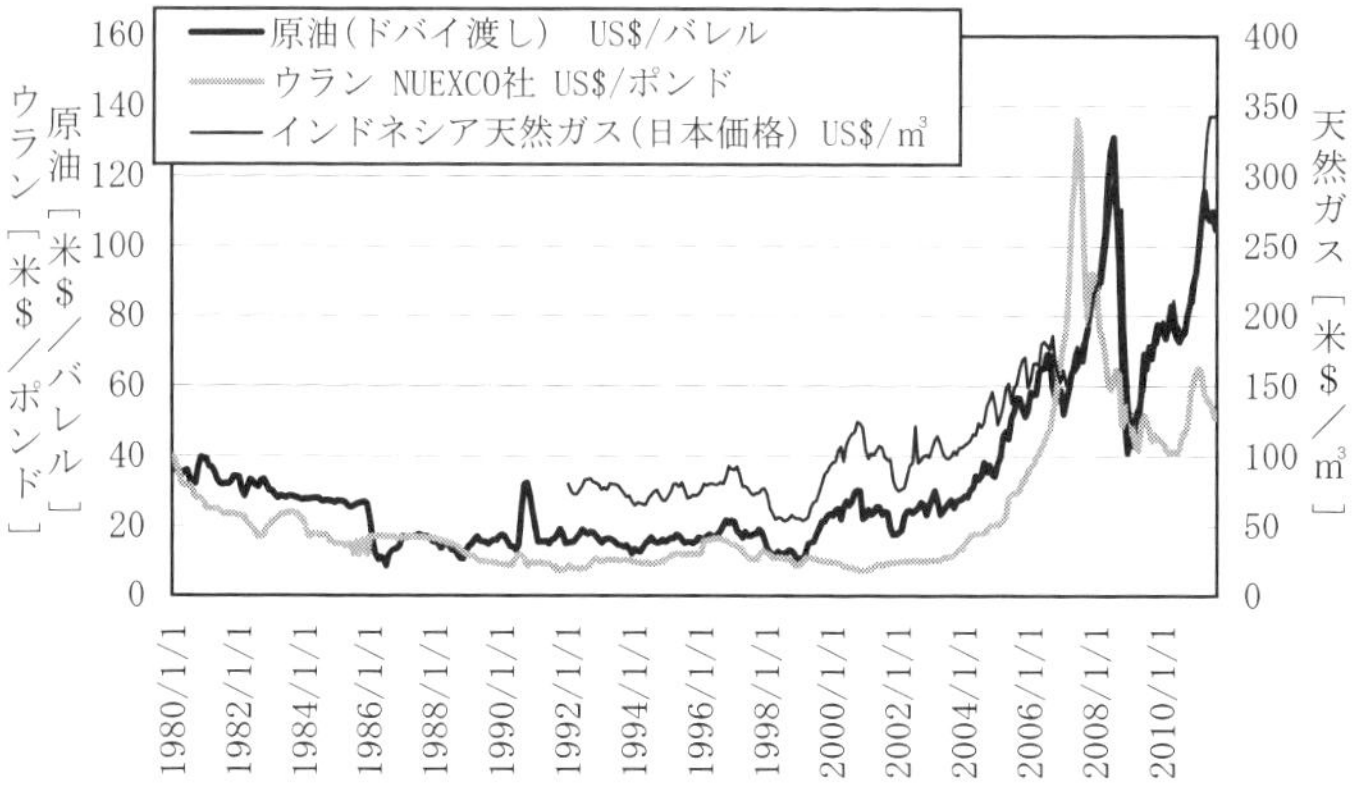

図5—7　日本のエネルギー輸送のコスト（相対）

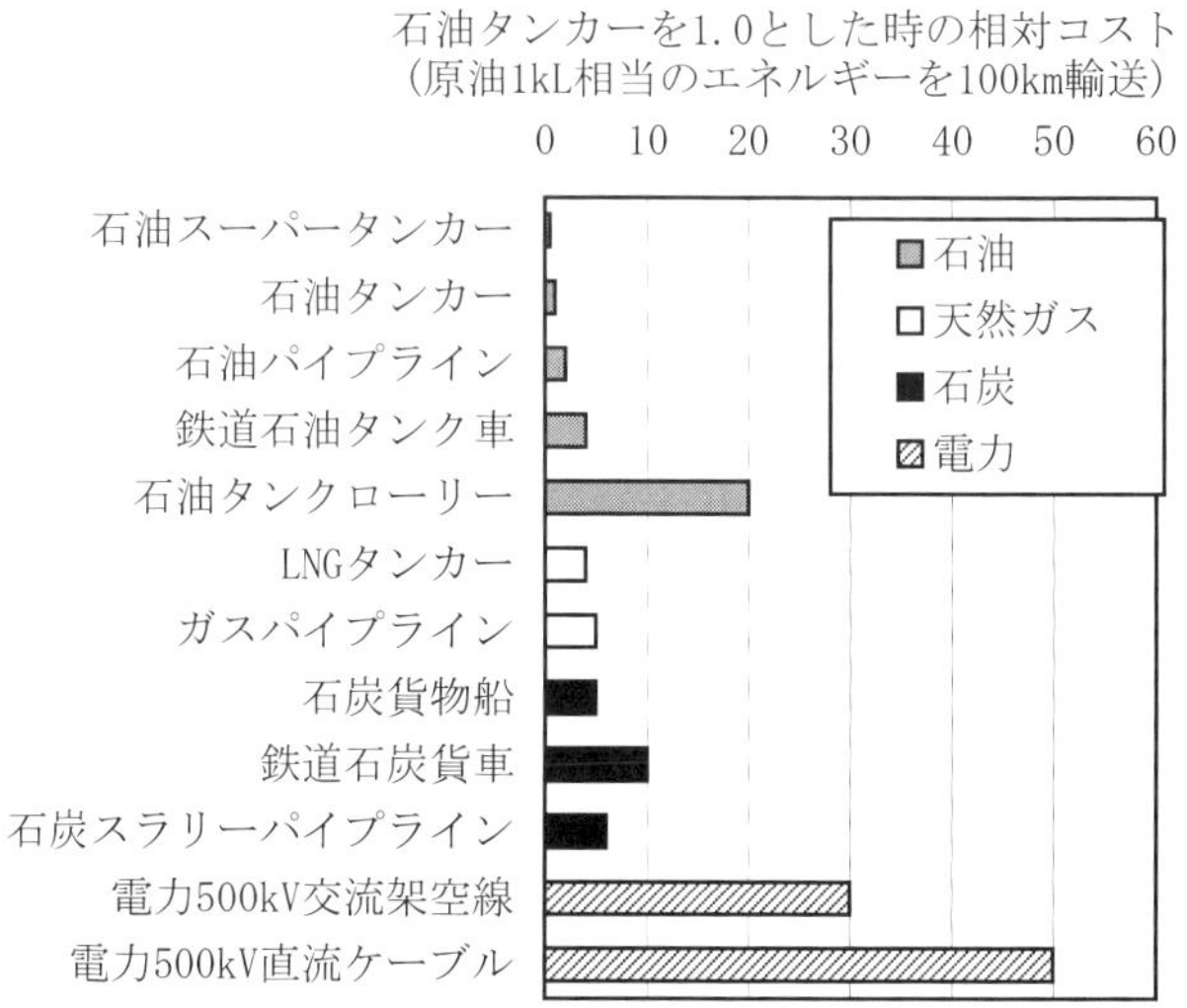

成することは技術的には可能だが、効率はきわめて悪い。つまり「脱電気」を考えることも必要である。

図5―8は産業連関表のデータから、一単位（一〇〇万円）の付加価値（企業の利潤や人々の給与・報酬）を産み出すのに投入される電力の量を示したものである。当然ながら、鉄鋼・セメント・化学製品などはその値が大きい。一方で、いわゆる「ソフト」系の産業は付加価値あたりの電力投入量が少ない。もちろんモノづくりは将来にわたって必要である。だからこそ同じ付加価値を産み出すことに対してより電力消費の少ない生産システムを構築することを検討すべきではないか。

地球温暖化と原子力の関係

別の側面の議論として、地球温暖化対策と原子力の関係についての議論がある。これには大別して異なった三つの流れがみられる。

①原子力推進（容認）論にもとづく主張として、地球温暖化の原因となるCO_2の排出を抑制するために、発電のエネルギー源として化石燃料でなく原子力を利用すべきとする見解。従来の日本のエネルギー政策の基本的な路線に一致するものである。

②原子力には否定的であり、①の議論と関連して、原発の推進に関してCO_2の排出抑制が口実になっているとして、CO_2は地球温暖化の原因ではないとする見解をとる。再生可能エネルギーの導入は否定しないものの大量導入は非現実的と評価する論者が多い。

図5—8　付加価値あたり必要な電力消費量

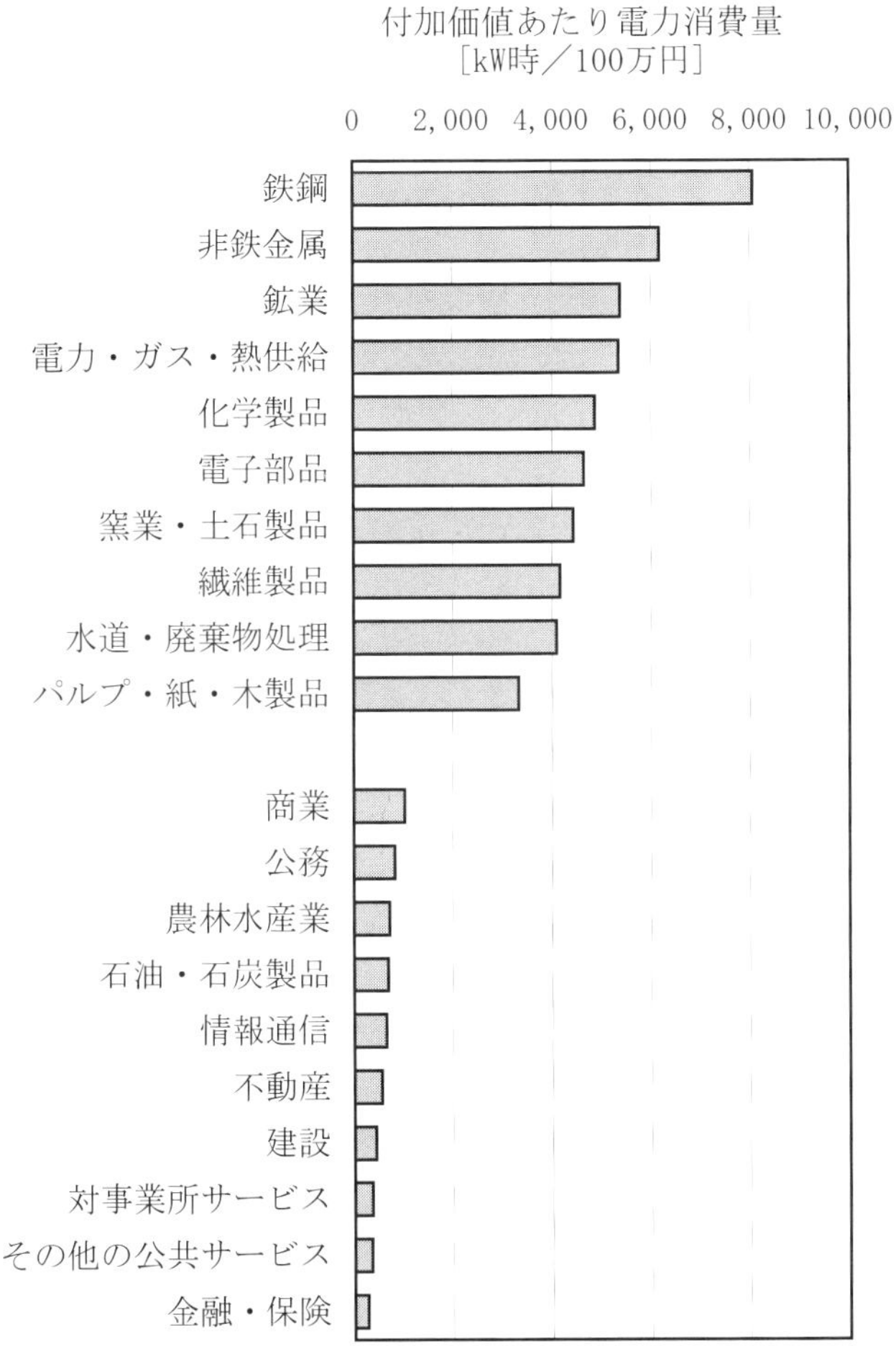

③原子力には否定的であり、同時に地球温暖化の原因となるCO_2の排出も抑制すべきであるとする議論。対案として省エネ・再生可能エネルギーの導入を促進する見解。

脱原発を支持するのは②と③の議論であるが、CO_2と地球温暖化の因果関係をめぐって正反対の解釈をとっている。筆者の見解としては、CO_2と地球温暖化の評価にかかわらず化石燃料の大量消費を転換すべきと考えている。化石燃料の大量消費に起因する負の側面すなわち、環境汚染・人工化学物質の増加、社会経済的には化石燃料の輸入による国民所得の流出、資源枯渇などの弊害は疑いがないからである。また②の議論では、CO_2の排出抑制を掲げることが原発の推進に利用されているとするが、逆にCO_2と地球温暖化の因果関係を認めないとしても、原発推進論に対する反論として政策的な有効性は乏しい。図5―9に示すように、①②のいずれの解釈をとるにしても、化石燃料と原子力が実際には代替的ではなく、双方は並行して増加している。

図5―9は原子力発電と火力発電について設備容量（第2章参照）の推移を示す。火力も原子力も並行して増設を続けており、火力と原子力が代替的という関係はみられない。結局のところCO_2の排出量も増加している。これは、過大な電力需要予測を前提として、原子力発電所を増設すればそのバックアップとして火力が必要となり、逆に火力発電所を増設すれば同様に原子力発電所もまた必要になるという繰り返しの結果である。ただし二〇〇七年前後からの排出量低下は鉱工業生産の低迷によるものである。原発に関する評価がいずれであれ、①と②の「温暖化か、原発か」という選択の議論よりも、日本全体として、大量生産・大量消費の構造を改め、エネルギー需要全体を削減することが優先的な課題であろう。

図5—9　原子力・火力発電設備容量の推移とCO_2排出量

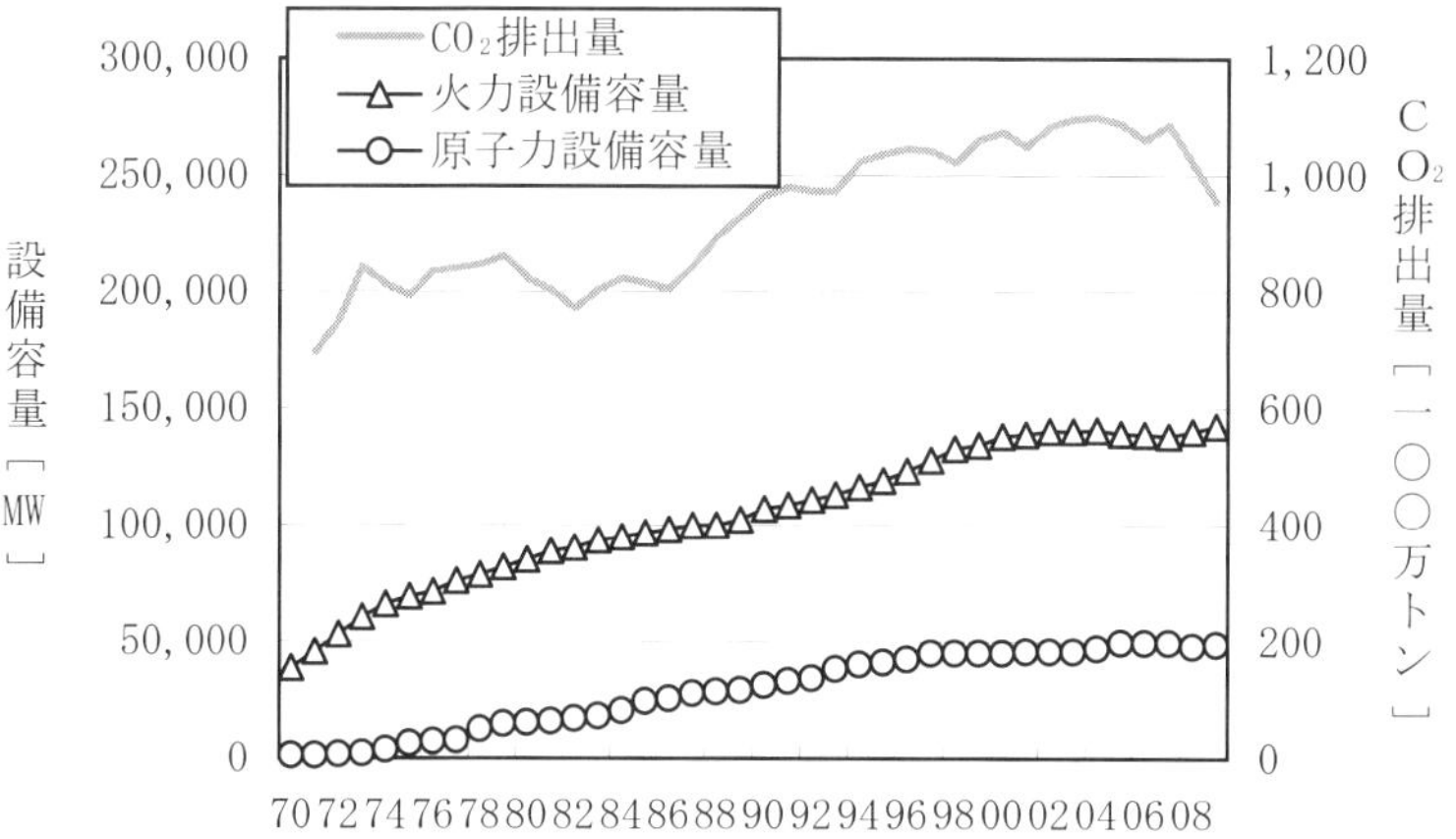

別の側面から分析すると、近代工業のシステムは「副産物の利用」により成り立っている関係が指摘される。人類が石油を利用し始めた当初は照明（ランプ）が主な用途であり、原油の中から灯油成分を抜き出して使用していたが、ガソリンエンジンが発明されていない時代にはガソリン成分の用途がなく捨てていたという。その後、次々に石油を枝分かれして利用する技術が開発された。

現在の社会・経済システムに不可欠である重油（主に発電燃料）・ガソリンと軽油（自動車燃料）、ナフサ（プラスチック）などの石油系資源は、もともとは原油という形態で日本に持ち込まれる。これを分離・精製しなければ各々の目的に使用することができない。

単に石油が枝分かれして使われている要素のほかに、枝分かれするときに別の原料を巻き込んで製品になったり、副産物の使いまわしを考えてゆくうちに別の製品ができてしまったり、それが派生的に環境汚染につながってゆく要因にもなる。たとえば塩化ビニル（塩ビ）

は、石油の成分に塩素を化合させた製品であり、塩素の部分がダイオキシンなどに転化して有害性を生じる要素になっている。

塩素は無機物質であり、一見すると石油と関連がないように思われるが、塩素は塩（塩化ナトリウム）からナトリウム（苛性ソーダの原料で工業的には輸入塩から製造）を取り出した残りであり、有毒ガスなのでそのままでは処理する方法がないので石油成分と結合させて物質に変換しているためである。一方で大量のソーダが工業的に生産されている理由は石油の大量消費とも関連している。

こうした有害物質の問題の源は、それぞれが企業の営利目的に応じて個別に開発されたという要因だけでなく、もっと強力な要因がある。それは、同じ石油起源であっても、エネルギーとして使うことと、物質として使うことのちがいのためである。

すなわち自動車の燃料や、発電のボイラーの燃料などは、エネルギーを取り出すために連続的にエンジンやボイラーに送り込むから大量に必要である。しかし物質として使う分は、燃料に比べると相対的に少量で良い。ひとたび物体として製造されると、「使い捨て」とはいえ一定期間は形を保って使用されるからである。しかし石油を大量に使っている以上、どうしても量の多いほうに合わせて、副産物のはけ口を作らざるをえなくなる。

図5―10は国内の種類別石油製品生産量の推移である。国内で販売された石油製品のうち、燃料として燃やされる分（ガソリン・軽油・重油）が一億八八〇〇万kℓであるのに対して、プラスチックなど物体に変わる分（ナフサ）は二一〇〇万kℓである。石油精製プラントでは、その時の需要に応じて、用途ごとの製品の比率をあるていど調節できるが、限度がある。こうしてペットボトルが街中にも山野にも散乱する。

図5—10　種類別石油製品製造数量

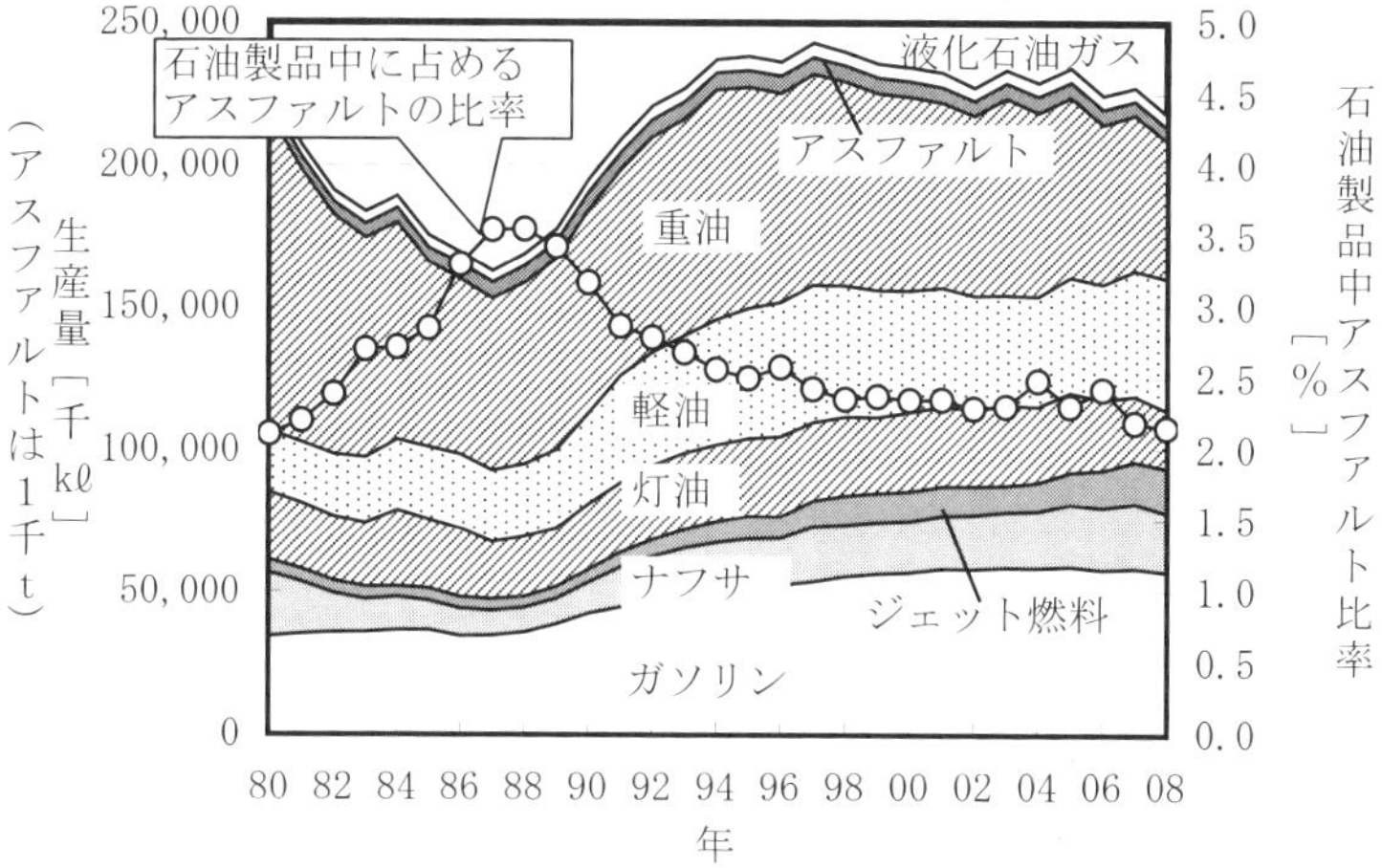

ペットボトルを回収・再生して繊維製品にしたところで、その需要は限られる。化学肥料や農薬の多用も同じ関係にある。

「自動車が道路を作る」というフォードの言葉を資源工学の側面からいえば、「ガソリンが道路を作る」という意味になる。

原油の成分は産地により異なるが、全体としていえば、原油の中からガソリンを抜き出すと、およそ比例してアスファルトが残ってしまう。アスファルトは燃えるのでエネルギー的には燃料として使えないことはないが、原油から順にガソリン・灯油・軽油・重油などの軽い燃料油を分離してゆく過程で、重金属や硫黄など厄介な物質が重い油のほうに移ってゆく。いわばアスファルトは石油の「かす」である。アスファルトを燃料として燃やすと、こうした重金属分や硫黄酸化物がばい煙中に含まれてしまうから、排ガス処理装置の負荷が大きくなる。道路建設はある意味では、石油利用体系の最終処理工程といえる。

同様にペットボトルやプラスチック等も、単一の製品のリサイクルや使用削減を達成しようとしても限度があり、石油消費システム全体で考える必要がある。

1 森江健二『カー・デザインの潮流』中公新書、一九九二、一八二頁。
2 赤川浩爾「蒸気動力」『エネルギー・資源』一五巻四号、三七七頁、一九九四年をもとに、筆者加筆により作成。
3 中村修『なぜ経済学は自然を無限ととらえたか』日本経済評論社、二七頁、一九九五年。
4 日本エネルギー経済研究所編『エネルギー・経済統計要覧』より筆者作図。
5 中村修『なぜ経済学は自然を無限ととらえたか』日本経済評論社、一頁、一九九五年。
6 IMF Primary Commodity Prices http://www.imf.org/external/np/res/commod/index.aspx
7 東京電力ホームページ「原子燃料サイクル」http://www.tepco.co.jp/nu/knowledge/cycle/index-j.html

第Ⅱ部　脱原発へ向けたシナリオ

上岡直見

第6章　脱クルマも脱原発への道

エネルギー効率の低い自動車

前章ではエネルギー需給の構造として「捨てている」エネルギーについて論じたが、さらに別の分野で「捨てている」膨大なエネルギーがある。それは自動車である。図5—5の②の最終需要として表示される中で、交通旅客・交通貨物の分は、具体的にいえばその九割ほどはガソリンや軽油として乗用車・貨物車に給油される自動車燃料で占められる。これはたしかにユーザー（消費者）に届くという意味で最終需要なのであるが、そのすべてが自動車を動かす有効なエネルギーに転換するわけではない。いわば、最終需要からさらに捨てている分が存在する。

自動車は、その燃料であるガソリン（軽油）が保有している熱エネルギーのうち、実際の走行エネルギーに転換される割合は平均して五～一〇％に過ぎない。ハイブリッド車ではかなり改善されるが、それで

図6—1　鉄道と自動車のエネルギー変換効率

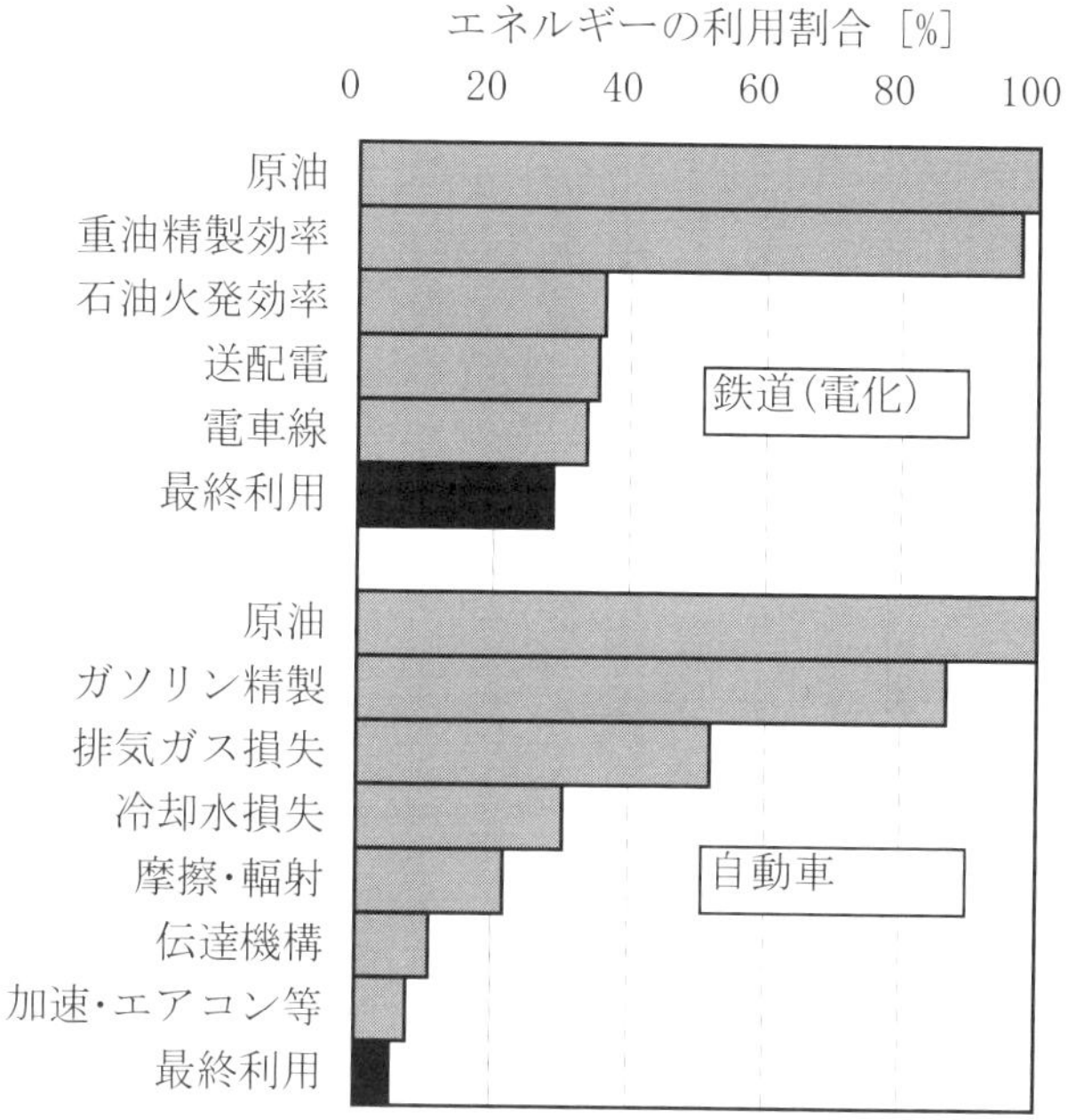

も一五%ていどである。あとは排気管を通じて大気中に捨てている。その廃熱を全国で集計すると[1]、家庭用マイカーの分だけでも全国の原子力一次エネルギー供給量、すなわち核分裂で発生した熱の六〜七割にあたる。危険を冒して日本中で原子炉を動かし、しかも実際に大惨事が起きてしまった原子力に迫るほどのエネルギーを、マイカー利用者はただ「捨てている」のである。

その過程は次の図6—1のとおりである。まず鉄道(電化)のエネルギー利用効率をみると、火力発電を想定した場合、通常は原油から重油を分離する必要があり、この過程で二〜三%のエネルギー損失が発生する。次に火力発電の段階で、前述のように六〇%ほど損失が発生する。ここまでの損失は大きいが、それ以降は効率が良い。送電線から鉄道の架線に分配する過程で二〜三％、電車の走行エネルギーに変換する機構（モーター）でも若干の損失があるが、総合的には原油の保有するエネルギーのうち二五％前後が最終的に有効（鉄道車両の走行）なエネルギーになる。

一方で自動車（ガソリン）については、原油から自動車に供給できる状態のガソリンに精製するまでの過程で、すでに一〇％以上の損失が発生する。全体量が多いだけにこれは膨大な損失である。続いてエンジンでガソリンを燃焼させて動力に変換する過程の損失、冷却水による損失、トランスミッションなど機械部分による損失、エアコン等による損失などがあり、最終的に有効（車を走らせる）なエネルギーは、走行条件にもよるが前述のように五〜一〇％に目減りしてしまう。ハイブリッド車など技術的な改良によって効率をあるていど向上させることはできるが、自動車という形態である以上、避けられない損失がある。

この関係を別の観点で考えてみる。二〇一一年一二月現在で国内の五四基の原発ユニット（事業用）のうち四八基が停まっている。法定点検があるので、現在停止中の原発の再稼動ができなければ、二〇一二年春までには順次全停止に至る。そのまま再稼動しなければ当面は火力発電で代替する必要があるが、第2章で示したように電力供給能力としては間に合う。原発推進派は、原発を再稼動する理由として、火力発電で代替すれば燃料コストがかかると主張するが、それならその分だけ原油消費を他の分野で減らせば国全体として費用の節減になる。その関係を図6―2に示す。

二〇一一年一二月現在で運転中の原発を火力（石油）で代替すると、約六九〇〇（千kℓ）の原油に相当する（右側の棒）。ところで国内では、原油換算で五万二四〇〇（千kℓ）分もの燃料（ガソリン・軽油）が

図6—2　自動車からのモーダルシフトに相当する原発

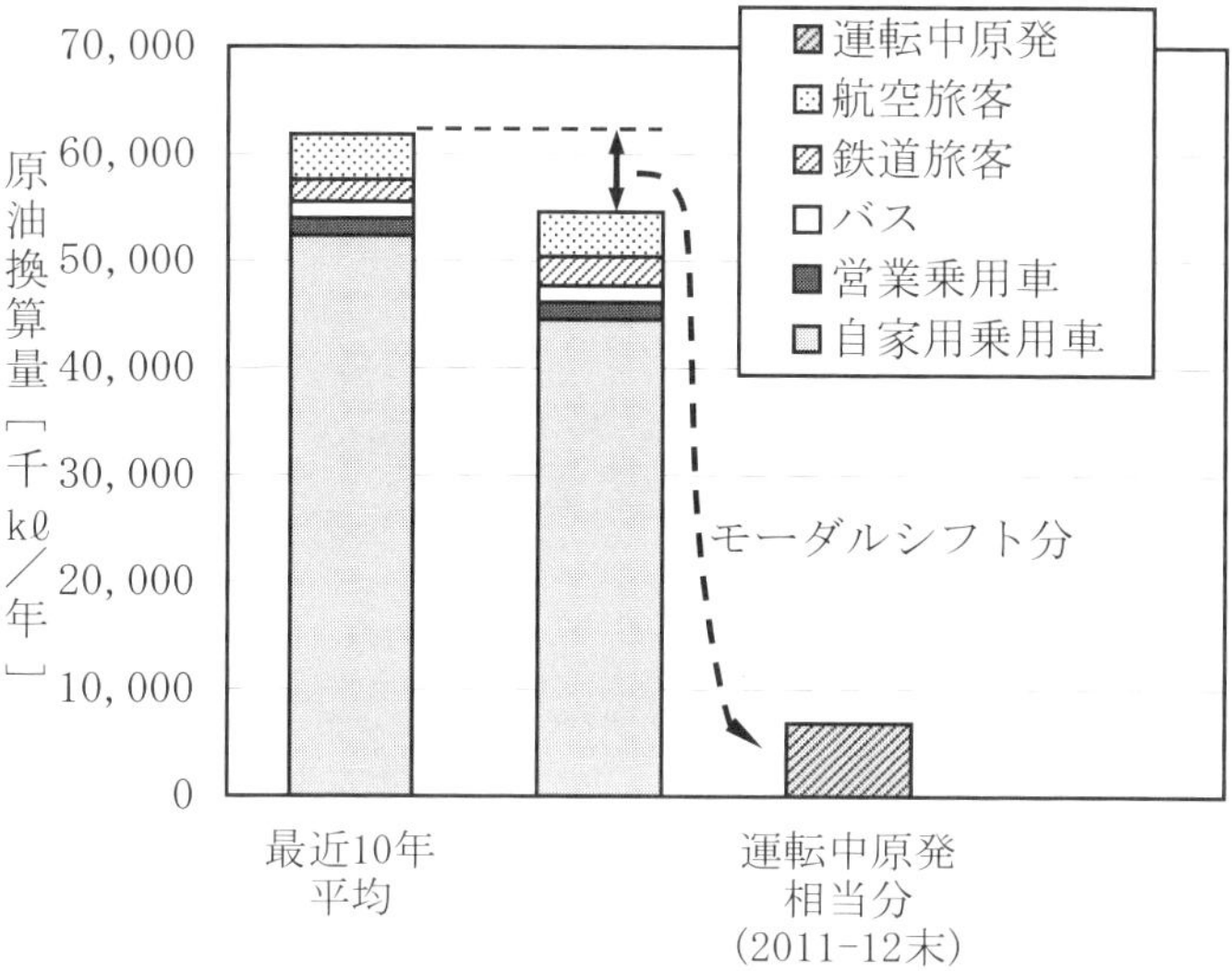

乗用車で消費されている。二〇一一年一一月末で運転中の原発相当分の八倍近い量である。乗用車の利用を一～二割控えるだけで、運転中の原発相当分くらいの原油が捻出できる。控えるといっても外出をやめる必要はなく、公共交通を活用し、距離が近ければ自転車を使えばよいことである。渋滞も緩和されるし、健康に良いと指摘する研究者もある。

図6—3は、二〇〇九～二〇一一年までの、月別自動車燃料の消費量を示すものである。二〇一一年三月には震災の影響でガソリンの消費量に若干の落ち込みがみられるが、その他はほとんど震災の影響なしに膨大な自動車燃料が消費されている。すなわちそのエネルギーの九割はただ捨てられているということである。大惨事とか敗戦に次ぐパラダイム転換とか言われながら、自動車に依存した社会はいっこうに転換の兆しがないように思われる。

図6—3　近年の月別ガソリン消費量

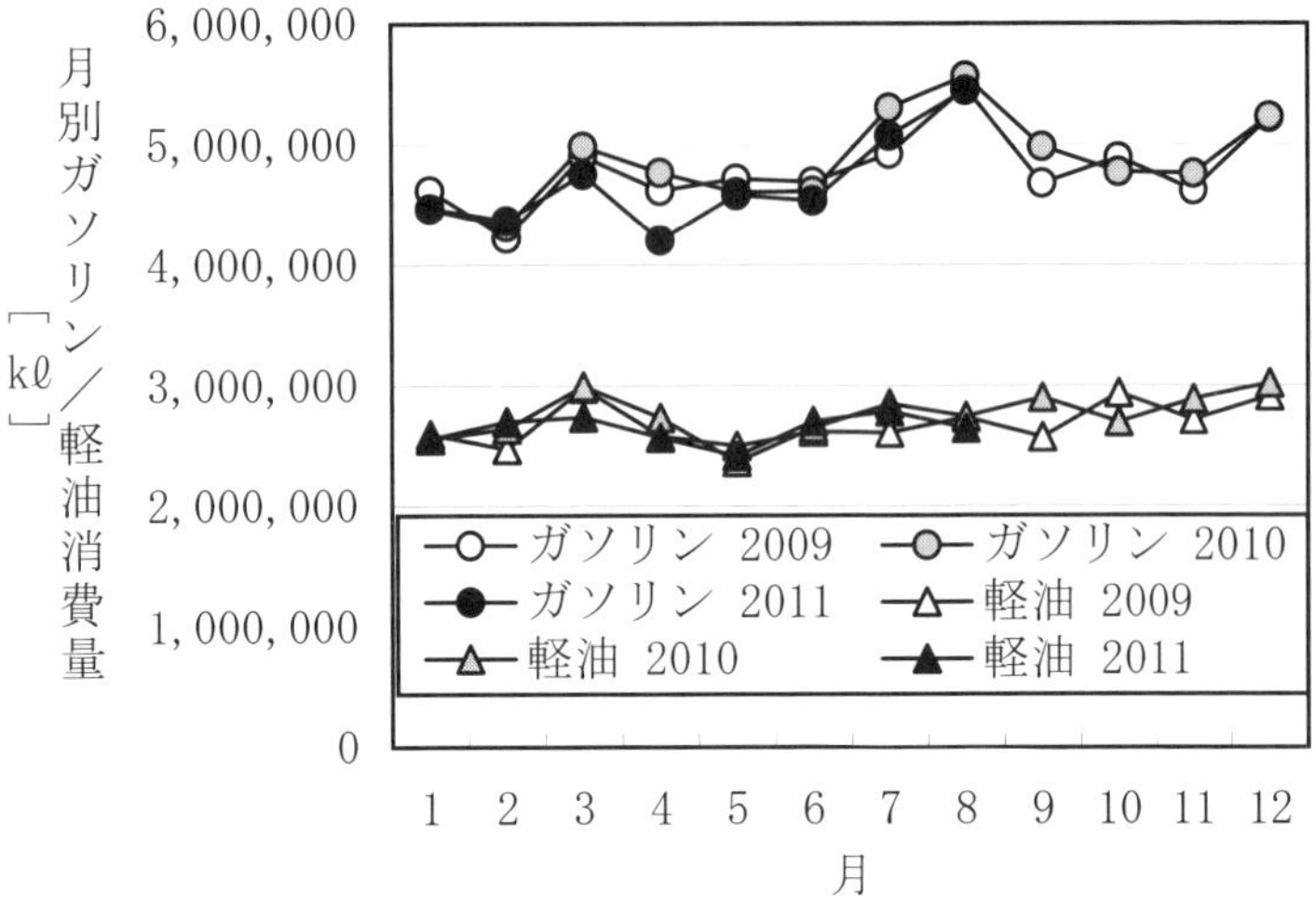

カーエアコンは原発七基分のエネルギー消費

二〇一一年の夏、「熱中症を招かないていどに適度に使用しましょう」などと注意されるほど家庭での節電が呼びかけられた一方で、カーエアコンの使用自粛を呼びかける声は聞いたことがない。エアコンを冷房として使うと、人間にとっては「冷房」と感じられるが、物理現象として表現すると、外気と車内に温度差を作り出すためにエネルギーを使っていることになる。そのエネルギーは、カーエアコンの場合はすべて熱として車外に放出される。カーエアコンはエンジンの動力の一部を使って駆動されるため、エアコンを使うとエンジンに負荷がかかり、燃料を余計に消費する。カーエアコンは直接電気を使用しないからかまわない、と言えるだろうか。

日本自動車工業会によると、外気温二五℃の時にカーエアコンを使用すると一二％程度燃費が悪化すると報告されている。[2] また車両の燃料系統に精密流量計を設置して測定した報告[3]では、いわゆる「大衆車」クラスで、カーエアコンの負荷分のエネルギーは、燃料相当分にして五・五kWとされている。カーエアコンを使用すると、クルマが停止していてもエアコンの動力源としてアイドリングを必要とする。家電製品のエアコンは冷房運転での消費運転電力が、平均〇・七kWであるから、カーエアコンは、家庭用エアコンと比べても大きなエネルギーを使っていることになる。

日本中の自動車のカーエアコンからどのくらいのエネルギーが捨てられているのだろうか。カーエアコンの使用を、気温が高い時期の延べ四カ月として、前者の自動車工業会のデータによって二〇一一年夏の自動車燃料消費率[4]から計算する。ただしトラック（商用車）は職業的に使用されるため、気温が高い時期のエアコン使用は、安全面と健康面から使用は不可欠と考えられるので検討から除く。

乗用車のカーエアコンの分だけで、国内の標準的な原発（電気出力一〇〇万kW級）の三基分の年間熱消費量に相当するほどのエネルギーを捨てていることになる。また後者の五・五kWという数字が正しいとすれば標準的な原発六〜七基分の年間熱発生量に相当する。[5] それに対応する石油を火力発電に回して、経年数が高い原発や地震の可能性が切迫している地域など、せめて危険度の高い原発だけでも廃止すべきではないか。

しかもその熱は、農山村では環境に対して直接的な問題にはならないが、多数の自動車が集中する都市では気温を上昇させ、夏期の冷房電力ピークを押し上げるために、さらに原子力発電所の増設が求められる理由にもなる。これに、走行するためのエネルギーが加われば、いかに大量の熱が都市空間に放出されているか理解できるであろう。カーエアコンに限らないが、このような人工的な廃熱が、地球の自然エネルギーに対して無視できない量に達し、都市気象にじかに影響を及ぼしかねない事態になっていると指摘する報告[6]もある。乗用車も間接的には原発を動かしているのである。

自動車に依存した都市

このように自動車に依存した交通が方向転換できない理由はなぜだろうか。これまでは、自動車の普及は、全体としては市民の暮らしの質を高めると考えられてきた。しかし自動車の走行量が増大した結果、環境問題にせよ交通事故にせよ、自動車の総走行量の増加が、むしろ人々の安心・安全を阻害する方向に作用するようになっている。また自動車の普及と表裏一体をなす、都市の郊外への拡散が、都市そのものの持続性を妨げている。図6—4は、それらの因果関係を示したものである[7]。

各々の要素を結ぶ矢印は因果関係を示し、矢印の起点が「原因」、終点が「結果」を示す。また矢印に付された＋は正の因果関係（原因と結果が同方向に動く）を、－は逆の因果関係（原因と結果が逆方向に動く）を示す。たとえば②（道路容量）と③（自動車の魅力）の関係は、②（道路容量）が増えると、道路が走りやすくなり到達時間が短くなるので、③（自動車の魅力）が増大する。しかし逆方向にも作用があり、自動車の魅力が増大すればそれだけ道路を走行する自動車が増えて道路容量が足りなくなる、すなわち速度が低下する方向に作用する。この相互作用は時間が経過すると一定レベルに収束するが、その時の交通量は、道路容量を増やす前よりも増加している。

図6―4　都市・道路と交通の相互作用

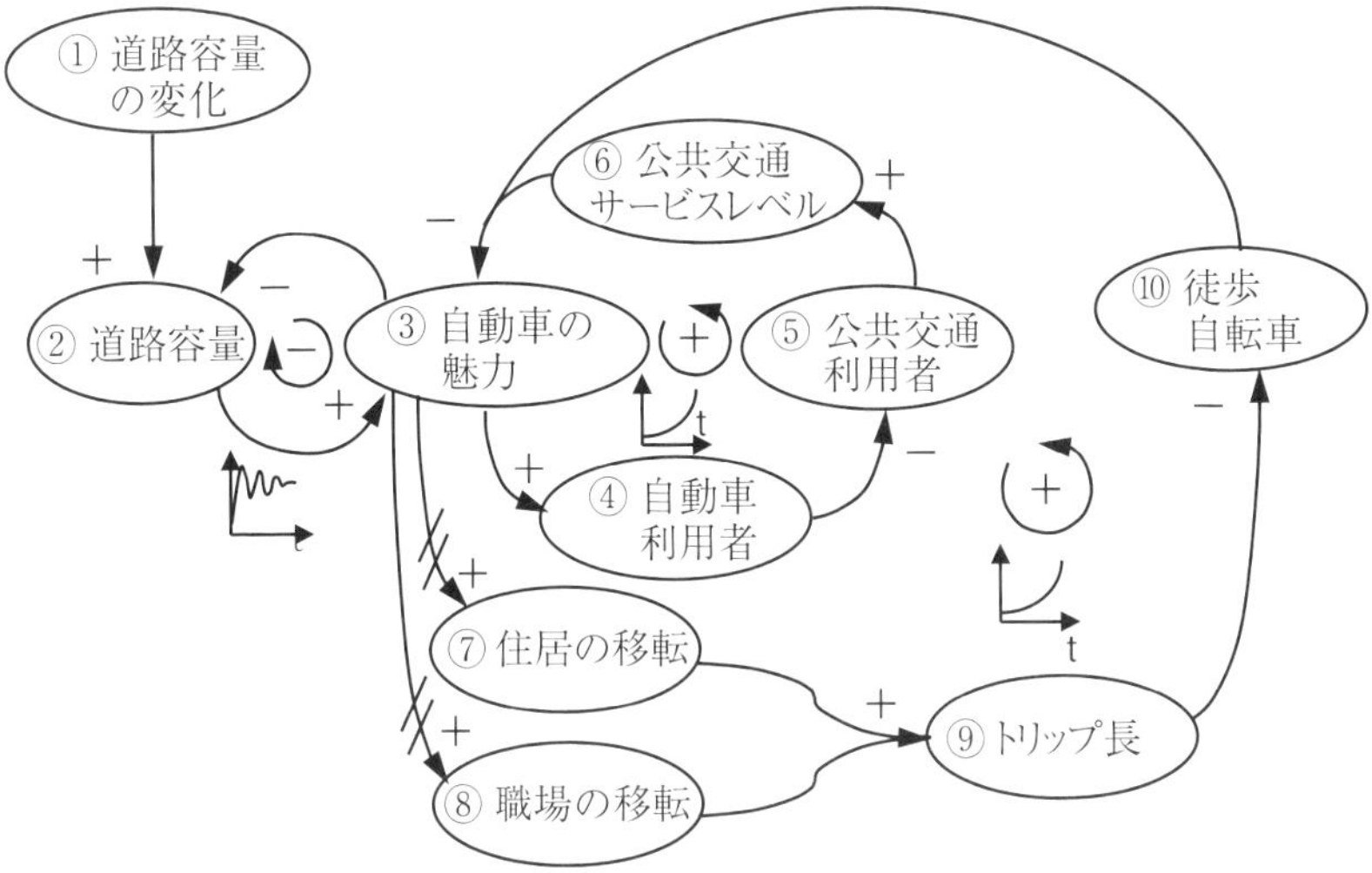

＋ 正の因果関係（原因が増えると結果も増える）がある

− 逆の因果関係（原因が増える〔減る〕と結果が減る〔増える〕）がある

影響に時間遅れがある

(+) システムが暴走する方向（作用がますます拡大）

(−) システムが安定する方向（一定の状態に収束）

このように同様に多くの因果関係が平行して作用する結果、④（自動車の利用者）は増える一方で⑤（公共交通利用者）は減り、そのことが⑥（公共交通サービスレベル）を下げ、相対的に③（自動車の魅力）を高める。一方、③（自動車の魅力）が高まることは、郊外部への⑦（住居の移転）・⑧（職場の移転）を増加させ、それにつれて⑨（移動距離）も増加するので、⑩（徒歩・自転車）では対応できなくなり、ますます③（自動車の魅力）を高めることになる。③→④→⑤→⑥のループ（因果関係）と、⑦・⑧→⑨→⑩→③のループは、右肩上がりのグラフ記号で示すように、いったん始まると、原因と結果が互いに促進し合って暴走する特性（正のフィードバック）を持つ。このようにして、自動車に依存した社会が形成されてきた。

道路整備による渋滞改善（自動車の平均走行速度が向上）の一方で、逆に平均走行速度が向上、すなわち距離あたりの所要時間が短縮されて便利になると、それだけ一台あたりの自動車の走行距離が増大する、すなわち前述の②→③の関係は実証的に観察されている。多数の市区町村について、平均旅行速度と、自動車一台あたりの年間の走行距離の関係を整理したところ、図6―5のように、旅行速度の向上に伴って、走行距離も増加するという関係がみられた。[8]

一九六三年に発表されたイギリスのブキャナンレポートでは「自動車保有率が人口一〇〇〇人あたり五五〇台に達した状態で、その都市で一斉に自動車を使用できるような道路計画を立てることは物理的にも財政的にも不可能で、大量輸送の助けが必要である」としている。またデンマークのベンツェンは一九六一年、同様に「自動車保有率が人口一〇〇〇人あたり五〇〇台に達した状態で、自由に都心部へ乗用車で往来できる新計画の都市は人口二五万人が限度で、それ以上の人口では自動車だけで動けるような都市を

図6—5　旅行速度と自動車の年間走行距離の関係

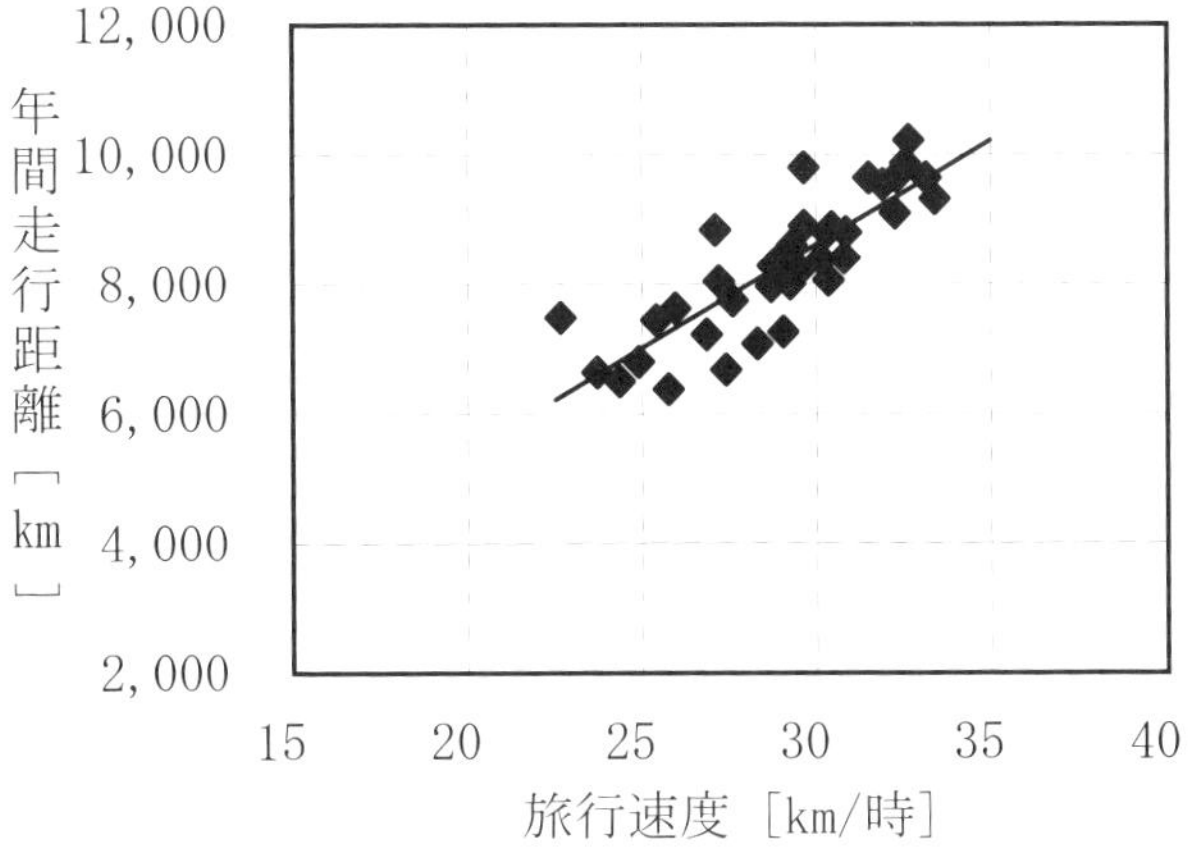

造ることは不可能である」としている。

厳密には保有台数だけでなく、それらが実際に道路上に出てくる「稼働率」を考慮しなければならないが、データが複雑になるのでここでは省略する。日本での乗用車の使い方などを考慮して、仮に「自動車保有率が人口一〇〇〇人あたり四〇〇台・かつ人口二〇万人」に基準を設けると、現在の日本で「自動車限界都市（自動車だけでは移動できない都市）」に相当する都市は六〇都市（ほとんどの県庁所在地、その他の主要都市）が該当し、それに含まれる人口は二〇〇〇万人近くに達する。すなわち、自動車の普及の反面として、これだけ多くの人々がむしろ都市での自由な移動に制約を受ける「都市交通難民」となっていると考えられる。

道路や都市の構造とエネルギー消費

「自動車」という物体だけでは、環境負荷を発生することはない。自動車が走行してはじめて、エネルギー消費や大気汚染物質など、環境への負荷が生じる。自動車交通に起因する環境負荷、すなわち自動車の使い方を大きく左右するのは、道路のあり方である。道路はまた、前述のまちの構造にも大きな影響を及ぼす要因である。環境省の「地球温暖化対策とまちづくりに関する検討会」では、その関係が議論されている。[9]

図6―6は全国の県庁所在都市について、住民一人あたりの道路実延長と、一人あたりの旅客部門燃料（ガソリン換算）消費量の関係を示す。[10] 一般に、道路の整備レベルが高いことは生活の利便性・快適性を増すと感じられるが、その反面で自動車に依存せざるをえないライフスタイルを生み出し、必然的に自動車の走行量が多くなる。一九七五年から一九九二年までに、地方中核都市において、いわゆる都市のスプロール化がなかったとすると、二四％のエネルギー消費の削減に相当したはずであるとの分析も提示されている。[11]

都市経営の観点から

前出の環境省の「地球温暖化とまちづくりに関する検討会」では、単に省エネの観点にとどまらず、都市経営の観点から都市のあり方についてつぎのように指摘している。[12]

ストックを重視し「自然資本」を都市の骨格とし、活用すべきである。社会的費用の明確化と、反映の仕組の構築が必要である。一事業者、一プロジェクトなどの狭い範囲、短い期間での収支のみならず、都市全体の維持管理のための財政負担や環境負荷、空間損失等の社会的費用を含めた都市全体の収支を明確にして、それを事業収支に反映するための仕組を構築する必要がある。その際、税制や規制などの手法は、

図6—6　住民1人あたりの道路延長と年間ガソリン消費量の関係

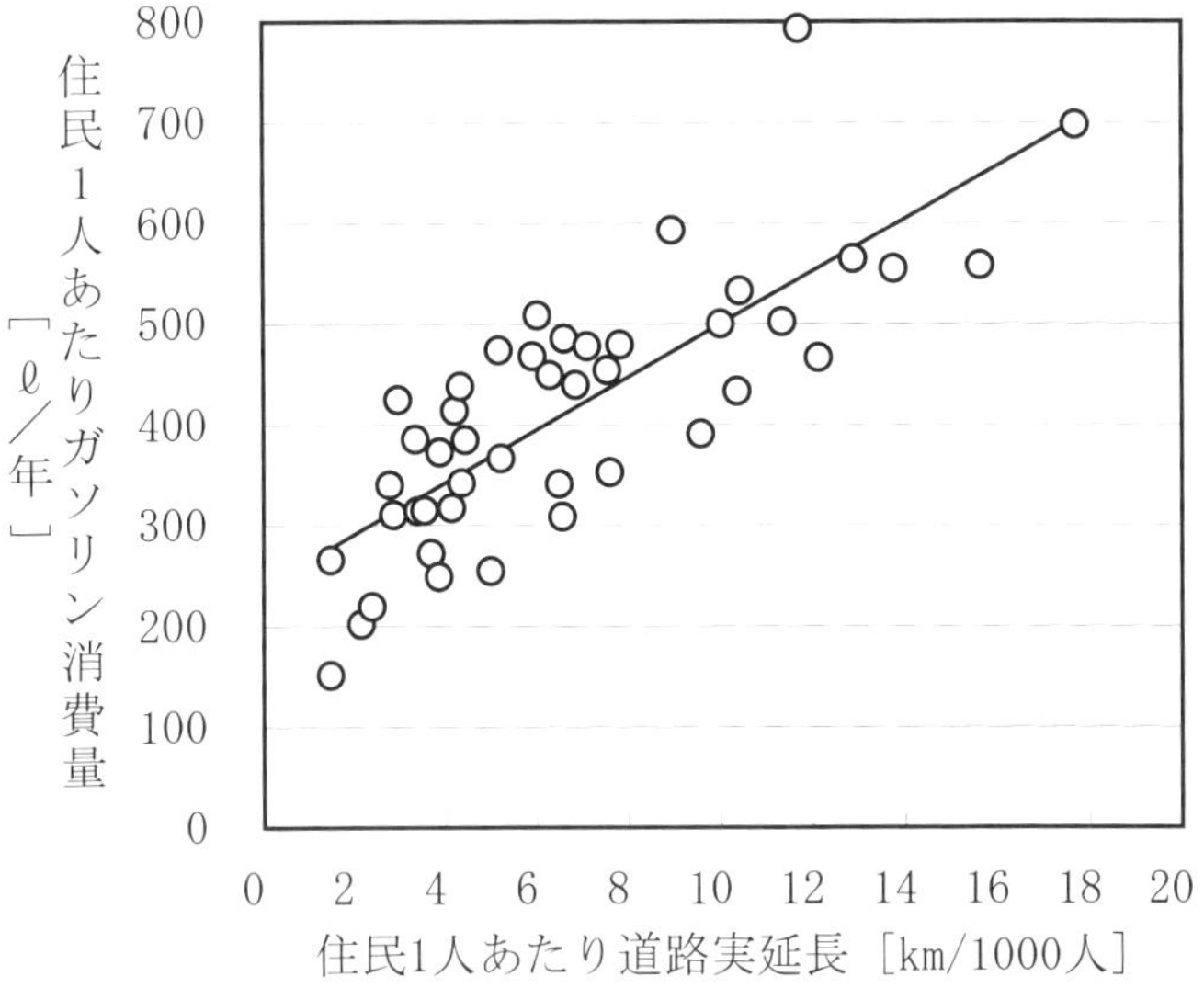

個別にではなく既存の制度の見直しも含めパッケージで検討することが重要である。

増大する需要（あるいは増大するとした予測）に追随して道路などのインフラを建設する考え方から、現存のインフラをいかに効率的に使うかという考え方に転換すべきである。図6—7は、都市施設の維持・更新（除雪、道路清掃、街区公園管理、下水道管理）費用について、人口密度が低くなると、同じ住民数に対して管理すべき面積や距離の割合が増加することによって、行政経費が増大する関係を示したものである。一方で、住民一人あたりの負担額（住民税など）は住所によらず定額であるから、人口密度が一haあたりおおむね四〇人以下になると、行政側が費用の持ち出しになるという限界点を示したものである。

大都市圏は別として、その他の全国の県庁所在地クラスの都市でも、国勢調査のたびにDI

Ｄの人口密度が低下し、このままでは一定の人口がまとまった市街地が消滅しかねないと危惧されている都市も少なくない。市街地の拡散が続いてゆくと、公共交通も成り立たない。一般にＤＩＤの人口密度が五〇人／ha以下になると、民間事業としての路線バスはいかに合理化しても成立しないとされる。自治体は財政難に陥り、図６―８（写真）のように、商店街はシャッター街と化す一方で、郊外にロードサイド店が立ち並び、移動はすべて車という「人の顔がみえない街」になりかねない。またこうしたロードサイド店は、業績が低下すると撤退してしまい、郊外にさらにシャッター街が出現するといった事態も現実に発生している。[13]

人々が自動車で郊外の大型商業施設に買物に行くライフスタイルが普及し、多くの都市で中心部の活気が低下し、商店や飲食店などの経営が不振になるばかりか、住民が日用品を買うにも支障をきたすようになった地域さえ見られる。郊外型の施設は、その地域の人口や購買力に対しては過剰な規模の店舗であるが、市町村の行政区域と関係なく、周辺数十kmの範囲を商圏として設定し、自動車の利用を前提として客が来るように計画されている。農地を転換して駐車場を増やせば増やすほど客が来るといわれている。

しかし郊外開発を進めると中心部の地価下落を招き、総合的に都市全体の固定資産税収を減収させるとの指摘もある。一方では移動制約者（身体的・経済的制約により自分の意志では自由に移動ができない人）と健康面の対策から「歩いて暮らせるまちづくり」も提唱されている。省エネだけでなく、福祉政策としての意味も有する環境建築（住居内の熱ショックの軽減、光熱費の削減）も重要である。地方の歴史・文化基盤が失われ、また景観の均質化を招くこと（たとえばどこの地方都市の駅前も、消費者金融・パチンコ・コンビニといった現象）、自動車依存度が高い地域ほど交通事故も多いなど、自動車に依存した都市がもたらす

図6―7　人口密度と都市施設の維持費用

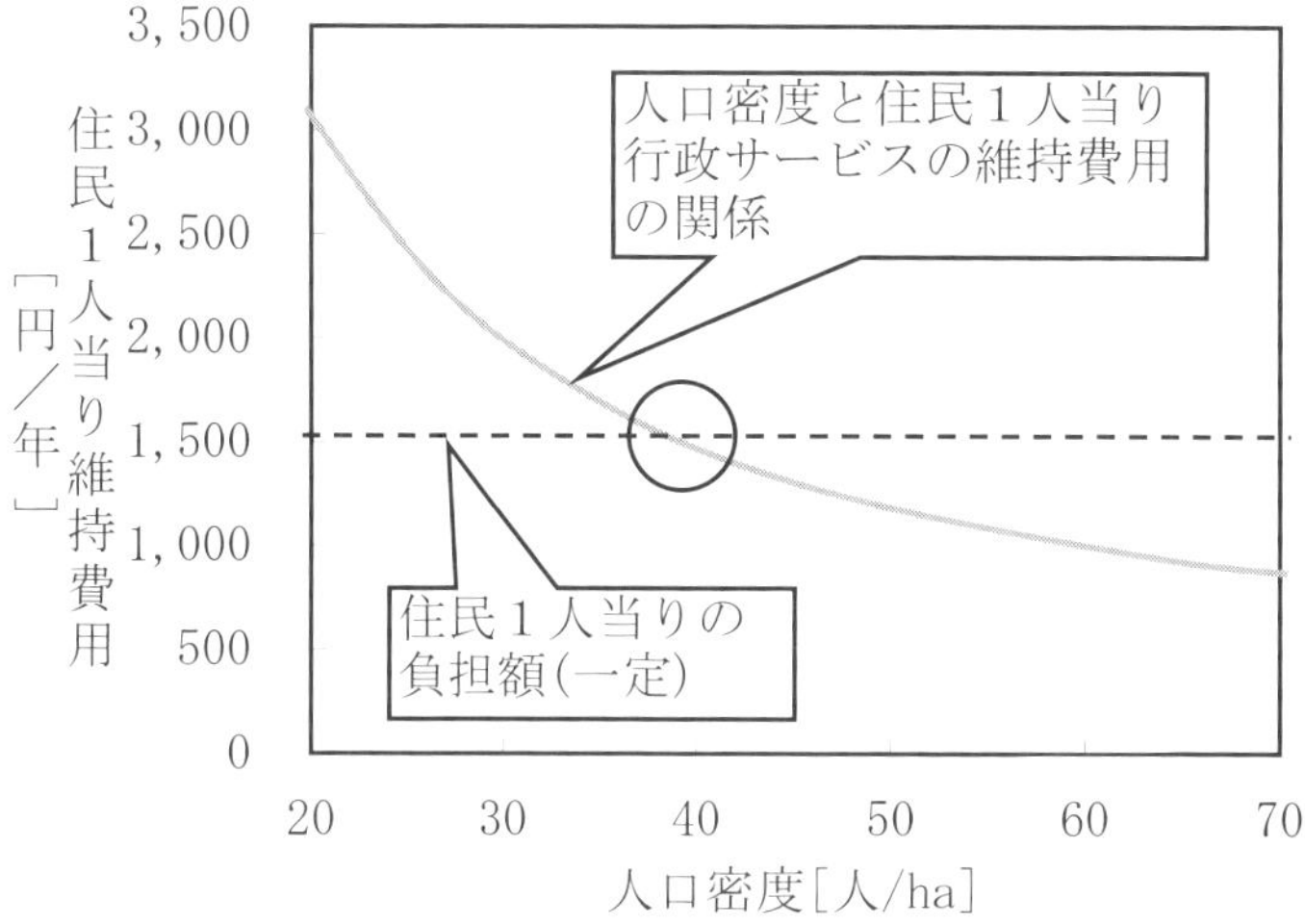

図6―8　地方都市のシャッター街

問題は多岐にわたる。

原発存続が前提の電気自動車

電気自動車は、内燃エンジンを全く持たずバッテリーのみを動力システムとする純電気自動車（ＥＶまたはＰＥＶ）と、内燃エンジンと併用（ハイブリッド車がベース）で充電機能も有するプラグインハイブリッド車（ＰＨＶまたはＰＨＥＶ）がある。一〇年ほど前までの旧世代電気自動車は、航続距離（一回の充電で走行できる距離）が短く、性能も使い勝手も悪く、さらにバッテリーの耐用年数も短かったため、ほとんど普及しなかった。国の補助金で導入した自治体もあったが、最初の購入費用は補助金の対象になるが、バッテリーの交換費用は補助金の対象にならずそのまま放置されてしまった例さえみられた。

最近、一般ユーザー向けの電気自動車が市販されるようになった。三菱自動車の「ｉ－ＭｉＥＶ（アイミーブ）」[14]、日産の「リーフ」[15]などである。従来の電気自動車は、ガソリンスタンドに相当する充電スポットが限られ、この面でも実用化に不安があった。このため最近は、メーカー系列のディーラーなどに充電スポットが設けられ、充電にかかわる負担を軽減する方策も試みられている。

統計[16]によると、乗用車用のガソリンは年間約五〇〇〇万kL消費されている。平均的なガソリン乗用車は、平均的な走行状態で一km走行あたり二・二三MJ（メガジュール）のエネルギーを消費するが、電気自動車（バッテリーのみの純電気自動車）は一km走行あたり〇・四〇MJとなり、かなり低減される[17]。エネルギー消費の点だけみればガソリン（軽油）車を電気自動車に転換することは一見望ましいように思われる。

しかし、こうしたエネルギー効率の向上を考慮したとしても、現在のガソリン乗用車をすべて電気自動車に転換したとすると、電力として年間九〇〇億kW時が必要となるが、これは現在の平均的な原発の一五〜二〇基分の年間発電量に匹敵する。原発でなく再生可能エネルギーを使用する提案もあるかもしれないが、再生可能エネルギーの大量普及はまだ実現していない。ガソリン自動車のすべてが電気自動車で代替されることはないだろうが、かりにその一部としても、原発数基分の電力を再生可能エネルギーで代替することは大きな負担である。医療・介護など電気を不可欠とする社会的なニーズが数多くある中で、それだけの膨大な電力を自動車で使ってしまうことは合理的だろうか。

電気自動車のセールスポイントは、東日本大震災前は大気汚染の防止が主なうたい文句であったが、エネルギー面からは「夜間電力を溜めて昼間に使う」というコンセプトを常に前提としてきた。これは言いかえれば原発が前提条件となっている。

福島事故前の電気自動車の開発・普及は、すべて原発促進と密接に関連して行われていた。ところが福島原発事故で日本中が困っている時期に、またもや電気自動車が推進されている。現時点で最新の形式と思われる日産「リーフ」のホームページでは依然として「電力供給能力に余裕がある夜間に充電し、電力需要の高まる昼間に活用することで、電力消費のピークを和らげる『ピークシフト』に貢献します」と解説している。

そもそも「夜間に電力が余る」という前提こそ、原子力発電と密接に関連した条件である。もし再生可能エネルギーを主体とするならば、太陽光発電は当然ながら夜間に電力が余るはずがない。風力発電・小水力発電・地熱発電は基本的に発電量に時間帯は関係しないが、送電の必要がなければ、系統から分離すればよい。さらに火力発電は出力調整ができるので、わざわざ燃料を消費して「電力を余らせる」必要はなく、実際に夜間は出力を絞って運転している。「夜間に電力が余って困る」のは原子力発電である。

アイミーブの公式サイトの別の場所でも触れているように「電力会社の料金プランによっては、夜間時間帯による充電で、充電に必要な電気代を抑えることができます」とある。すなわち、出力の増減ができない原発を運転し続けるためには、夜間の電力需要を喚起する必要がある。いかに環境対策という名目があるにしても、個人ユーザーに対して一〇〇万円を超える補助金・減税の不自然さも、そこから説明できよう。電気自動車が本格的に大量普及すれば、原発の「必要性」はますます強固な社会的圧力となる。さらに「たとえば、i―MiEVをオール電化住宅と組み合わせると、生活がもっとエコでクリーンに」とあり、電力の消費拡大商法の一環であることは疑いがないだろう。

ここで「鉄道も電力すなわち原発を間接的に使っている」と指摘する人もあるだろう。しかしそれは的外れである。もし人々が、地域の交通手段として鉄道や徒歩・自転車の利用を優先して、車は地方都市や農山村地域などで真に必要な利用にとどめるなら、社会全体として大きな省エネとなり、原発への依存を低下させることができるからである。化石燃料の輸入に伴う莫大な国富の流出も抑えることができる。

太陽光発電は家庭用のエネルギー利用には適しているが、自動車はエネルギーを凝縮して集中的に動力として使用する（エネルギー密度）必要がある。よく使われるたとえとして「大型バスの屋根全面に太陽光発電パネルを貼って、得られる動力は原付バイク一台分」とされている。太陽光発電パネルを直接自動車に接続しても動かすことはできない。現在のガソリン（ディーゼル）自動車を電気自動車で大幅に置き換えるほどの電力を取得するには、非現実的に広い面積の太陽光パネルが必要となる。

図6―9　モード燃費の走行パターン

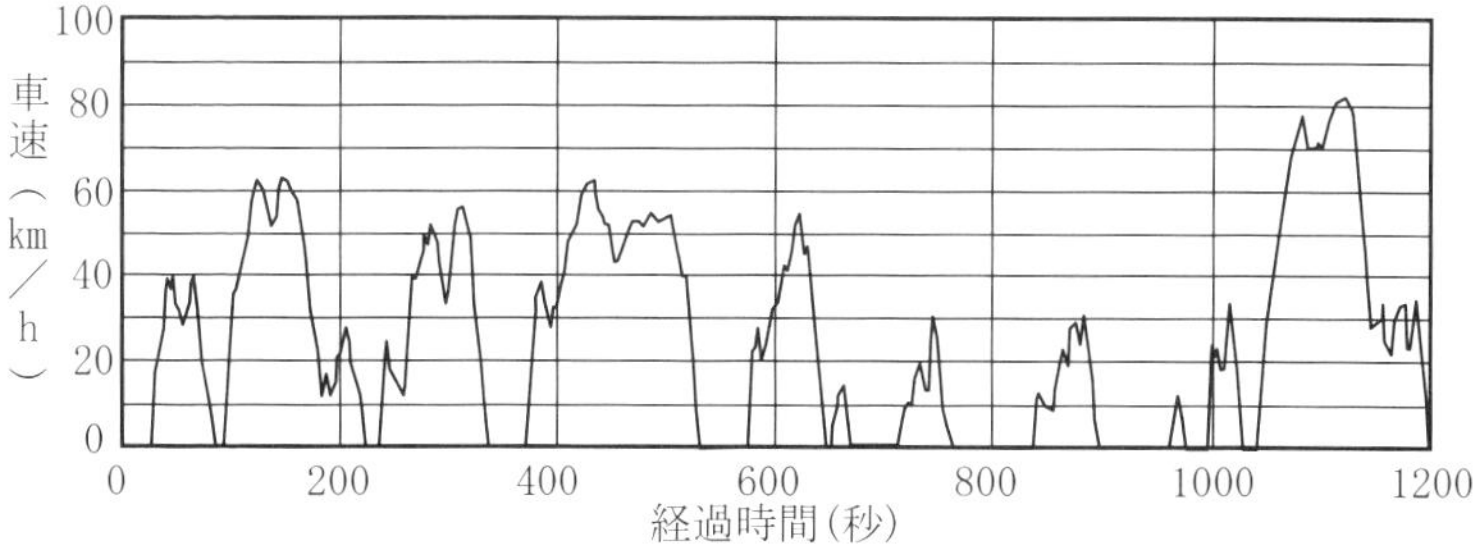

また電気自動車は、ユーザーにとっても実用上の使い勝手は良くない。昔より性能は向上したといっても、現実の走行状態を再現した燃費測定方法（JC08モード）[18]での航続距離は、最大でもアイミーブで一八〇km[19]、リーフで二〇〇kmなので遠出には耐えない。このJC08モードとは、図6―9のように発進・停止や低速走行をを含む市街地での走行パターンに従ってエネルギー消費を測定する方法である。ただし実際の使用状況ではエアコン等によるエネルギー消費が加わる。また寒冷地では冬期のスノータイヤの抵抗なども無視できない。

全国的にカタログ値と実態値の差を多数の実測値から整理した報告[20]がある。エアコンや地域の走行状況によるカタログ値と実態値の差を生じる物理的要因は、動力源にかかわらず共通であるので、本体の燃費（電力消費率）が良いほど、逆にカタログ燃費と実態燃費の比率は開くことになる。電気自動車はまだ多数普及していないので実態値は十分に集積されていないが、カタログ値に対して一・五倍以上の乖離になると推定される。カタログ値に期待して電気自動車を購入したユーザーは失望することになるだろう。電気自動車の場合、この差は「すぐにバッテリーが切れる」という現象としてあらわれる。

たとえば東京都内から出発するとして、夏休みに家族全員や荷物を乗せて車体が重い状態で、カーエアコンもフル稼働し、自宅から高速道路のインターまで渋滞の一般道を数十km走行すると、ようやく高速道路のインターにたどり着いたあたりで立往生することになるだろう。現実的には、電気自動車を使うとしても町中の近距離利用が主体とならざるをえない。またリーフ、アイミーブともカタログ上は四人乗りではあるが、後席の居住性を考えると、この点からも長距離走行には適していない。

車中心のライフスタイルを続けるかぎりは、従来型の車も保有する必要がある。というのは、状況によって家族全員あるいは知人などをフルに乗せる必要性が残るからである。いま車の広告の中心は「家族」をコンセプトとしたワゴンタイプであるが、それは実際にそうしたニーズが多いからである。アイミーブやリーフのような小型電気自動車とは代替的でない。自動車メーカー側の意図は、若年層の車ばなれの状況下で、富裕階層のユーザーを対象とした「複数保有の促進」なのである。

車が生活必需品と考えられる農山村などでは、バッテリーが不安で充電スポットもない電気自動車は使えない。逆に充電スポットが普及しつつある都市部では、そもそも鉄道・バス・自転車などを使えば済むことである。要するに電気自動車は、現代の乗用車に比べて手間のかかるクラシックカーに趣味的価値で乗っているのと同じで、先進的なライフスタイルを実践しているかのような満足感のための乗りものにすぎない。その選択は本人の自由であるが、環境的には価値がないどころか、原発推進に手を貸すことになる。

電気自動車の日産「リーフ」は他車に大差をつけて二〇一一～二〇一二年の「日本カー・オブ・ザ・イヤー」に選定された(21)。日本中で電気が足りないと騒いでいるときに、なぜさらに電気を必要とする電気自

図6―10　太陽光導入の電力需要パターン

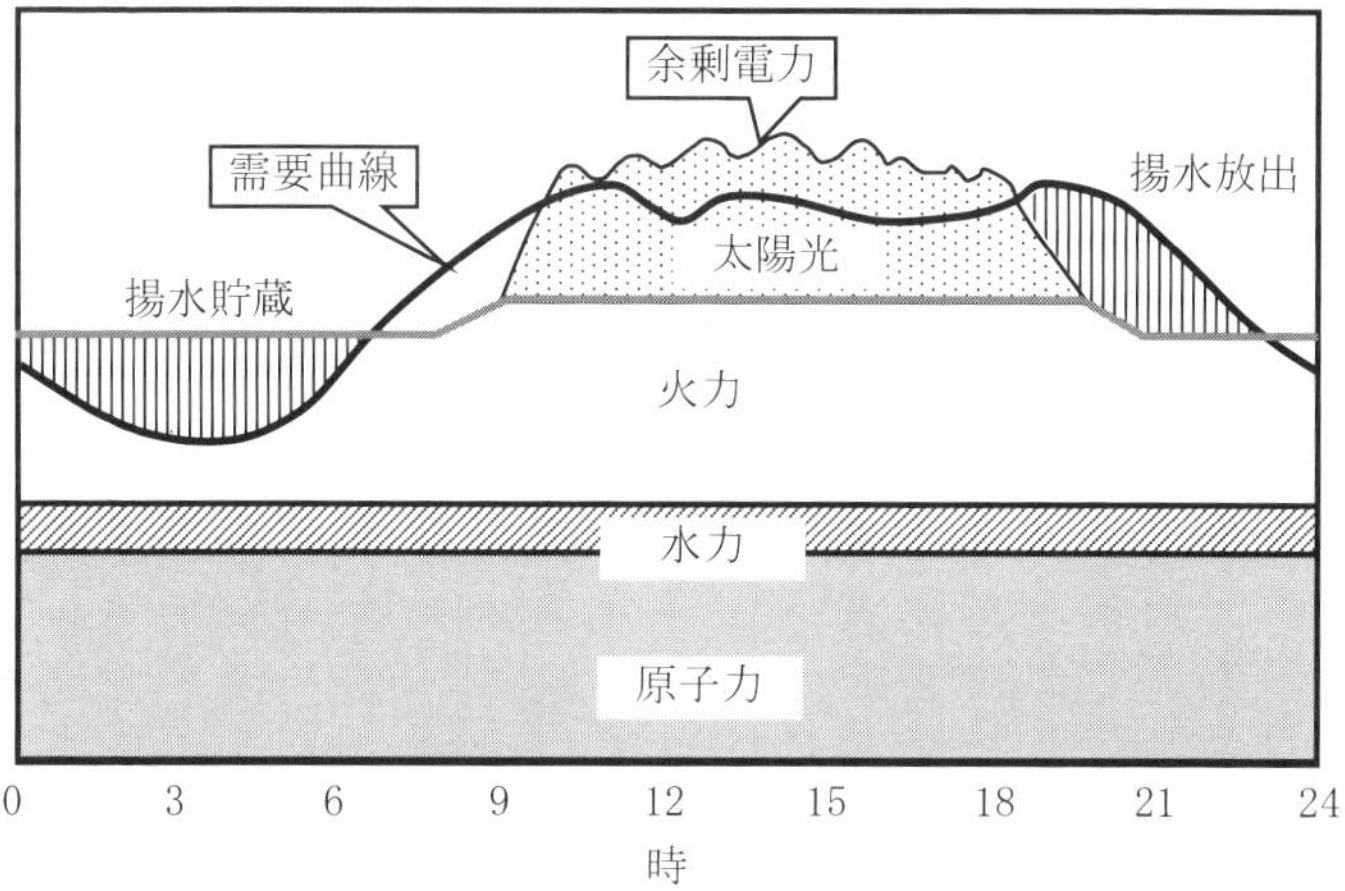

動車が推進されているのだろうか。電気自動車を推進する経産省の委員会等には、これまで原発を推進してきた学者が名前を連ねている。[22] 図6―10は「次世代送配電ネットワーク研究会[23]」の資料に掲載されている図である。太陽光発電が普及すると、年末年始やゴールデンウィークなど、電力需要の少ない時期（あるいは時間帯）に、既存の電力（原子力＋水力＋火力）と昼間の太陽光の合計発電量が需要を上回り、余剰電力が発生するというのである。その余剰電力の吸収先として、蓄電池がわりに電気自動車を利用すると効率的であるとしている。要するに、いま次世代あるいは近未来等と名づけられている電力利用システムは、原子力の存続が前提なのである。

動力源が電気であろうとなかろうと、自動車とはユーザーが好きな時に移動できることを最大のメリットとする交通手段である。ゴールデンウィークの昼間は、年間で自動車が利用される機会が最も多い状況ではないのだろうか。そのような時間帯に、自動車を駐車場に停めて余剰電力を吸収するように管理することは困難であろう。結局は出力調整ができない原発の存続を前提とするから、このような不自然なビジネスモデルが提案されるのである。「即時」か「漸次」かの議論はあるとしても、早急に脱原発をめざすしか選択肢がないことは以前から自明であり、福島事故以後にはすべての国民が認めざるをえなくなった事実である。

「電気」というシステムは「発電方式をどうするか」という議論だけでは済まず「送電・配電」のシステムと一体で考えなければならない。「送電・配電」についても、脱原発を前提に組み直さなければ再生可能エネルギーの大量導入は困難である。しかし社会的にはまだこの問題について注目度が低い。よく指摘される「電力村」では依然として「原発ありき」の議論をしており、このままでは送電・配電の面が制約となって「やはり原発が必要だ」という結論に持ち込まれるおそれがある。

図6—11は、東京都市圏（一都三県）について、①電力需要全体（破線）、②自動車（実線）のピーク時に対するエネルギー消費、[24]③太陽光発電の出力変動パターン（点線）について、それぞれ負荷率（ピーク時を一〇〇とした比率）を示したものである。東京二三区では個人のマイカーは平日の大部分は駐車場に停まっているが、それ以外の一都三県全域では通勤・業務にも大量の自動車が使用されている。

①の電力需要全体は、二四時間稼動している工場や業務施設を除いて、多くの企業で業務が始まる朝七～九時ころから上昇を始め、昼休みの若干の低下をはさんで午後の一四～一五時ころにピークに達する。したがって、この時間帯に電気自動車のバッテリーから放出してもらうことが望まれる。しかし②の自動車の使用状況をみると、朝八時台の朝ラッシュ時と、夕方一七～一八時代の夕方ラッシュ時にピークがあ

図6―11　自動車と電力の負荷パターン

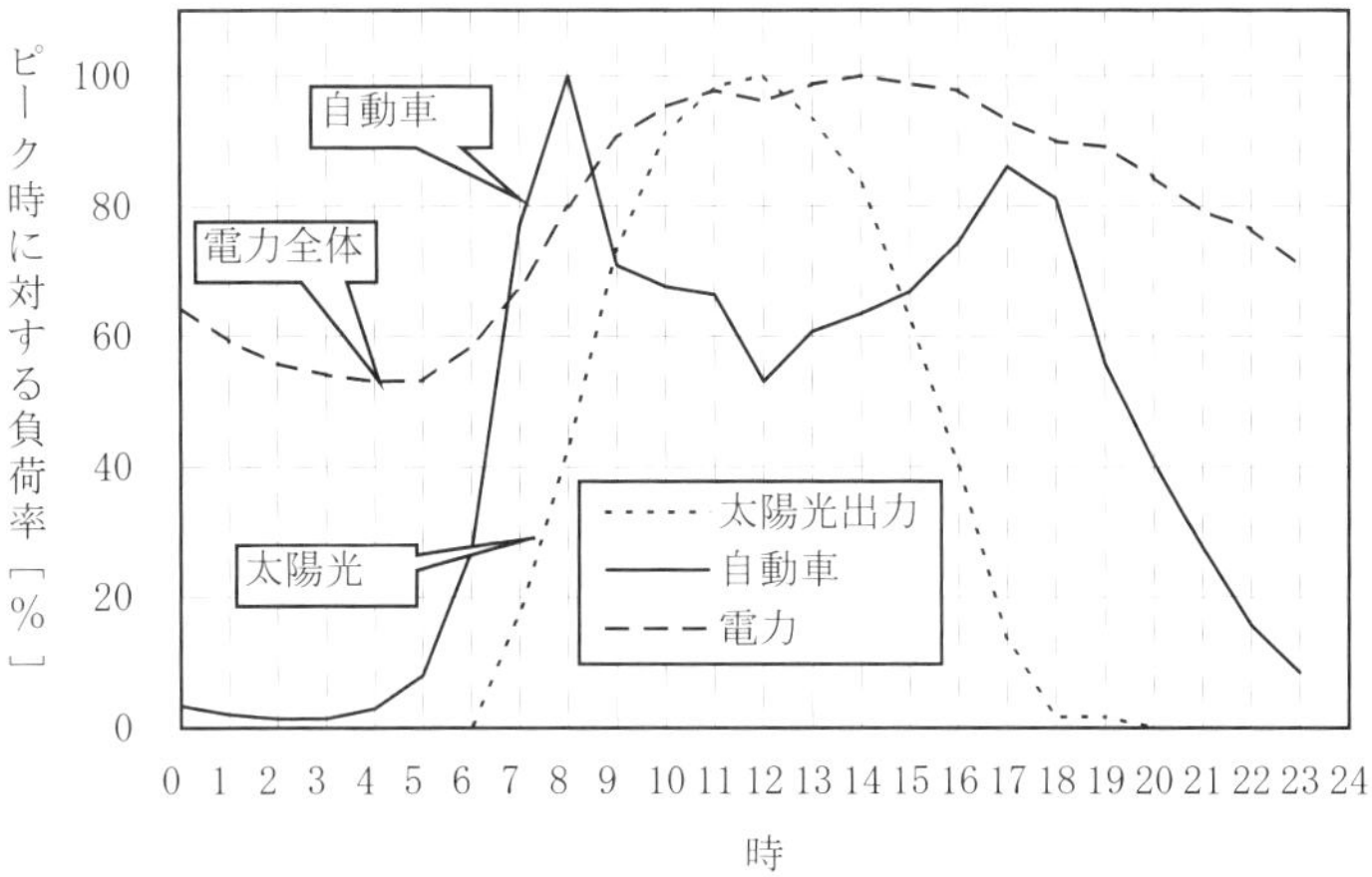

り、昼間はピーク時よりは低い負荷率となっている。しかし電気自動車からの放出が期待される午後の一四〜一五時台にはラッシュ時ほどではないにしてもピーク時の六〜七割の負荷があり、駐車場に停めて放出するという使い方とはマッチングしない。利用できるとしても部分的である。

次に②の自動車の使用状況と③の太陽光発電の出力変動の関係はどうだろうか。まず自動車を使い出す朝であるが、図にみられるように、自動車が動き出す時間帯よりも、太陽光の出力は一〜二時間の遅れがあり、自動車の使い方としてこの間に待っているわけにはいかないから、当然夜間に充電していなくてはならない。すなわち太陽光とは時間帯がマッチングしない。昼間の一〇〜一五時ころに太陽光の余剰電力があれば、その一部を駐車中の電気自動車に充電することはできるだろう。ただしこれも限定的である。

これに加えて、電気自動車・再生可能エネルギー・スマートグリッドそれぞれの普及がどの程度になるのかというタイムラグの問題がある。電気自動車の製造・販売は比較的早期に進展する可能性がある一方で、再生可能エネルギーの大量導入やスマートグリッドの導入はまだ実用的なスケジュールに乗っていない。この状態で電気自動車の普及だけが先行すれば、それは結局のところ原発など既存の商用電源から充電することになる。

自動車税制との矛盾

エネルギー問題と別の面からも、電気自動車の普及は限定的と思われる要因がある。交通部門でのエネルギー消費削減のために、ハイブリッド車・電気自動車など、走行距離あたりガソリン消費量が従来の半分以下、あるいは走行にガソリン消費を伴わない、いわゆるエコカーを国内の保有台数の半分近くまで増加させなければならないとされている。[25] 二〇〇五年前後までは燃料電池車もエコカーとして期待されていたが、車両については実用的な価格での提供の見通しが停滞していること、また燃料の水素を供給するインフラの普及が不明なことなどから、現時点ではハイブリッド車・電気自動車が当面のエコカーの主流とみなされている。

こうした車両が実際に保有台数のうち多数を占めるようになれば、もし現在のガソリン（軽油）税という仕組みがそのままならば、燃料関係の税収が激減する。車両に課税されている自動車重量税等の税金も、現時点ではエコカー普及のため減税措置がとられているから、自動車関係の税収はますます減少してゆく。この問題については以前から研究者は指摘[26]していたが、従来はエコカーの普及は少数であった実態から強い関心を集めてこなかった。しかし電気自動車の導入が本格的な動きになってくれば避けて通れない課題となる。これは道路政策の側からは容認しがたい状況のはずである。

こうした事情も合わせて、近年ではむしろ「PAYD」という考え方が提唱されている。これは「Pay As You Drive」の略で、かつ「支払い」とも読める語呂合わせである。もともとは自動車保険に関して提案された概念であった[27]。自動車を保有していても、極端にいえば車庫に置いたままなら事故は起こりえないから、保険料も走行距離比例にすべきだという発想である。完全に距離比例ではないものの走行距離を反映して保険料を設定する自動車保険商品が登場している[28]。これを拡張した概念として、自動車ユーザーの負担全体についても、できるだけ完全な走行距離比例に近づけたほうが合理的であるという考え方である。

たとえばガソリン（軽油）に賦課される税金は燃料の消費量に比例して課税されるので、個々の車両による燃費の差はあるものの、全体としては税収が走行距離に比例すると考えられる。ある意味では、燃料消費量を擬似的に走行距離に置き換えて、距離制料金を徴収していると考えることもできる。しかし具体的に個々の運転者からみると、渋滞した道路では、一定の距離を走行することに対して、空いた道路よりも多くの時間がかかる上に燃料も多く消費（燃費が悪い）し、時間の損失も含めてより多くの費用を負担しなければならないという矛盾もある。

一方で現在の日本では、自動車重量税のように年額一定で車両に課される税金がある。この場合、年間の走行距離が少ない人、すなわち道路の空間を占有し、道路に損傷を与える度合いが少ない人は割高になり、逆に走行距離が多い人は「乗れば乗るほど割安になる」という関係が生じるために、地域的にも不公平ではないかという指摘が以前からある。また任意保険は利用者が選べるが、強制保険は車両に対して年間一定額なので、自動車重量税と同様に走行距離あたりで評価すると割高・割安の矛盾が生じる。このように、現在の自動車税制は電気自動車の存在を想定していないので、電力システムの一環として電気自動車が大量普及する状況には対応できない。

1　経済産業省資源エネルギー庁「総合エネルギー統計」http://www.enecho.meti.go.jp/info/statistics/jukyu/result-2.htm より。
2　日本自動車工業会ホームページ「エコ・ドライブ」http://www.jama.or.jp/user/eco_drive/
3　石谷久ほか「都市内走行実験におけるハイブリッド電気自動車（ＨＥＶ）の燃費性能評価」『エネルギー・経済』二五巻七号、二頁、一九九九年（トヨタの『プリウス』に精密な燃料流量計を搭載して、路上を実際に走行して燃費を測定した報告）。
4　経済産業省「資源・エネルギー統計」http://www.meti.go.jp/statistics/tyo/seidou/result/ichiran/07_shigen.html
5　自動車はガソリン・軽油、火力発電所は重油を燃料としており、直接は代替的でないが、いずれも原油から分離・精製される成分であり、総合的には石油の節約としてカウントできる。
6　斎藤武雄『地球と都市の温暖化』森北出版、五一頁、八七頁、一九九三年。
7　中村英夫・林良嗣・宮本和明編訳著『都市交通と環境—課題と政策』運輸政策研究機構、二七〇頁、二〇〇四年より（原資料 Emberger, G.E., A.D. May and S.P. Shepherd; Method to Identify optimal land use

transport policy packages, Proc. 8th International Conference in Urban Plonning and Urban Management, Sendai）。
8 環境省「第六回地球温暖化対策とまちづくりに関する検討会」資料（二〇〇六年六月一九日）資料三―一より。
9 環境省「第三回地球温暖化対策とまちづくりに関する検討会」二〇〇六年二月一五日・資料一―二より。
10 国立環境研究所「地球環境・自動車ＣＯ$_2$排出量」ホームページより推定。http://www-gis5.nies.go.jp/carco2/co2_main.php
11 環境省「第三回地球温暖化とまちづくりに関する検討会」二〇〇六年二月一五日・資料三―一より。
12 環境省「第六回地球温暖化対策とまちづくりに関する検討会」資料（二〇〇六年六月一九日）資料三―一より。
13 「人口密集地」の意味であるが、具体的には人口密度が一㎢あたり四〇〇〇人以上の区域が隣接し、それらの区域の人口の合計が五〇〇〇人以上であるような区域の連なりが「ＤＩＤ」と定義されている。
14 三菱自動車ホームページ http://www.mitsubishi-motors.co.jp/i-miev/index.html
15 日産ホームページ http://ev.nissan.co.jp/
16 国交省自動車輸送統計調査 http://www.mlit.go.jp/k-toukei/jidousya/jidousya.html
17 ＪＨＦＣ総合効率検討特別委員会・日本自動車研究所「ＪＨＦＣ総合効率検討結果」報告書、二〇〇六年三月。
18 国土交通省 燃費測定モードについて http://www.mlit.go.jp/jidosha/jidosha_fr10_000008.html
19 アイミーブは二種類の仕様があり、電池容量の大きい方を示す。http://www.mitsubishi-motors.co.jp/i-miev/spec/spe_02.html
20 工藤ほか「実燃費を考慮した自動車からの都道府県別ＣＯ$_2$排出量の推計」『第一九回エネルギーシステム・経済・環境コンファレンス講演論文集』二〇〇四年。
21 日本カー・オブ・ザ・イヤー公式サイト http://www.jcoty.org/result/
22 次世代エネルギー・社会システム協議会 http://www.meti.go.jp/committee/summary/0004633/index.html

23　次世代送配電ネットワーク研究会 http://www.meti.go.jp/report/data/g100426aj.html

24　平成二〇年東京都市圏パーソントリップ調査より。 http://www.tokyo-pt.jp/

25　たとえば「地球温暖化問題に関する懇談会・中期目標検討委員会」など。 http://www.kantei.go.jp/jp/singi/tikyuu/kaisai/index.html

26　道路経済研究所「非ガソリン・低公害車普及の意義と当該自動車の道路財源負担のあり方に関する研究」道経研シリーズA―五二、一九九五年。

27　Todd Litman, The Victoria Transport Policy Institute "Online TDM Encyclopedia" http://www.vtpi.org/tdm/tdm79.htm

28　ソニー損保は「乗った分だけ」とのキャッチコピーでこの方式の自動車保険を販売している。 http://insurance.yahoo.co.jp/product/automobile/0614001_1.html

第7章　持続的な社会とエネルギー

持続性とエネルギー

福島原発事故が起きた二〇一一年は、一九九二年の国連「地球サミット（リオ・サミット）」から二〇年、「リオ・プラス・二〇」を目前に控えた時機である。地球サミットで話し合われたテーマは「持続的な社会」であった。どのようなエネルギー・資源の利用もあくまで手段であって、最終的な目的は持続的な社会ではないだろうか。日本のかつての高度成長が、人命や人権を軽視して、経済の拡大を優先したと評価する論者はいまも多いが、それは人命や人権にとってマイナス面だけではなく、両面性がある。

第5章ではエネルギー大量消費社会の問題を論じたが、高度成長以前の一九六〇年代と現在を比べると、あらたに厄介な問題も生じているとはいえ、人命や人権の尊重を示すいくつかの指標について、数量化はできないまでも差し引きプラスが多かったと評価できる。もし経済の規模や人々の生活水準が一九六

図７―１　日本の１人あたりエネルギー消費の推移

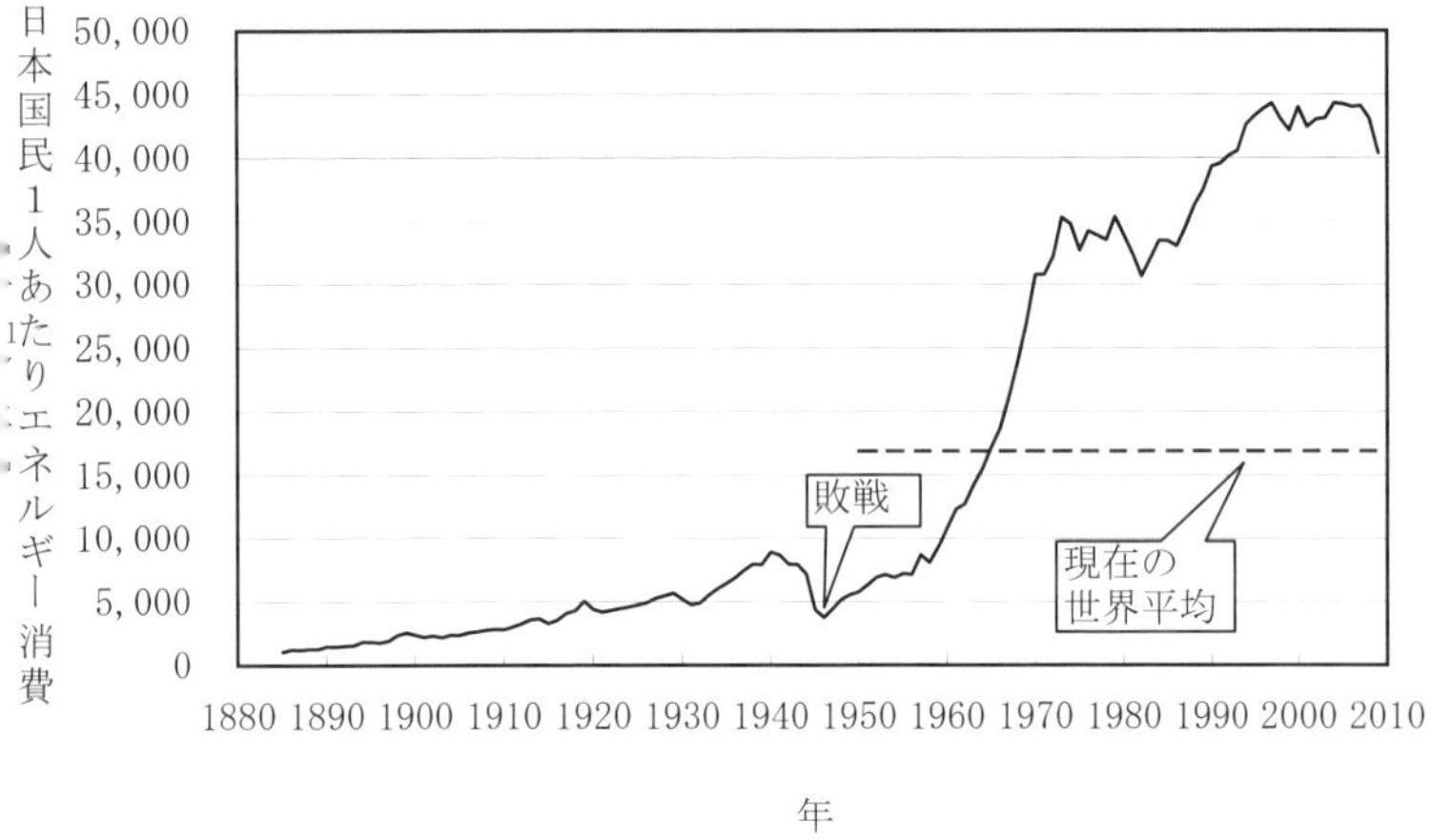

〇年代のままで、福祉や人権の尊重だけが改善されたとは考えにくい。みんなが一定の豊かさを獲得し、平均の底上げをめざすという現実的な道を多くの人が選んだ結果が、現状であるとも言える。

エネルギー消費が少なければ少ないほど、福祉や人権が尊重されるとは思えない。エネルギーが何のために使われているのかが問題であろう。図７―１は、日本の「国民一人あたり」でみた一次エネルギー消費量を長期にわたって示したものである。まず高度経済成長期は、論者によって定義の差があるが、一九五〇年代半ばから七〇年代半ばまでの約二〇年間がそれにあたる。エネルギーの消費量もそれに伴って急増加を続けたことがわかる。また八〇年代半ばから九〇年代初めころまでの一〇年弱にわたるバブル経済の期間も同様にエネルギーの消費量が増加している。

一方で過去を振り返ってみると、戦前における国民一人あたりのエネルギー消費は、一九四〇年に八九〇万キロカロリーの最大値に達している。これは、個人消費でのエネルギー消費が増えて豊かになったのではなく、戦争準備のために、国全体のエネルギー消費が増えたためであることは容易に想像される。しかしそこで力尽きて供給が続かず、米国と実際に開戦したあとは低下の一途をたどっている。そして終戦を迎え、終戦後の一九四六年に約三七〇万キロカロリーまで落ち込んだ。

次いで、一人あたりのエネルギー消費量が、戦前最大の一九四〇年のレベルに戻ったのは一九六〇年であるが、すでにこの時には旧国鉄東海道本線（在来線）の「こだま」が走り、高度成長も目前であった。一九六四年には東京オリンピックが開催されている。社会・経済の総力を対外戦争に向けていた一九四〇年と比べれば、かなり様相を異にする社会であった。しかし一九六〇年でも、省エネルギーや公害防止の技術が現在ほど開発されていなかったため、効率が悪く汚染物質の排出が多いエネルギーの使い方をしていた。今の技術水準を適用すると、およそ二倍くらい有効に使えるのではないだろうか。

地域の持続性

ここまでは国全体としてのマクロな見方であるが、それは平均値をあらわすにすぎないので、さらに地域の持続性を考える必要がある。図7—2は関東地方のある小規模な自治体の年齢階級別人口の予測例[1]である。若年層の比率が極端に少なくなるとともに、人口総数も現状から減少の一方であり、深刻な状況が予測されている。こうなると、エネルギー消費や環境負荷物質（二酸化炭素や大気汚染物質）の排出量という観点からみれば、減るに任せておけばよいという極論も生まれるが、それよりも地域の経済社会システム、地域の活力をいかに維持するかということに議論が移ってくる。
現実には、単純な人口構成だけでなく、転入・転出など人口移動がどのくらいか、また居住地と勤務地の行き来はどのくらいか等の動態での検討も必要となる。地域間交流や、地域間競争といった議論もある。地域に人を引きつける魅力があって、観光客の入込みを増やしたり、さらには定住人口が増加することは、その地域にとって望ましい。逆にこれといって魅力のない地域では「人口減少」→「自治体の歳入減少」→「活力低下」→「地域の魅力の低下」→「さらなる人口減少」という負のスパイラルに陥ってしまう。

日本全体で人口が減少する中で、イメージ・話題性・一時的なイベントだけでは、日本全体として短期的な人の取り合いに陥る。また当座をしのぐために公共事業依存となれば、持続的な社会経済システムとはいえないであろう。二〇一一年七月二七日に開催された第九四回「中央環境審議会地球環境部会」でも、地球温暖化対策の観点とともに東日本大震災を踏まえ「復旧・復興、電力需給逼迫解消等において配慮すべき事項」が議論され、地球環境部会の提言としてまとめられた。それによると、温暖化対策の観点から、復旧・復興、電力需給逼迫解消等において配慮すべき重要な視点として、

①防災・減災の視点
②新たな産業や雇用を創出するという視点
③東北の潜在的な可能性を活かすという視点
④エネルギーを効率的に利用し、より快適により豊かに過ごすという視点
⑤まちや地域を人に優しく低炭素なものにしていくという視点

が挙げられている。この方針をもとに、当面早急に実施すべき施策についてまとめ、低炭素社会の構築に向けて目指すべき方向性を示しつつ、二〇一三年度以降の計画的・総合的な政策の推進に向けて議論を深めていくとしている。これは従来からの低炭素かつ持続的な地域づくりの観点と何ら変わることはなく、

図7―2　年齢階級別人口構成　埼玉県嵐山町

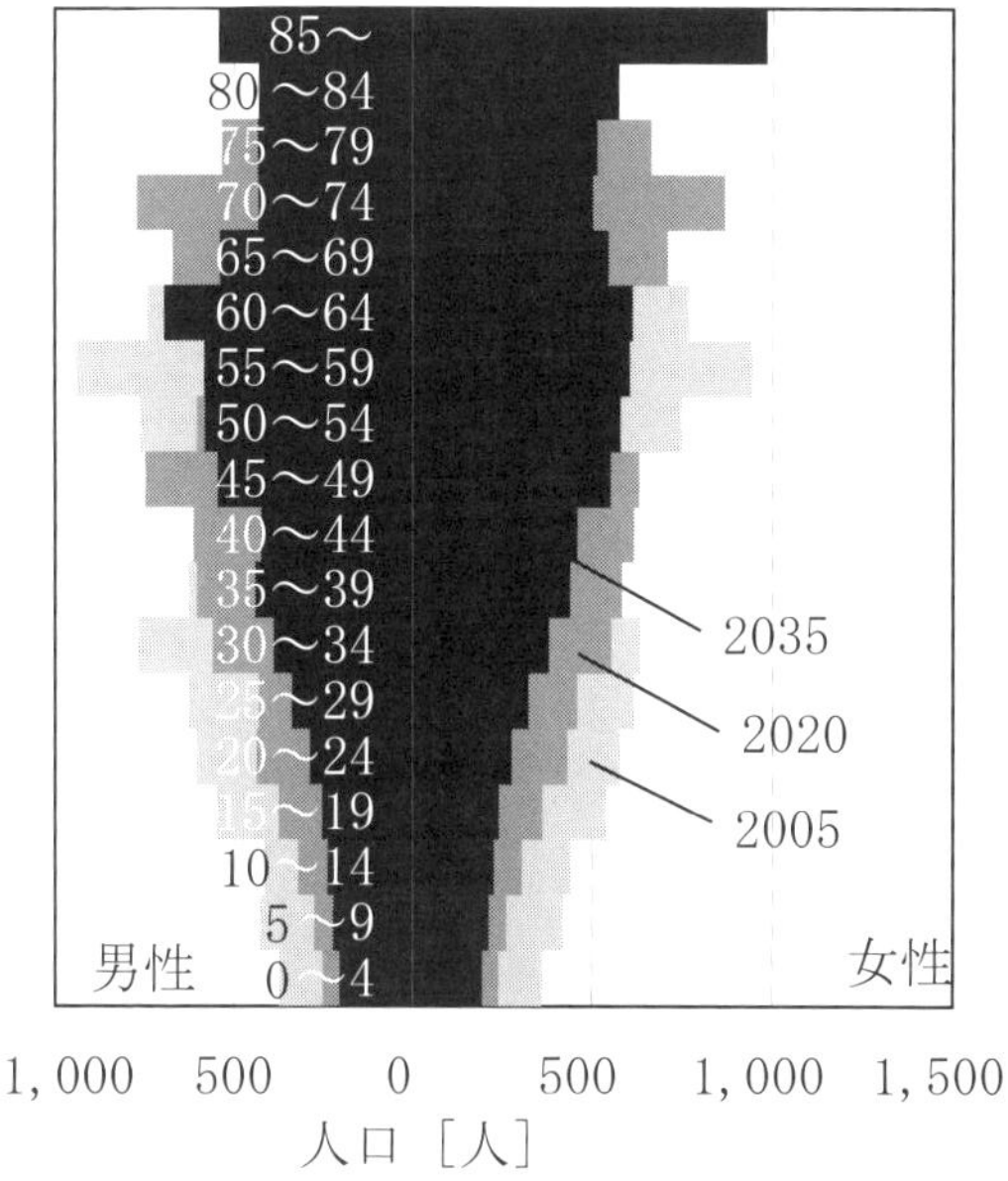

むしろこれまでの考え方の妥当性が立証されたとも言えよう。震災は多くのマイナス面をもたらしたが、一方で従来からの施策をいっそう促進すべき契機とも捉えられる。

「持続可能な社会」をごく平易に表現すれば、自分たちがどのような社会で暮らしたいか、また次の世代にどのような社会を引き継ぎたいか、という意味になるだろう。その単位として、一方の極は国や世界の政治的な枠組みであり、もう一方の極は個人の暮らしである。国家的な制度・予算・インフラなども持続性に影響を及ぼすが、地域の特性を活かし、ま

た地域の人々の合意を形成して一定の政策を実行するには、日本では市区町村が一つの現実的な単位であろう。「平成の大合併」以降、都道府県なみの広大な面積を有し、大都市から過疎地まで含まれるような市も出現しているが、一方で合併を避けて独自路線を選択した市町村もある。

「国内（あるいは域内）総生産、すなわちGDPは必ずしも生活の質の指標ではない」ということは、すでに一九六〇年代後半から指摘されている。同じGDPで、あるいはより少ないGDPで生活の質や満足度を高める方策については、今後もいっそう重要な課題となるであろう。この部分については経済学的な検討だけでは済まず、多面的な評価が必要となる。「持続性」という用語は直接には使われていないが、ブータンの国民総幸福量（GNH～グロス・ナショナル・ハッピネス）や、それを参考にしたとされる荒川区の「区民総幸福度」の取組みもひとつの指針であろう。荒川区では「区政は区民を幸せにするシステム」との標語を掲げ、荒川区自治総合研究所[2]を設立した。GAH（グロス・アラカワ・ハッピネス～区民総幸福度）の指標化などをテーマとして活動している。世論調査結果の精査、区民の幸福感の分析、従来の主要な幸福論の勉強、社会科学の最新の知見の理解を深め、加えて荒川区の地域特性をも斟酌した上で、荒川区民の幸福を支援する政策・施策・計画・システムの研究・開発など、また上記と密接に関連して子どもの貧困・社会排除問題の研究も主要テーマとしている。

「持続性」そのものはすでによく語られる用語であるが、その定義や内容は多岐にわたる。一九七〇年代以降の世界的な開発優先の経済システム、その裏面としての環境汚染などへの危機感から議論が提起されてきたが、具体的に多くの人の関心をひいた重要なトピックスは、一九八七年に公表された国連のブルントラント委員会『地球の未来を守るために』の報告書であろう。「未来世代のニーズを満たすための能力を損なうことなく、未来世代の現在のニーズを満たす開発」とのフレーズは有名である。この考え方では、物理的な意味での環境負荷が少ないことだけが持続性の要素ではなく、多岐にわたる社会的な要素を包括するという思想も示唆されている。

ブルントラント報告書がその後、一九九二年の国連地球サミットの「環境と開発に関するリオ宣言」や「アジェンダ二一」につながってゆくことになる。地域で政策を展開する「ローカルアジェンダ」の考え方が提起されている。持続可能な発展の主体として、地域の市民やNGOの役割が重視されていることも特徴である。地域の市民が主体となった議論という点では、日本は必ずしも世界をリードする状況にはないが、一九八〇年代から日本でも「NGO」という用語がみられるようになった。それ以前は、少なくとも環境の分野では「市民運動」イコール「公害闘争」であり、政府や企業と激しく対立する活動という認識が強かった。その一方で「市民運動は政策提言であるべき」との思想が提唱されるようになってきたのもこのころである。

二〇〇九年七月に開催された「G8」（ラクイラサミット）の宣言文には「産業化以前の水準からの世界全体の平均気温の上昇が二℃を超えないようにすべきとの科学的見解を認識」「二〇五〇年までに世界全体の排出量を少なくとも五〇％削減」「先進国は全体で、九〇年比またはより最近の年と比して二〇五〇年に八〇％以上を削減」と記載されている。最近では「温暖化防止」という用語よりも「低炭素」という用語が普及してきた。ただし「低炭素社会」自体が目指すべきビジョンではなく、本来の目的は持続的な地域あるいは社会である。現在も住民が最低限の栄養も摂れず、安全な水にアクセスできず、子どもが初等教育さえ受けられない現実が存在する。このような地域はたしかに低炭素社会であっても持続可能な社会とは考えられない。

二〇〇九年四月に「日本版グリーン・ニューディール」が発表され、その試算によると中長期の施策を講じることによって、全国レベルでは環境ビジネスが市場規模にして現在の七〇兆円が一二〇兆円程度になり、雇用規模についても、一四〇万人が二八〇万人程度になるポテンシャルがあると推定されている。また環境投資は地域に帰属する所得を増加させるという試算が報告されている。高知県を事例に、二〇二〇年までに約三割の温室効果ガスの削減を行う場合に必要な太陽光発電の普及や公共交通の利用促進などの対策を講じると、どのように地域経済に効果が波及するかを算出した。図7―3のように、投資額三五〇億円に対して、域内に帰属する所得を試算したところ二六九億円となった。生産誘発効果全体としては四九九億円である。

さらに、地球温暖化対策は、化石燃料の消費に伴う域外への所得流出が確実に削減され、温室効果ガス排出削減クレジットの売却益の効果なども生じる。これらを合わせて四六九億円の経済効果のポテンシャルがあるとされている。また大都市圏の大規模事業所に対して排出量取引制度の導入に関して、対象事業者が地方のグリーン電力等を購入する活動が推進されれば、国全体で排出量取引市場が整備されるとともに、地域が連携した地球温暖化対策によって都市から地方への資金移転の可能性が高まるとも指摘されている。

もし人々の暮らしの利便性や快適性を維持したままで、自治体内部でのエネルギー消費削減のみに注目するのであれば、極論すれば地域で何も作らず動かず、モノ・サービス・エネルギーをすべて外から購入

図７―３　環境投資と地域内に帰属する所得

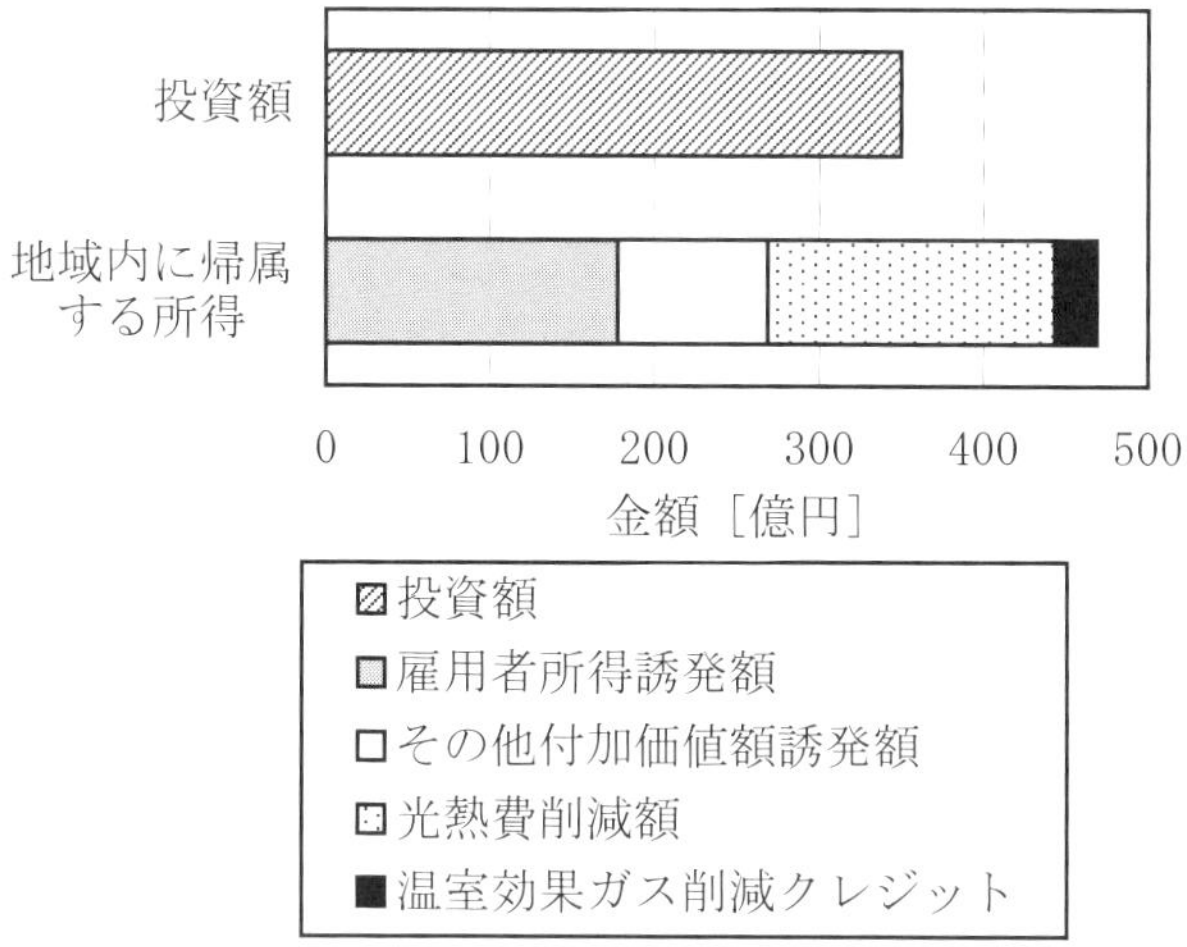

すればよい。その一方で、モノ・サービス・エネルギーを買うには、公共セクターにせよ民間セクターにせよ財源が必要となるから、それを何らかの方法によって調達する必要がある。金融工学を駆使して名目上のお金を稼ぎ、日本国内の他の地域や海外から、モノ・サービス・エネルギーを購入すればよいことになる。あるいは全国的・世界的に展開する企業の本社機能のみを集中させる方法もあるだろう。

現実に東京都二三区は、あるていどこれに近いタイプの都市である。東京都二三区は、昔は多くの製造業が立地していたが、現在は多くが域外へ移転してしまった。このため地理的な区分けのみで東京都二三区に注目すれば、人口あたりのエネルギー消費は全国平均の六～七割である。これに対して、鉄鋼やセメントなど大規模な製造業の事業所が立地している自治体では全国平均の数倍となる。しかしこの指標を以て、東京都二三区が他の地方都市より環境に与える負荷の少ない都市であると断定することはできない。

この対極にあるのが、財・サービス・エネルギーを可能なかぎり地域で自給自足する社会システムである。改めてグリーンニューディールというまでもなく、その重要性は以前から提唱されている。ただしこれまで「地産地消」は食の問題として語られるケースが多く、フードマイレージ、安全性、自給率の向上などが主な論点であった。しかし工業製品であっても無形のサービス財であっても「地産地消」の関係がある。その比率が大きいほど、地域に残る付加価値が大きくなる。企業を誘致して地域の雇用を発生させ、法人税収を増加させる方策はよくみられる。しかしその企業が地域外に経営基盤を有するのであれば付加価値は地域外に持ち去られる分が多い。

持続性の測り方

持続性には多様な側面があり、地域の人々の満足度や幸福度は直接には数量で評価できない。しかし関係者が共通の理解のもとに話し合うためには、いくつかの「指標」として取り扱う考え方がある。たとえば人の「健康」を単純な数値で代表させることはできないが、一つの要素として、大気汚染物質の環境濃度を数値で測定することは可能であり、それは人の健康レベルと統計的に相関関係がある。そこで、健康を直接には数字化できないが大気汚染物質の濃度を「指標」として扱い、それを政策に反映することができる。政策を具体化してゆくためのステップとして持続性を何で「はかる」のか、すなわち持続性の指標の設定が重要な議論となる。

表7―1　ＪＦＳによる持続性指標

領域	指標
環境	絶滅の危機に瀕しているワシタカ類 1人あたりの温室ガス排出量（年間） 1人1日あたりのごみの総排出量 化学合成農薬の投入量 グリーンコンシューマの割合
経済	再生可能エネルギー・リサイクルエネルギーの割合 資源生産性（GDP／天然資源等の投入量） カロリーベースの食料自給率 一般政府の債務残高（対ＧＤＰ比） 国民総所得（GNI）における援助額の割合
社会	一般刑法犯発生率（人口10万人あたり） 通勤・通学の交通手段に占める「自転車だけ」の割合 国会の議席数に占める女性の割合 伝統的工芸品の生産額 SRI型投資信託の総投資信託純資産残高に占める割合
個人	現在の生活に満足している人の割合 OECDによる学習到達度（PISA） 1日の余暇時間に占めるボランティア活動等への参加割合 自殺死亡率（人口10万人あたり） 生活保護率

指標に関する検討は数多く報告されており、例えばＪＦＳ(3)によるＪＦＳサステナビリティ指標がある。その趣旨として日本の持続可能性を可視化する指標を定め、持続可能な日本のビジョンを策定し、持続可能なこの国のかたちを描いていきたいとしている。表7―1に示すように指標は四つの領域からなり、全体で二〇の指標を採用している。ただしこの指標は基本的に国レベルの評価である。統計的な平均として国の指標値が高くても、個人により、あるいは地域により格差が大きければ社会の安定性が損なわれ、持続性が低下する可能性もある。

また、自治体に注目した別の検討例として、市川(4)は「全国都市のサステナブル度調査」を報告している。この調査は全国の六四一市区（東京特別区）を対象に、環境保全度・経済豊かさ度・社会安定度の三つの側面を数量化して比較したものである。人口あたりの福祉・教育サービスの提供量なども指標化されており、単に物理的な環境に関する指標だけでなく、総合的な評価が試みられている。

指標として三分野の大項目、すなわち「環境軸・経済軸・社会軸」、さらに一七の中項目、四二の小項目から成り、全体で表7―2に示す合計八七指標を採用している。ただし数量化するためには全対象自治体の統計が同じ基準で一覧的に整備されていなければならないため、指標の選定がデータの統計の整備状況で制約されてしまうという難点がある。現在、こうした政策評価のための指標は全国で共通的に整備されておらず、そのこと自体が問題であるともいえる。

全項目を逐一解説することはできないが、この指標によるベスト一〇を挙げると、上から武蔵野市、三鷹市、豊田市、鎌倉市、日野市、藤沢市、名古屋市、田原市、府中市、吹田市である。ただし町村を除外していること、財政力の豊かな大都市圏の自治体がもともと有利になりやすい傾向がある。このため自治体間の相対的序列に意味があるのではなく、各々の市がさらなる向上をめざして努力するための指標と考えるべきであろう。

出入りをどう捉えるか

「小さくても輝く村」のコンセプトで知られる長野県栄村の高橋彦芳前村長の手記(5)でも「いまや山村でも石油などのエネルギーや生活必需品を自動車で配送して暮らす時代」と指摘している。現代では、農林

表7—2　全国都市のサステナブル度調査の持続性指標

大項目	中項目	小項目
環境軸（計57指標）	行政の体制づくり・マネジメント	計画づくり・成果測定・マネジメントに関する2領域4指標
	環境の質	大気・水質・土壌に関する3領域13指標
	温暖化対策	計画・取り組み・実績に関する3分野10指標（市区町村別のＣＯ２排出量については環境自治体会議 環境政策研究所の成果を引用）
	廃棄物対策	排出量・リサイクルに関する2領域2指標
	交通マネジメント	コミュニティバス・乗り合いタクシー・公共交通の利便性向上・自転車走行環境に関する3領域7指標
	交通分担率	公共交通とクルマの利用水準、公共交通アクセス度合い、自動車保有度合いに関する3領域7指標
	都市生活環境	下水道･自然･公園･公害苦情･バリアフリー・まちづくり・景観に関する6領域9指標
	エネルギー対策	省エネ・再生可能エネルギーに関する2領域8指標
経済軸（計6指標）	産業	産業力、経済交流力に運する2領域3指標
	自治体財政	財政基礎力に関する3指標
社会軸（計24指標）	人口構成・社会活力	人口自然増減・将来人口・現在人口に関する3領域7指標
	居住・生活環境	居住・生活に関する2領域3指標
	福祉	保育・高齢福祉・生活保護に関する3領域5指標
	医療サービス	医療サービスに関する4指標
	教育サービス	教育サービスに関する1指標
	文化・余暇	図書館・スポーツ施設・文化ホールに関する3領域3指標
	安全	犯罪・交通事故に関する2領域2指標

業を産業の主体とした自治体といえども、外部とのモノ・サービス・エネルギーのやり取りを遮断して自給自足経済を実現することはできない。現実の日本では、逆に小規模・農山村型の自治体ほど公共事業依存の傾向が強い。それは「地産地消」とはむしろ逆で、モノ・サービス・エネルギーを外部に依存し、外部の状況に左右される度合いが大きい。これらの関係を模式的にあらわすと次の図7―4のようになる。

①地域内で生産
②地域内で消費
③地域内で生産、国内へ移出
④国内で生産、地域内へ移入
⑤国内で生産、海外へ輸出
⑥海外で生産、国内へ輸入
⑦地域内で生産、海外（国内を通さず）へ輸出
⑧海外（国内を通さず）で生産、地域内へ輸入

物理的なイメージは図7―4のとおりであるが、多種多様な財・サービスの流れに対して、個別にそれを追跡することは困難である。また財・サービスが動けばそれに伴って付加価値（雇用者の所得や企業の利潤）が発生し、その一方ではエネルギーも消費する。このような地域への財・サービスの出入り、それに伴う付加価値の動きは図のような表現だけでは十分にあらわすことができない。それらを捉えるには、

図7―4　地域と外部とのやり取り

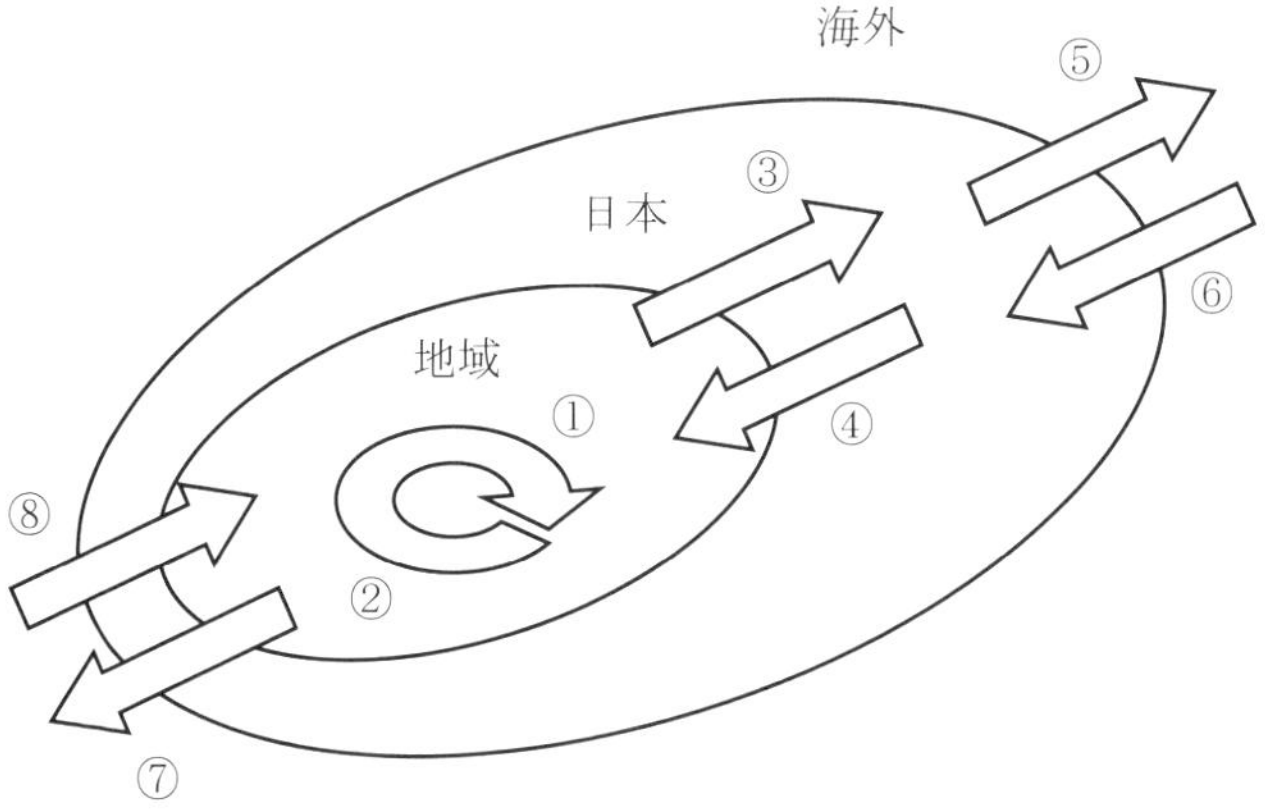

第3章でも示した産業連関表の利用が考えられる。産業連関表とは、ある年次において財・サービスが各産業部門間でどのように生産・販売されたかについて、行列（総当り表）の形で表現したものである。

家計消費支出や民間住宅投資が縮小する中でGDPを維持しようとすれば、政策的に公共事業・公共投資を増やす方法が考えられる。しかしそれは経済システム全体から独立して増やすことはできず、自治体の歳入の制約がある。GDPの縮小にともなって雇用者所得も縮小するから地方税収も減少するし、さらに国税である所得税も減少するから、派生的に国からの地方交付税・その他の国庫補助金も減少する方向になる。あとは地方債により補うことになるが、これも限度がある。

また移輸出に依存していると、地域の付加価値が外に漏出してしまう。日本と海外との関係もそうであるし、地域と地域外との関係でも同様である。移輸出に期待できない場合は「内需を増やす」ことが対策として一般に挙げられるが、それが単に外からモノ・サービス・エネルギーを購入するルートに依存していると、結局は地域の所得が外に流出してしまい雇用の創出の効果が損なわれてしまう。

数式的な表記はここでは省略するが、産業連関表の利用により、「生産誘発係数」「付加価値誘発係数」「雇用誘発係数」などの検討ができる。生産誘発係数とは、ある産業に対して一単位（たとえば一万円）の最終需要が発生した場合に、地域全体に対して、どのくらい生産額を誘発する効果があるかを示す数値である。地域の企業や従業者の所得や、さらに雇用についても、同様の効果を評価できる。図7―5は最終需要一単位あたりの従業者数、すなわち雇用の誘発数である。

これらの数値は、地域外から原材料・エネルギー・サービスをどれだけ移入するかによっても影響を受ける。地域外から移入する比率が低いほど、地域の企業や従業者の所得が大きくなる。つまり「地産地消」である。逆に移入の比率が高いほど、付加価値は地域外に持ち去られてしまう。「地域間交流の促進」もよく言われるが、それも一方的に付加価値が外に流出するのでなく、地域に多く残るシステムでなければならない。

持続性の検討では、国や都道府県などの広域だけでなく、より細かい単位での検討も必要である。北海道では道内を六地域（道央・道南・道北・オホーツク・十勝・釧路根室）に分けて地域別産業連関表を提供している。(6) たとえば「釧路根室」についてみると、雇用者所得七九五四億〇六〇〇万円）に対して、家計消費支出エネルギー関係三三三億九四〇〇万円となっているので、この分はエネルギーの移入による地域所得の流出にあたる。もしこの地域においてエネルギーが自給できて、その分が地域所得として残るならば、それだけ地域産業や雇用の創出につながると考えられる。

図7—5　最終需要一単位あたり従業者数

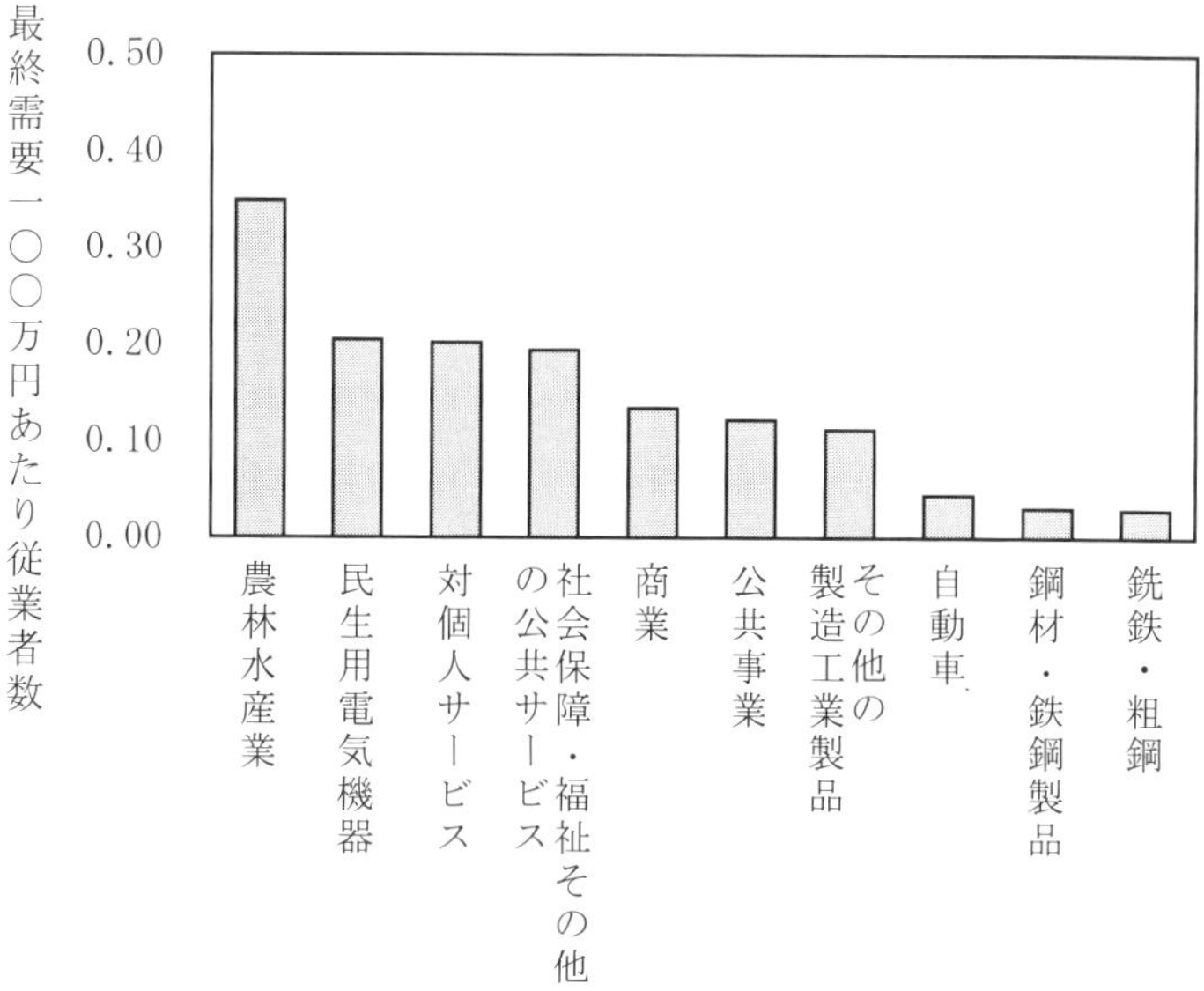

また別の検討例では、中山間地における再生可能エネルギーの活用による雇用の創出についても検討している[7]。福島県天栄村湯本地区において、木質バイオマスを定常的に利用するシステムを構築した場合、五〜七人の雇用を発生させることができると推定している。一見するとわずかな効果と思われるかもしれないが、小規模自治体にとっては無視できない効果である。また雇用を発生させるだけではなく、森林の維持と、それから派生して薪炭利用技術の継承、地域文化の継承など、多様な効果を通じて地域の持続性を向上させる可能性があることが示唆されている。

地域でお金を回すメリット

たとえば自治体でマラソン大会を実施すると、関係者が地域外からも来訪し、飲食・

宿泊・土産品の購入で「お金が落ちる」効果が発生する。その飲食により、直接的に飲食店の収入が増加するだけでなく、その材料の購入・輸送など地域の経済にも波及効果が期待できる。そうした経済波及効果がどのくらい生じるかは、地域プロジェクトの重要な評価要素となる。ただしマラソン大会などイベントが持続的な地域づくりに有効かどうかは別であって、一過性のイベントよりも、目立たなくとも継続的な事業のほうが経済波及効果が大きく、地域に大きな役割を果たしているかもしれない。こうした観点での評価も必要である。

沖縄県では、地域（県）産業連関表を利用して、家計消費支出における農林水産品、飲食料品の県産品購入率（自給率）の一％上昇が県経済へ及ぼす経済波及効果を検討している(8)。沖縄県では毎年七月に「県産品奨励月間」の活動を行っており、一般にいわれる「地産地消」と共通の内容である。家計消費支出のうち農林水産品、飲食料品の自給率が一％上昇した場合に、それが県内生産額や雇用・所得に波及する効果を推計した。

それによると、需要額三八億二五〇〇万円の需要に応じて生産活動が行われた結果、原材料等の生産も含めて五六億六四〇〇万円の生産が誘発された。生産誘発額のうち粗付加価値誘発額は二七億〇三〇〇万円となり、そのうち雇用者所得誘発額は一二億五一〇〇万円と推計された。労働の誘発をみると、就業者数八〇一人／年、そのうち雇用者数五二五人／年に相当する労働量が誘発された。沖縄全体の経済規模から考えると、この効果は少なくないものといえる。

また神奈川県産業連関表のホームページでは(9)、利用者が無料で使用できるシステムが公開されている。これは都道府県単位のデータであり市町村単位ではないが、全国表に比べれば、地域の特性により近い状態をあらわしていると考えられる。

一例として、日常の消費が多い「めん・パン・菓子類」を取りあげる。神奈川県内で、この項目の消費者購入額は三一五五億円[10]である。

現状の自給率は三〇%となっているが、自給率を一〇%向上させ四〇%になったとして試算する。その結果、自給率を一〇%向上させたことにより、同じ県内需要、すなわち消費者からみた財・サービスの購入は同じであっても、県内に帰属する付加価値は二一九億円の増加がもたらされるという結果が得られた。この例は都道府県単位の分析であるが、市町村単位の産業連関表があれば、同様の計算を行うことができる。

福井県立大学の地域経済研究所は、原子力発電所の地域経済への影響についての研究成果を報告した。原発は税収効果が大きく自治体の財政に貢献した反面、その効果を生かしきれていない面があると報告している[11]。原発の立地に伴い、福井県若狭地域の各市町の税収や人口は増加した一方で、製造業の付加価値額は、ものづくりが盛んな越前・鯖江地区で住民一人あたり一四三万円に対して、原発が集中する敦賀・小浜地区は四九万三〇〇〇円にとどまった。同研究所では、原発立地が受ける恩恵は大きいが、機材などは地元への発注が少なく、製造業育成の効果があまりないと解説している。

その理由は、原発の機器は特殊・専門的な機器が多く、プラントメーカーには受注が発生する一方で、地元製造業には一見仕事はあったとしても周辺工事・単純工事のような仕事しか発注されず、付加価値が低いためではないかと推定される。このように、地域と全国との出入に注目した検討を行うことは重要である。

1 国立社会保障・人口問題研究所 http://www.ipss.go.jp/

2 荒川区自治総合研究所ホームページ http://www.rilac.or.jp/

3 ＪＦＳサステナビリティＩＮＤＥＸ http://www.japanfs.org/ja/jfsindex/

4 市川嘉一「第2回全国都市のサステナブル度調査 トップは武蔵野市、鎌倉市・名古屋市などが躍進」『日経グローカル』一三九号、八頁、二〇一〇年一月四日号。

5 高橋彦芳『田舎村長人生記―栄村の四季とともに』本の泉社、二〇〇三年。

6 国土交通省北海道開発局ホームページ「北海道内地域間産業連関表」http://www.hkd.mlit.go.jp/topics/toukei/renkanhyo/h10_renkan.html

7 池上真紀・新妻弘明「福島県天栄村湯本地区における持続可能な木質バイオマス利用と雇用の創出」『エネルギー・資源』二九巻五号（電子ジャーナル）

8 http://www.pref.okinawa.jp/toukeika/io/2005/dai3syou2.pdf

9 神奈川県ホームページより「連関表利用ツール」。http://www.pref.kanagawa.jp/tokei/tokei/102/sangyorenkan/bunsekitool.html

10 正確には「生産者価格」ベース、すなわち運賃と商業マージンを除いた値。

11 『読売新聞』二〇一〇年五月一一日。

第8章　原子力は高くつく

発電コストの検討

筆者は民間企業に二十数年間勤務した経歴があり、原子力に関しては低レベル廃棄物（発電所内で使用した廃衣類・掃除用具など雑品）の焼却処理装置の開発に関わった経験がある。これらの物品は、単に保管するだけでは膨大なスペースを占有してしまうため、焼却・溶融して体積を縮小する必要がある。担当者は「本当はこんなことをする必要はない（そのまま廃棄すればよい）のだが、住民がうるさいからやっている」などと言っていた。

いずれにしてもこれらを燃焼炉に投入して焼却・溶融するのだが、放射性物質は燃焼しても消えることはなく、そのままでは放射性物質の一部は排煙に伴って大気中に放出されてしまう。このため、排煙は特殊なフィルターを通してから排出するのだが、そのフィルター自体がふたたび放射性物質を吸着した低レベル廃棄物になってしまう。これ自体も雑品として燃焼炉に投入する。他の発電方式では必要がないこのような設備に関わって「これでは、いくら燃料コストが安くても原子力発電というシステムは経済的な優位性がないだろう」と実感した。

原発推進派といえども、現に起きてしまった核事故の惨禍を目の前にして、さすがに「安定」「クリーン」など従来のキーワードのほとんどを撤回せざるをえなくなっている。しかしいまだに掲げられている論点は「経済性」である。すなわち再生可能エネルギー（風力・太陽光その他）に比べて、また火力発電と比べても、発電量あたりの単価が安いという主張である。したがって原発を停止すれば、電気料金が上がるなど社会全体として効用が低下するという。この議論に対して「電力のコスト」とはどのように計算されるのかを検討する必要がある。

これまで、水力・火力（石炭焚き、石油焚き、LNG焚き）・原子力・再生可能エネルギー（太陽光、風力その他）について、エネルギー源別の電力のコストを比較するには大別して二つの方法が使われている。一つは「モデル発電所方式（運転年数発電方式）」である。「モデル」というのは、実在の発電所ではなく典型的な発電所を新設するプロジェクトを想定して、ある運転年数と設備利用率で運転するとして計算上の発電コストを試算する方式である。費用の項目としては建設費・燃料費・メンテナンス費などが計上される。その合計を運転年数期間中の発電総量で割ることによって、kW時あたりの単価が求められる。

もう一つは「実績方式（有価証券報告書方式）」である。これは電力会社が公表している有価証券報告書のデータから、同様に建設費・燃料費・メンテナンス費などを費用の項目として計上して、発電総量で割ることによって、kW時あたりの単価が求められる。ただし有価証券報告は年度ごとであるため、発電総量も年度ごとの数字で評価される。この点が「モデル発電所方式」とは異なる点である。

これから指摘される問題として、前者の「モデル発電所方式」では運転年数を長く取るほど、また設備利用率を大きく設定するほど、kW時あたりの単価が安く算出されることである。試算例の中には、原子力発電所の運転年数を四〇～六〇年などと非現実的に長く設定している例もみられる。さらに電力会社ではすでに何十年も前から運転されている多数の既設発電所（エネルギー源を問わず）が混在して発電した電力が供給されているのであって、単一の発電所の新設を仮定して計算されたkW時あたりの単価では現実的でないという指摘もある。

一方で後者の「実績方式」では、実態に近い数字が算出されるとも考えられるが、問題点として、建設費は有価証券報告書では「設備償却費用」として表示されているため、償却が済んでいても現実には稼動している設備の費用はゼロと評価されてしまうなどの誤差がある。その他にも、有価証券報告書の数字の中に現実の経費がどのように按分されて表示されているのかについて客観的に確認しにくいなど、「実績方式」にしても必ずしも妥当な数字が得られているとは評価できないところがある。

さらに従来は、運転年数を満了した原子炉の廃炉費用、放射性廃棄物の処理費用、核燃料再処理費用、揚水発電所の建設・運用費用など、原子力発電所を運用する以上は不可避であるはずの要素の費用が算入されておらず、また事故リスクの費用も算入されていないとの指摘がなされていた。

これに対して二〇一一年一二月に国家戦略室・「コスト等検討小委員会」は、従来の指摘についても反映した新たな発電コスト試算の報告書を発表した(1)。これは「モデル発電所方式」を主体として、従来の「発電原価」だけでなく、事故リスク対応費用・温暖化対策費用・政策経費（発電所立地自治体への交付金等）

図8―1　エネルギー源別の発電コスト

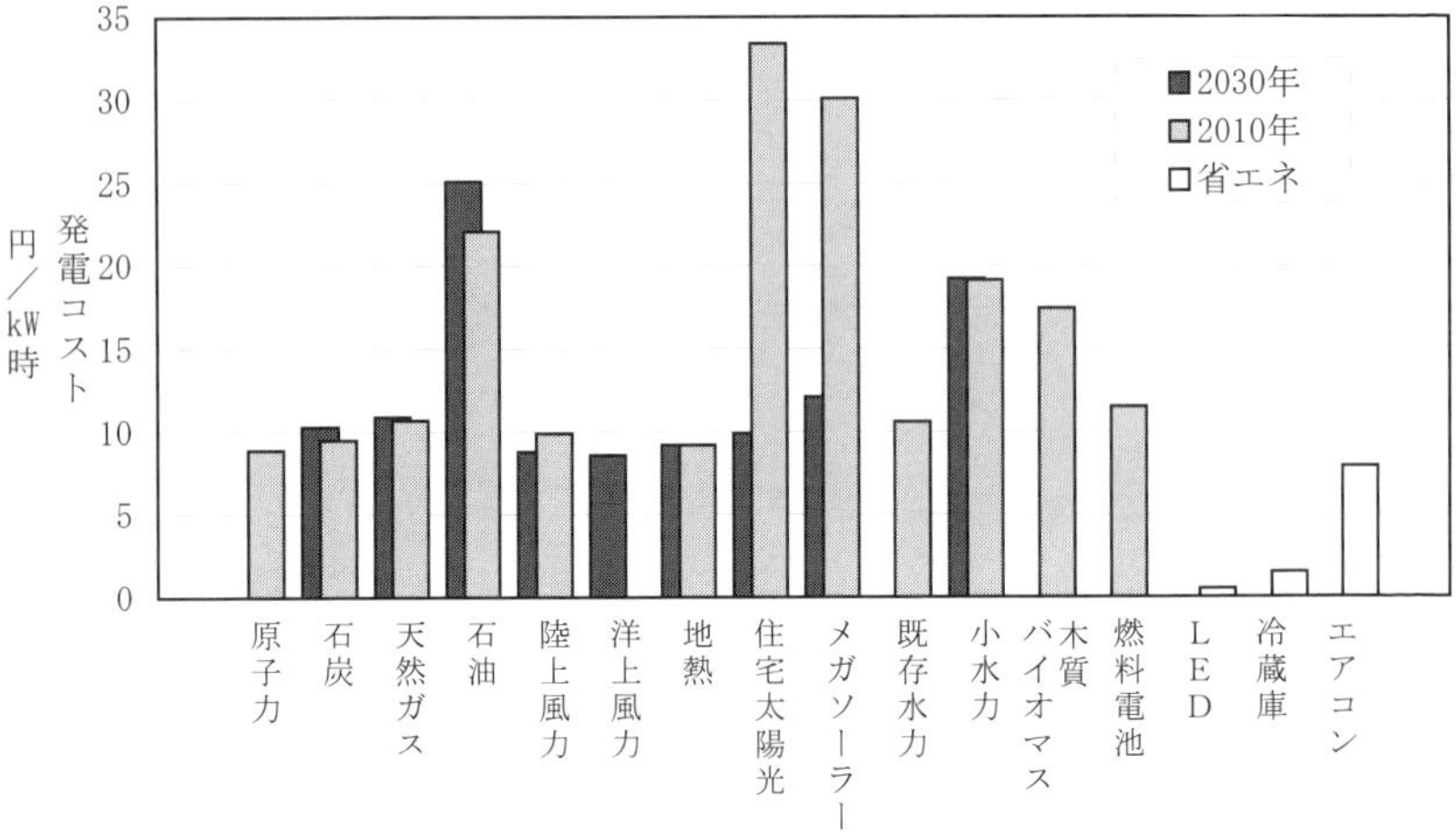

などの社会的費用も考慮して推算したとする結果である。特に原子力については「そのリスクを踏まえると相当程度の社会的な費用が存在する」との認識を示している。原子力については、損害額が現時点では確定できないため、今後損害額が一兆円増加するごとに、電力単価が〇・一円／kW時加算されるとしている。また「節電」も電力を産出（捻出）する活動に相当するとの位置づけから、節電量あたりのコストを示している。試算はいくつかの条件設定により複雑な結果となっているが、代表的な数値を抜粋して図8―1に示す。従来はいずれの条件においても原子力が最も安いとされてきたが、報告書の結果によれば、全体として他のエネルギー源に対して必ずしも安くない結果となっている。

「真の費用」の考え方

さらに今回の福島事故に際して明確になっている

図8―2　発電の費用に関連する多様な要素

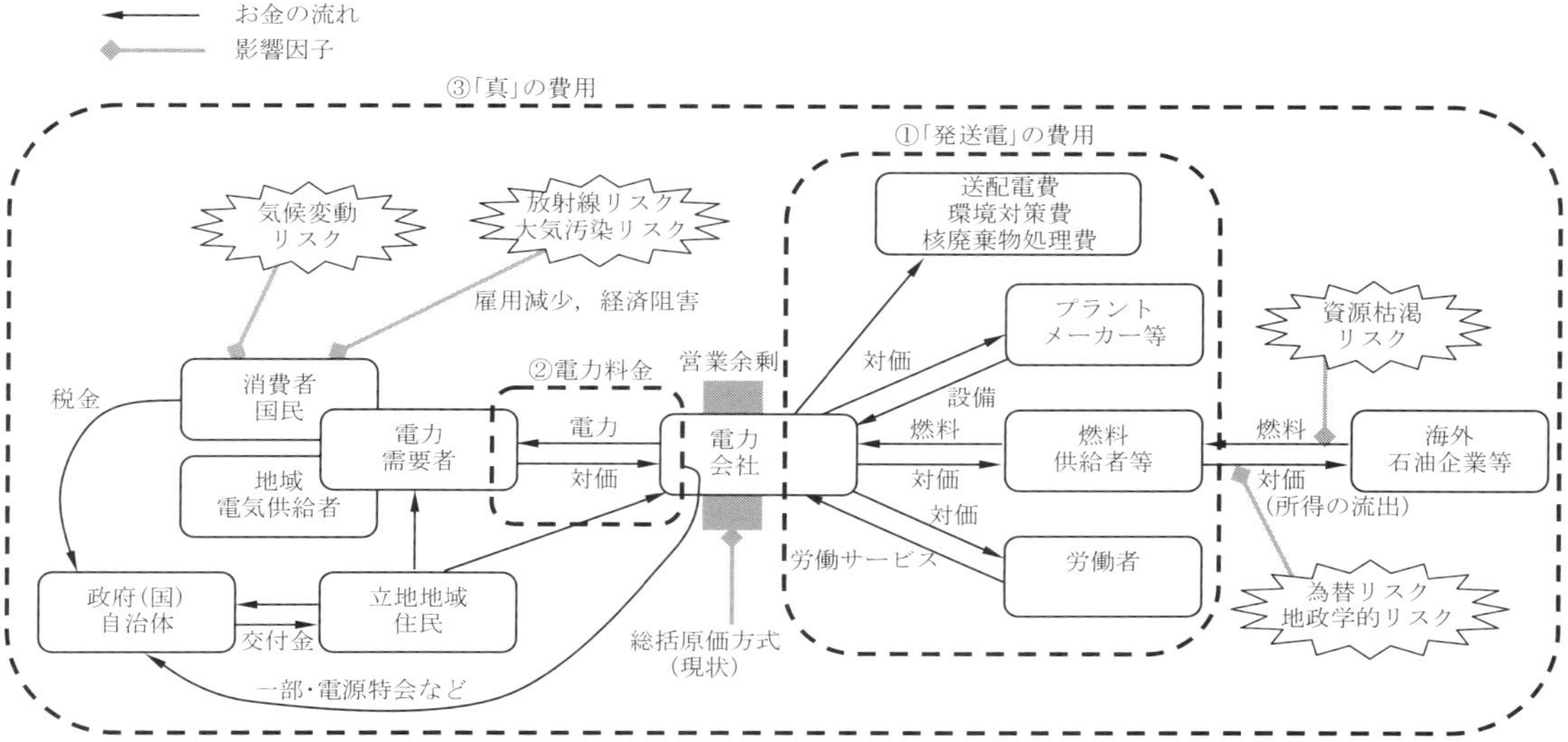

論点
※現在論じられているのは①「発送電」の費用のみ。
※②「電力料金」は必ずしも①とリンクしていない。
※③の「真」の費用で評価した場合、かりに原子力「発電」費用が安くても社会全体として効用は向上しない。国民に帰属するのは③の部分。

ように、これまで示したコストとは図8―2の①の範囲であって、電力会社からみた狭い意味での「発電」の費用にすぎず、個人や企業の電力ユーザーの立場は考慮されていない。ユーザーを考慮すれば②の範囲まで入ることになるが、それでも社会全体として電力を使用することに対する総費用が算定されているわけではない。社会的に電力を供給するシステムには、発電所が立地する自治体・住民、さらには多くの関係者がかかわっており「発電の費用」イコール「電力の費用」ではない。ただしそれは原発に限った問題ではなく、すべての発電方式について共通の評価軸で検討しなければならない。

さらに図8―3は、原子力・火力・再生可能エネルギーについて、短期と長期に「真の」電力費用（kW時あたりの単価）がどのように評価されるべきかを模式的に示すものである。図のA部分の狭義の発電コスト、すなわち電力会社の立場での発電費用のみで評価すれば、多くの試算で原子力→火力→再生可能エネルギーの順に高くなる結果が得られる（詳細には揚水発電の評価などがあるがここでは簡略化して述べる）。しかし実際に電力のユーザー（個人・法人）が負担する電力料金はAではなく、電力会社の利潤B部分を加えた額である。したがって、単に原子力・火力・再生可能エネルギーの「発電コスト」のみを評価しても、電力のユーザーにとって原子力が安いという評価にはならない。

さらにC部分として、各々の発電方式がもたらす外部費用がある。これは原子力では放射線や事故のリスク費用、火力ではCO_2の排出による気候変動のリスクや大気汚染であるが、再生可能エネルギーでも外部費用は皆無とはいえず、環境への影響をもたらす。これらを累加した額が「真の」費用である。その一方で、各々の発電システムがもたらすDの外部便益もある。その推計手法や論者によって額の相違はあるが、経済効果、雇用誘発効果などである。再生可能エネルギーはこの外部効果が大きいことが期待されている。このように、社会的な要素を加えて「真のコスト」を評価すれば、再生可能エネルギー→火力→原子力の順に高くなると考えられる。さらに中長期を考慮すると、原子力のバックエンド（使用済み燃料処理や廃棄物処理）の費用が累積してゆくこと、原油や天然ガスなどの枯渇性の化石燃料価格が上昇してゆく可能性等を考慮すると、さらに相対的な差は開いてゆくであろう。

図８—３　発電の「真のコスト」の概念図

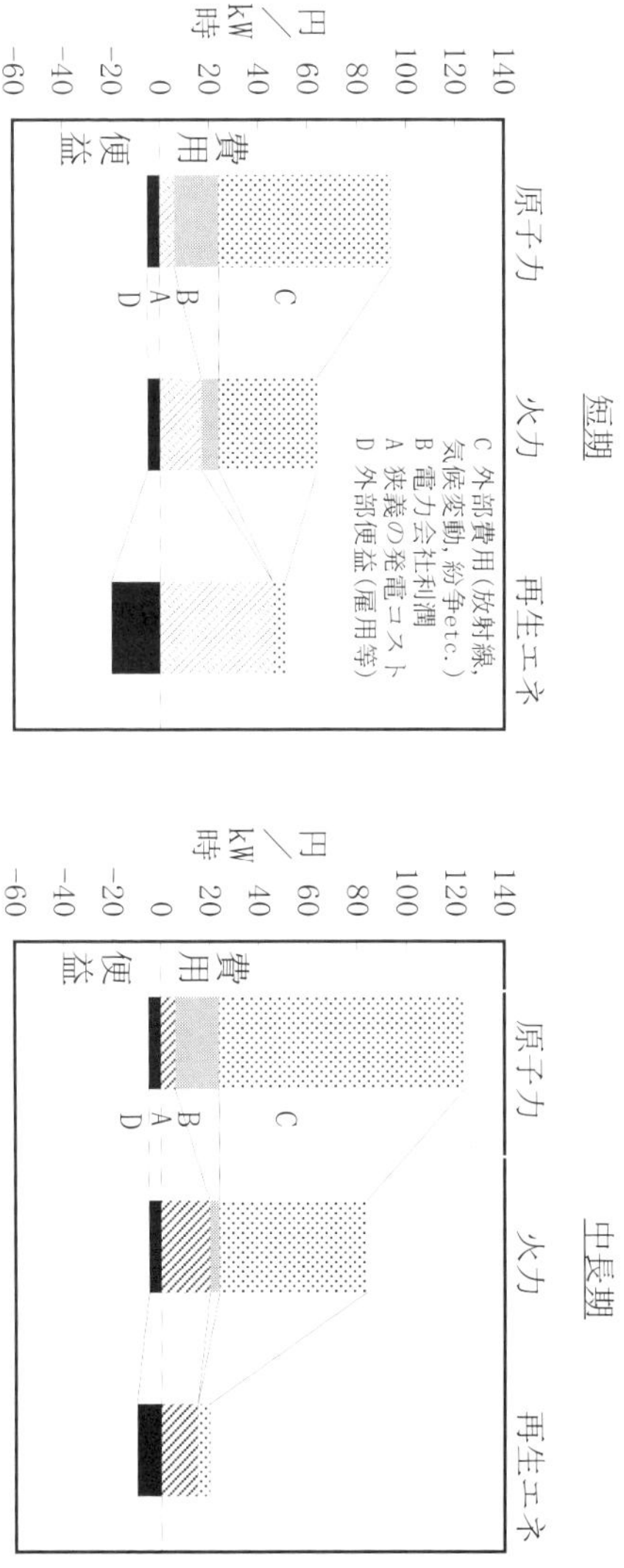

事故リスクの費用

一般に「リスク」という用語は「危険」あるいは「危険の可能性」といった意味で捉えられているが、事故リスクの費用とは［損害費用］×［事故発生頻度］としてあらわされる。原発事故による損害は、もとより金銭で償えない内容もあるものの、法的あるいは技術的には金額（円）で評価せざるをえない。また頻度は「炉年」あたりの発生回数として評価される。ここでいう「炉年」とは原子炉の累積運転年数（廃止炉もカウントする）であり、たとえば五〇基の原子炉が二〇年間運転されれば、五〇×二〇で一〇〇〇炉年とカウントされる。日本国内では現在まで一四二三炉年、世界では一万四四二四炉年である。

一方で被害額についてはどのように試算されているのか。政府の資料[2]によると、事故の損害賠償額として表8―1に示すように計上されている。ただしこれでも二〇一一年一〇月の報告時点の数字であって未集計項目が多く、今後さらに拡大・累積は不可避であろう。

表8―1　損害費用の試算

項目	内容	
福島第一原子力発電所の廃炉費用	一号機～四号機（通常の廃炉費用を含む） 一兆一五一〇億円	
損害賠償額		

①政府による避難等の指示等に係る損害	一過性の損害分 約五七七五億円 初年度分 約七三七二億円 二年目以降単年度分 約六〇九八億円	避難費用、帰宅費用、生命・身体的損害（現時点では不明の）、精神的損害、営業損害、就労不能等に伴う損害、その他検査費用等
②政府による航行危険区域等及び飛行禁止区域の設定に係る損害	現時点では算定不能	
③政府等による農林水産物等の出荷制限指示等に係る損害	（別項の「風評被害」に含めて算定）	
④その他の政府指示等に係る損害	現時点では算定不能	
⑤いわゆる風評被害	農林漁業・食品産業の風評被害（国内分） 一過性の損害分 約八三三八億円 農林漁業・食品産業の風評被害（輸出分） 一過性の損害分 約六五一億円 観光業の風評被害 一過性の損害分 約三三六七億円 製造業・サービス業等の風評被害 一過性の損害分 約六八四億円	農林水産物 消費者又は取引先が放射性物質による汚染を懸念して買い控え等を行うことなど 観光業 消費者等が本事故及びその後の放射性物質の放出を理由に解約・予約控え等 製造業、サービス業 ミネラルウォーター製造業、ゴルフ場等娯楽スポーツ施設
⑥いわゆる間接被害	一過性の損害分 約七三七〇億円 初年度分 約二八七四億円 二年目以降単年度分 約二八七四億円	前述の第一次的被害に関連して、産業全体に波及する影響

⑦放射線被曝による損害	算定なし	官公庁のプレスリリースや報道等によれば、平成二三年八月時点において放射線被曝の該当者が存在しないことから、損害額をゼロと試算した。
⑧地方公共団体等の財産的損害等	現時点では算定不能	
合計	一過性の損害 二兆六一八四億円 初年度分の損害 一兆〇二四六億円 二年度以降の損害（単年度分）八九七二億円 損失合計 五兆六九一二億円	

当面報告されただけでも、五兆六九一二億円という莫大な額に上るが、個別に検討すればまだかなり過小評価であるといえる。たとえば政府による避難等の指示によらない自主避難に係わる損害が算定されていないこと、また二〇一一年八月時点において放射線被曝の該当者が存在しないとしていること等は不合理であり、その他にも現時点で算定不能としているために計上されていない項目が多数残っている。さらにこの報告時点ではまだ事故そのものが収束しておらず放射性物質の漏出が続いているから、最終的（ただしいつになるかは不明）な累積・算定ではこの報告よりさらに一桁上がった損害賠償額が算出される可能性もある。除染などによる回復費用も不明確であるが、いずれにせよ事故そのものが収束していない段階では評価が困難である。

また別の報告によれば、福島事故前の二〇〇五年に朴勝俊氏（神戸大学）が重大事故の損害額を推定し

表8―2　大飯三号機をモデルとした損害試算の考え方

	損害分類	損害項目	計算の仮定	単位損害仮定
物的損害	被曝防止措置	緊急避難・移住費用	移動交通費、一時宿泊（2週間）、中期的居住（1年）	39万円／人
		農産物廃棄損失	農業の生産粗生産額の半分（＊休耕時期は被害なし）	市区町村統計
		漁業禁止による損失	近隣府県で3カ月間の漁業禁止	市区町村統計
	人的資本の所得損失	一定期間の非就業	避難・強制移住・農業禁止の対象者は1年間非就業	市区町村統計
		転職に伴う賃金低下	1年後に再就職し、賃金は30％下落	市区町村統計
	物的資本の所得損失	土地・設備の所得損失	1480 [kBq/㎡] 以上の汚染地は50年間の居住禁止	市区町村統計
		農地からの所得損失	185 [kBq/㎡] 以上の汚染地は10年間の農業禁止措置	市区町村統計
人的損害	急性障害	軽微な急性障害	半数発症線量 0.75 [Sv]、90％発症線量　1.00 [Sv]、治療費	3.0万円／件
		重篤な急性障害	半数発症線量 2.00 [Sv]、90％発症線量　2.50 [Sv]、治療費	74.0万円／件
		急性死	半数発症線量 4.00 [Sv]、90％致死線量　6.00 [Sv]、VSL※	4億5074万円／件
	晩発性障害	ガン死	0.0500 [件／人 Sv]、ICRPの1991年勧告に順ずる、VSL※	4億5165万円／件
		治癒されるガン	0.1235 [件／人 Sv]、ICRPの1991年勧告に順ずる、治療費	196.1万円／件
		遺伝的障害	0.0100 [件／人 Sv]、ICRPの1991年勧告に順ずる、治療費	75.7万円／件

※VSLは統計的生命価値

ている。[3] 同報告によると、まだ本格的な原子力商業発電が始まっていない一九六〇年の時点においても、科学技術庁・原子力産業会議（当時）により五〇万kW級原子炉の重大事故により三兆七〇〇〇億円の公衆被害が発生し、それは当時の国家予算の約二倍にあたるとの試算がなされていたとの経緯も指摘されている。

朴氏の報告では、実在の大飯三号機をモデルとして、風向きなども考慮したシミュレーションを実施し人的損害・物的損害を金額化して評価した。その結果、風向・風速などにより結果は大きく左右されるが、平均して公衆被害額は六二兆円、最悪の場合に二七九兆円（事故後五〇年間の総額の現在価値）[4]と推定している。福島と比較すると大飯の南方五〇～六〇kmには京阪神の人口密集地があり、福島よりもさらに厳しい条件といえよう。同論文で設定している被害は表8―2である。実際にいま福島で起きている事態をきわめて的確に予想していたことになる。

事故発生頻度の考え方

次のステップとして、発生頻度は前述のように「炉年」に対して何回発生するかという頻度を検討する必要がある。頻度の推定については①過去の実績に基づいた推定、②確率論的安全評価に基づく推定がある。まず①に関して、現時点までに、海外も合算するとスリーマイル二号炉・チェルノブイリ四号炉・福島の三炉が実際に過酷事故（シビアアクシデント）を起こしており、三炉同時は福島だけである。「過酷事故」とは「想定された手段では適切な炉心の冷却または反応度の制御ができなくなり炉心の重大な損傷に至る事象」であり、簡単に言えば炉心溶融である。

国内で評価すれば、[5]商業用原子力発電が開始されて以来、現在まで一四二三炉年（廃止プラント含む）に対して、今回福島第一原発の三炉が過酷事故を起こしたことになるので、「実績」としての過酷事故の発生確率は〇・〇〇二一となる。これに対して世界の範囲で同様の計算をすると、世界の累積で一万四四二四炉年に対してスリーマイル二号炉・チェルノブイリ四号炉に福島の三炉を加えて五炉であり、これより〇・〇〇〇三五となる。すなわち日本のほうが世界に比べて発生確率が一桁多い「実績」となったことになる。

一方で②の確率論的評価は、炉心冷却に必要なシステムの構成品（ポンプ・計器・バルブ、それらを動かす動力源など）が故障したり機能が失われる工学的な確率を推定し、それらがどのていど重複して発生するかを予見的に計算するものである。電力会社のこれまでの説明によると、このことが「原子力発電所に異常事態が発生し、さらに多重に設けられている安全設備が次々と故障しなければ発生しないものであり、その発生の可能性は、工学的には現実に起こるとは考えられないほど小さいもの[6]」として評価されてきた。しかし実際には「多重に設けられている安全設備が次々と故障」して福島事故が実際に起きた。

またＩＡＥＡの安全目標として、[7]確率的評価の考え方で炉心損傷頻度が一万炉年に一回、早期大規模放出頻度が一〇万炉年に一回という数値が推奨されている。両者に差があるのは、仮に炉心が損傷してもその次の防護（いわゆる「壁」）により早期大規模放出が防止される可能性を考慮したものと考えられる。ただしＩＡＥＡは目標値であるから、これを結論として採用するのは論理的に矛盾する。また日本の内閣府の試算では、炉心損傷頻度が一〇〇万炉年に一回、格納容器の機能喪失すなわち今回の福島事故相当の事象が一〇〇〇万炉年に一回と評価されてきたが、実際にはこれが〇・〇〇二一すなわち一〇〇〇年に二回という頻度として出現したのであるから、想定がおよそ四桁甘いということである。また政府・東京電力の公式見解では、津波により多重の防護設備が一挙に壊滅したことがシビアアクシデントの主原因であるとしているものの、地震直後からの原子炉の各部測定値を分析すると、津波ではなく地震そのものにより炉の防護構造が破壊された可能性も指摘されている。この場合には確率論的評価とは異なる側面から可能性を検討しなければならない。

さらに考慮すべき内容もある。国内での実績の発生頻度は単純に計算すると〇・〇〇二一となっているが、これは過酷事故を「炉心損傷」に限定してカウントしている。しかし福島では停止中だった四号炉についても、一～三号炉から配管を伝ってきたと思われる水素による爆発で建屋の壁が飛散し、一～三号炉よりは少ないとしても放射性物質が外部に放出されている。炉心さえ溶融しなければ過酷事故に数えないという評価は現実的ではなく、個別の炉ごとに炉心損傷を考慮するだけでは評価として不十分であると考えられる。

また発生頻度を「炉年」のみで評価するのは誤解を招く可能性がある。たとえば「一万炉年に一回」と言われると一万年に一回しか起こらないような錯覚を受けるが、国内に原子炉が五〇基あれば、日本全体としては二〇〇年に一回はいずれかで起きると考えるべきであろう。さらに福島原発四号機のように、停止中の炉でさえも隣接の炉での事故の影響で爆発が起きていることを考慮すると、複数の炉が並んでいる場合、もしいずれかで過酷事故が起きれば、他の炉で「安全設計の評価上想定された手段」が実施できなくなる可能性がきわめて高くなるので、個別の炉年あたりの評価だけではなく、集積することによる確率の加算も考えるべきである。

事故リスクコストと電力料金

このように考えると、原子力委員会に提出された表8―1の被害賠償額の推定は過小であり、被害を受けた個人・法人から今後強い批判が寄せられると思われるが、かりにこの過小額を採用したとしても、事故リスクコストを電力価格に乗せて評価すれば「原子力が安い」という説明は困難となるだろう。

この観点から「エネルギーシナリオ市民評価パネル」は原子力発電の事故コストの試算を表8―3のように報告している。(8) 事故コストを電力あたりの単価、すなわち［損害費用］×［事故発生頻度（年間）］÷［標準的な原子炉一基あたり年間の発電量］として評価している。

被害額には前述のように算定法によってかなりの開きがあるが、原子力委員会に提出された金額を利用したとしても、一kW時あたり一・九円の上乗せ（設備利用率七〇%の場合）となり、これだけでも少なくとも火力に対する優位性は疑わしくなる。

また被害額としてより大きな数字を採用した場合は、一kW時あたり一六・〇～九二・九円となり、あらゆるエネルギー源に対して優位性は全く失われる。なお、これらのコストの考え方については大島堅一氏の著書(9)に要約されている。

表8—3　事故リスクコストの考え方

ケース	推定被害総額	一炉年あたりの事故発生頻度（実績ベース）	一炉年あたりの発電量（億kW時・設備利用率七〇％）	発電量あたり（円／kW時）
福島実績ケース（原子力委員会提出資料）	五兆七〇〇〇億円	〇・〇〇二一	七四	一・九
福島実績ケース（日本経済研究センター資料＋除染費用[10]）	四八兆円	〇・〇〇二一	七四	一六・〇
朴文献数値（平均）	六二兆円	〇・〇〇二一	七四	二〇・六
朴文献数値（最高）	二七九兆円	〇・〇〇二一	七四	九二・九

1　「コスト等検討小委員会報告書」国家戦略室ホームページ http://www.npu.go.jp/policy/policy09/archive02.html

2　東京電力に関する経営・財務調査委員会報告資料、二〇一一年一〇月三日、八八頁～。

3　朴勝俊「原子力発電所の過酷事故に伴う被害額の試算」『國民經濟雜誌』一九一巻三号、一頁、二〇〇五年。

4　現在価値とは、将来の金銭価値を一定の割引率を使って現在時点に換算した仮想的な価値（将来になるほど価値が下がる）である。割引率は通常三％などが採用される。

5　内閣府原子力政策担当室「原子力発電所の事故リスクコスト試算の考え方」原子力委員会・原子力発電・核

燃料サイクル技術等検討小委員会（第二回）資料、二〇一一年一〇月一三日。

6　たとえば東北電力の資料では次のように解説されている。http://www.tohoku-epco.co.jp/whats/news/2003/40326.htm

7　ＩＡＥＡは「国際原子力機関」で、原子力の平和的利用を促進するとともに、原子力が平和的利用から軍事的利用に転用されることを防止することを目的とする。原子力安全分野では、原子炉施設に関する安全基準をはじめとする各種の国際的な安全基準・指針の作成及び普及などの活動を行っている。

8　エネルギーシナリオ市民評価パネル https://www.facebook.com/enepane 「補論一・原子力発電の事故コストの試算」

9　大島堅一『原発のコスト』岩波新書、二〇一一年。

10　除染費用の国内での総額について公式な総額はいまのところ公表されていないが、試算例として福島県飯舘村では除染費用を三二二四億円としている。全国でこれを上回る地域を福島県飯舘村と同程度に除染するとして面積で比例的に計算すると二八兆円相当となる。

第9章　脱原発に向けたエネルギー政策

市民エネ調

二〇〇四年に、エネルギー・環境分野において政策提言を行っている環境団体の有志の集まりである「市民エネルギー調査会[1]（以下「市民エネ調」）」が報告書を公表している。[2]この活動は、政府の長期エネルギー需給見通し（当時）に対して、市民から「持続可能なエネルギーシナリオの代替案」を提示して議論を喚起し、エネルギー政策を持続可能な方向に変えて行くことを目指したものである。具体的には、経済産業省資源エネルギー庁の総合資源エネルギー調査会（以下「政府エネ調」）が策定するエネルギー需給展望（長期エネルギー需給見通し）を対象として検討した。

市民エネ調のシミュレーションではマクロ経済モデルを使用し、単にエネルギー需給だけでなく、多くの社会経済活動を同時にシミュレーションしている。この面では、市民エネ調と政府エネ調は、具体的に使用したコンピュータプログラムは異なるものの、全体の構造としてはおおむね同じモデルを使用している。言いかたを変えれば、エネルギー需給などの物理的現象は、社会経済活動の一側面としてあらわれてくるのであるから、むしろ社会経済システムの動向をシミュレーションすることが本来の目的ともいえる。

この報告書では第一のステップとして、現状（当時）に対して特段の政策変更を行わない場合の、二〇一〇年と二〇三〇年の予測についてシミュレーションを行い、政府エネ調のエネルギー需給展望と、市民エネ調のエネルギー需給やCO_2排出量についてほとんど差がないことを確認し、まず共通の前提を確認した。

現時点で評価すれば、二〇一〇年はすでに到来してしまったこと、政府エネ調では必ずしもシミュレーションの前提が明示されていないことなどのいくつかの問題がある。しかしいずれにしても、現状（当時）の延長では、社会経済指標としても、失業率・経常収支・単年度財政収支・政府累積債務の対GDP比率など、あらゆる面で経済そのものが破綻に向かうことがシミュレーションの結果から警告された。基本的にその原因は、一九九〇年代以前の日本経済の好調期に採用されていた諸政策が、環境の変化に伴った方向転換がなされずに漫然と続けられたことにある。これらは、当時は計算に考慮されていなかったリーマンショック、東日本大震災、円高の影響、欧州債務危機を別としても、おおむね現実と合致していると評価できる。

「市民エネ調」の枠組みは、①京都議定書の約束を守る、すなわちエネルギー起源のCO_2排出量を一九九〇年の水準に抑える、②雇用を守る（少なくとも、政府案にもとづく現状の延長上で予想される失業率よりも改善すること）、③国際競争力を高め、企業にとっても業績回復につながる、④CDM[3]など京都議定書の「抜け穴」を利用しない、⑤長期的に原子力発電を停止することの五点である。なお⑤については、当時建設・運転中の原子力発電設備を短期的に停止することは想定していないが、二〇三〇年を目途に、原子力発電ゼロをめざすものである。

シナリオの核となる施策は、補助金による初期需要（産業を立ち上げ、量産効果による自立的普及に乗せる）を創出することにより、国際的に環境負荷の低減に貢献できるリーディング産業を育成することである。その財源として、道路整備特別会計、空港整備特別会計などの、石油起源の諸税およそ四兆九〇〇〇億円（二〇〇二年度予算ベース）のうち一兆六〇〇〇億円を、二〇一〇年までの間、環境対策に貢献しうる産業の育成に回すものとする。

この財源を用いて、たとえば高効率冷蔵庫の普及に対して一台あたり二万円（二〇一〇年において補助金総額八〇〇億円）、ハイブリッド乗用車の普及に対して一台あたり一三〇万円を超える額の八割（同じく二〇一〇年において補助金総額一六〇〇億円）などの補助を実施する。

なお貨物輸送の検討においては、産業構造が変化するにつれて、産業分野別の物の動きが変化する関係も組み込んでいる。また第3章にも示したように、消費者からみると同じ商品を購入しているように思えても、その輸送距離が増加しつつあるといった現実を反映したモデルとなっている。このため、貨物の流動量（トン・㎞でみた活動指標）は二〇二〇年まで増加を続ける。また旅客輸送量も増加を続けると予測される。その一方で、増加する交通量を吸収すべき道路の整備は、いかに財源を投入したとしても、交通量の増加に追いつかない。すなわち、交通手段の分担の変更、すなわち環境的・空間的な効率の高い公共交通へのシフトが不可欠であることを示唆している。

以上の前提にもとづいて、二〇一〇年までのシミュレーションを実施した結果、エネルギー起源のCO_2排出量が一九九〇年の水準に抑えられるとともに、マクロ経済指標は現状の延長よりも好転する。内訳をみると、石油起源の特別会計を減少させた分だけ道路投資が減少するが、その反面で環境産業の設備投資の増加、輸出の増加によって、GDPの額にして現状の延長よりも五兆九〇〇〇億円の増加となり、就業人数は二万五〇〇〇人増加する。環境を重視するからといって産業活動を抑制するのではなく、環境面で国際的に貢献できる産業を育成することがポイントとなる。

現時点における悔恨とも言うべき点は、この「市民エネ調」では、古い原子炉から順次廃炉(フェードアウト)して二〇三〇年には完全脱原発に到達する前提が伴っていることである。すでに福島事故が起きてしまった現時点で「…たら」「…れば」の議論は意味がないかもしれないが、もし「市民エネ調」のシナリオに従っていれば古い福島第一原発の一~四号炉はすでに震災前に廃炉されており、現在のような惨禍は起こらなかった。結局、市民シナリオのほうがあらゆる面において妥当であったことを示している。

なお二〇〇四年の時点では、報告書公開後に経済産業省資源エネルギー庁の関係者と協議を行ったが、具体的に内容が政策に反映される機会は得られなかった。しかし直接の契機としては福島第一原発事故により、またそれ以前の二〇〇九年のいわゆる政権交代も背景の一つとして、「市民エネ調」にかかわった関係者の何人かが、二〇一一年九月から政府のエネルギー政策その他の関連する委員会の委員に就任することになった。これにより具体的に政策に反映される機会が従来よりは具体化したといえよう。

エネルギー永続地帯

倉阪秀史氏と環境エネルギー政策研究所では「永続地帯」の研究調査を継続的に行っている。(4) 永続地帯には「エネルギー永続地帯」と「食糧永続地帯」のカテゴリーがあり、「エネルギー永続地帯」とは、ある地域内で産出される再生可能な自然エネルギーのみによって、地域内のエネルギー需要の全てを熱量ベースで賄うことができる地域と定義されている。また「食糧永続地帯」は同様に、地域内で産出される食糧のみによって、地域内の食糧需要の全てをカロリーベースで賄うことができる地域と定義されている。本書執筆時点では結果が二〇一〇年版まで発表されている。

この報告では「地域」とは自治体（市区町村）である。エネルギー需要は「民生部門（家庭・業務）」「農業・水産業部門」となっているが、製造業は除かれている。エネルギー需要の形態は「電力」と「熱」を対象としている。また供給側の再生可能エネルギーとしては、太陽光発電（家庭・業務）・事業用風力発電・地熱発電・小水力発電（一万kW以下の水路式およびRPS対象設備）・バイオマス発電・太陽熱利用（家庭用・事業用）・地熱利用（温泉熱利用・地中熱利用）となっている。

なおRPS法とは、小水力にはかぎらないが、電力会社に対して販売電力量に応じた一定割合以上の再生可能エネルギーによる電気の導入を義務づける制度であり、(5) 日本では法律により定められている。自社でそれを発電する場合と、他者から購入する場合があり、永続地帯のケースでは後者にあたる地域内の発電者が電力会社に電力を販売することになる。

また食糧については、農林水産省のホームページによる地域食料自給率計算ソフト(6)を利用したとしている。供給されるカロリーの基礎となる食料生産量については、米・小麦・大麦・裸麦・雑穀など二四種類について入力することにより求められる。

推計の結果「一〇〇%エネルギー永続地帯」、すなわち地域内で産出される再生可能な自然エネルギーでエネルギー需要の全てを熱量ベースで賄うことができる地域(市区町村)は全国で五七あり、そのうち食糧についても一〇〇%永続地帯の条件を満たすものは二六である。このうち特徴的な地域としては、青森県の東通村、同六ヶ所村など、原子力発電所あるいは原子力施設が立地する市町村がエネルギー永続地帯の上位にランクされていることである。すなわち別の見方をすれば、これらの地域ではエネルギーが自給できるにもかかわらず、他の地域のために原子力発電所・原子力施設を引き受けているということである。意外にも沖縄県には一例もない。検討をもとにエネルギー永続地帯を拡大するためには次の六点を提案している。

(1) 温室効果ガス排出削減目標の実現に向けて、再生可能エネルギー導入促進措置を抜本的に強化する。
(2) 太陽光発電のみならずすべての再生可能エネルギーの導入を促進する。
(3) 地方自治体におけるエネルギー政策を立ち上げる。
(4) 国はエネルギー特別会計の一部を地方自治体の再生可能エネルギー普及に振り向ける。
(5) エネルギー需要密度が大きい都市自治体においては、再生可能エネルギー証書の購入などの形で、再生可能エネルギーの普及拡大に寄与する。
(6) 再生可能エネルギー供給の基礎データが統計情報として定期的に公表されるようにする。

表9―1　再生可能エネルギー検討の対象

区分	内容
太陽光発電（非住宅系）	公共施設・発電所・工場・物流施設・耕作放棄地・河川敷や道路などを対象に太陽光パネルの設置可能面積を推定。
風力発電	風況マップ[8]をもとにポテンシャルを推定。洋上発電も想定。
中小水力発電	環境省の既存調査[9]をもとに推定。
地熱発電	120～150℃の熱水系地熱資源分布をもとに推定。温泉系地熱についても推定。

環境省の調査

環境省では、二〇一一年三月の地震・福島原発事故の直後に「平成二二年度再生可能エネルギー導入ポテンシャル調査報告書」[7]を発表し、そのタイミングもあって社会的な注目を集めた。この調査では、太陽光発電（非住宅系）・風力発電・中小水力発電・地熱発電について、賦存量と導入ポテンシャル及びシナリオ別の導入可能量について調査した。調査の対象は次の表9―1のとおりである。

再生可能エネルギーの導入を考える場合に「賦存量《ふそん》」「導入ポテンシャル」「導入可能量」という段階的な検討が必要となる。太陽光発電でも風力でも、理論的に取得できるエネルギー量に対して、地理的・社会的・経済的制約を考慮すると、その全部が実際に利用できるわけではなく、実際に取得可能な正味の分を抽出する必要がある。

まず「賦存量」は、各々の設備の設置可能面積（太陽光発電）・平均風速（風力発電）・河川流量（中小水力発電）などから理論的に推計される。次に「導入ポテンシャル」は、地理的・社会的な制約要因（土地の傾斜、法規制、土地利用、居住地からの距離等）により設備の設置の可否を考慮したエネルギー資源量である。ここまでは経済的な成立条件を考慮せず、物理的に取得可能な量が集計される。これに加えて、再生可能エネルギーの固定価格買取制度による再生可能エネルギー導入促進の効果（基本シナリオⅠとされる）、技術革新によるコスト削減（同Ⅱ）、さらにそれぞれ補助金の導入を考慮した補助シナリオⅠ・Ⅱを設定し、一定の条件で建設単価等を仮定した上で事業収支シミュレーション、すなわち事業として成立しうる分を集計している。

その結果、導入ポテンシャルとしては太陽光が一億五〇〇〇万kW、風力が一九億kW、中小水力が一四〇〇万kW、地熱が一四〇〇万kWと推計された。これに事業成立の可能性の評価を加えたシナリオ別導入可能量では、基本シナリオⅠ（固定価格制度対応シナリオ）では風力が一億四〇〇〇万kWと推計されたが、その他は〇または少量となった。基本シナリオⅡ（固定価格制度対応シナリオ＋技術革新）では、風力が四億一〇〇〇万kW、太陽光が最大七〇〇〇万kW、その他は少量となった。

なお固定価格買取制度とは、電力の分野では再生可能エネルギーによる電力の買い取り価格を法律[10]で定める方式の助成制度である。再生可能エネルギーを発電する事業者（あるいは個人）は、電力会社による買い取り価格を決まった期間にわたり保証されるが、現状の日本では自家消費分を除いた余剰分の電力が買い取り対象となる。

太陽光について考えると、夜間は当然稼動できず、昼間でも太陽の入射エネルギーは季節・時間・天候によって変わるので、通常の利用率は一〇％前後である。風力は時間帯は関係ないが、やはり季節・天候の影響を受ける。またどのような設備も一定の比率で設備の定期点検などによる休止時間も差し引かなければならない。こうした条件を総合的に考えて、一般的な設備利用率は、太陽光発電一二％・風力発電二

図9—1　環境省試算の発電可能量

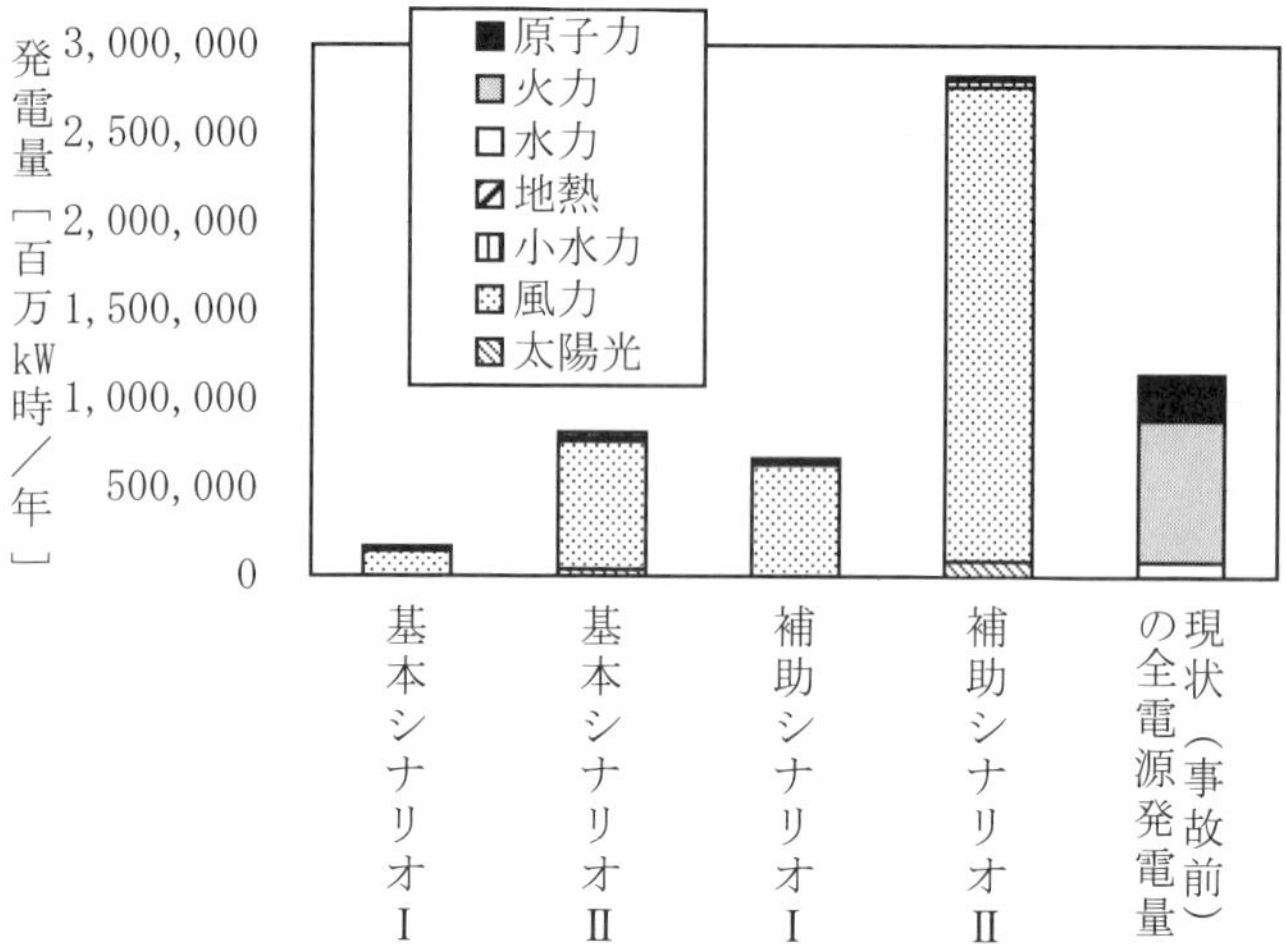

〇％・小水力発電六〇％・地熱発電六〇％ていどと設定されている。

前述の平均的な設備利用率を用いてシナリオごとに年間の発電量に換算し、それを現在の電源（水力・火力・原子力）と比較したものが図9—1である。基本シナリオⅠのみでは現在の電源の根本的な代替までには至らない。基本シナリオⅡでは現在の電源の八割程度まで代替でき、脱原発を完全に達成できる。またシナリオⅠおよびⅡに補助金を加えると効果はさらに高くなるが、補助シナリオⅡでは原発ゼロ・化石燃料ゼロのエネルギー体系に到達できる。なおこの報告書では住宅系太陽光発電を合計から除いているので、日本全体としてはこれに住宅系の発電ポテンシャルも加わることになる。

再生可能エネルギーは「不安定」なのか

再生可能エネルギーが「不安定」と評価する議論が

あるが、いくつかの異なる側面から考える必要がある。一般に言われる「不安定」とは、太陽光や風力が図9―2に示すように気象状況まかせで、分単位から日単位での変動が激しく主力電源としては期待できないという短期的な観点である。小水力も河川流量など月〜年単位では気象条件に左右される。しかし一方で中長期的な観点では別の評価がなされる。[11]

福島原発事故は言うまでもなく、二〇〇三年には災害でもないのに検査データ偽装の不祥事で東京電力の全原発が停止した事実がある。すなわち原発こそ「不安定」である上に、ひとたび停止すれば一挙に大量の供給源が失われて影響が大きい。

また図5―6にみられるように、日本はエネルギー源の大部分を輸入に依存しており、これらの価格は短期間に変動することがあり、将来的には高騰してゆく傾向が避けられない。また国際的な政治問題や紛争により、供給自体が途絶する不安が過去にも多発している。これに対して再生可能エネルギーの最大の特徴は、人為的・政治的要因が関与せず、物理的要因のみで供給が予測できる。太陽光や風力については、気象シミュレーション技術の向上によって予報の精度が向上している。また人為的・政治的要因が関与しないので発電コストは主に工学技術的な要素で決まる。これらはむしろ主力電源として好ましい性質であろう。

すなわち再生可能エネルギーは、技術的な対処によって短期的な不安定の緩和策を講じることによって、主力電源として期待しうる。対策として、水力・太陽光・風力を主力電源として、変動分を火力発電所の出力調整により吸収する。また気象条件は全国的に分布があるので、全国的に電力系統を接続（連携）することにより、単独系統内での需要と供給の不均衡を緩和する。さらに電力の余剰時には電力貯蔵システムに電力を貯蔵し、不足時にはそこから放出する方法を併用する。電力を貯蔵するシステムとしては、直接的にはバッテリー（蓄電池）が考えられるが、規模の大きなものとしては、既に確立した技術である揚水発電が候補となる。

槌屋治紀氏は、太陽光や風力のように、気象条件によって時間的変動が予想される電力源について、年間を通じた変動を考慮した動的シミュレーションの結果を報告している[12]。この報告は二〇三〇〜五〇年の比較的長期の想定であるが、日本全体の九電力会社が相互に融通できるネットワークを有しているものと仮定している。電力供給のシナリオとしては、まず時間や気象条件による変動の少ない地熱が一定の電力を供給し、水力は太陽光が減少する夕方に合わせて供給するように設定する。

太陽光と風力は、発電量が過剰の時には電力貯蔵（揚水発電・バッテリー）に充電し、不足する時にはそこから放電する。バイオマスはバッテリーの充電レベルが低いときに稼動する。また電力貯蔵は揚水発電を優先し、不足時はバッテリーを使用する。これらの条件によるシミュレーションによると、バッテリー容量が四〇〇〇GW時として、水力・バイオマス・地熱をベース電源として需要量の約三九％を供給し、さらに太陽光＋風力が七〇％以上供給すれば、再生可能エネルギーですべての電力需要を賄うことができる。ただし時間変動に対応するため、火力発電のバックアップが約五％必要としている。いずれにしても、これらのシステムが実現可能な範囲内にあることを指摘している。

再生可能エネルギーの大量導入については環境破壊につながるとの批判もあるものの、地震・火山活動が活発な日本列島の上で原発の運転を続けるという荒唐無稽に比べれば、現実に検討する価値がある選択といえよう。

図９—２　太陽光発電・風力発電の出力変動

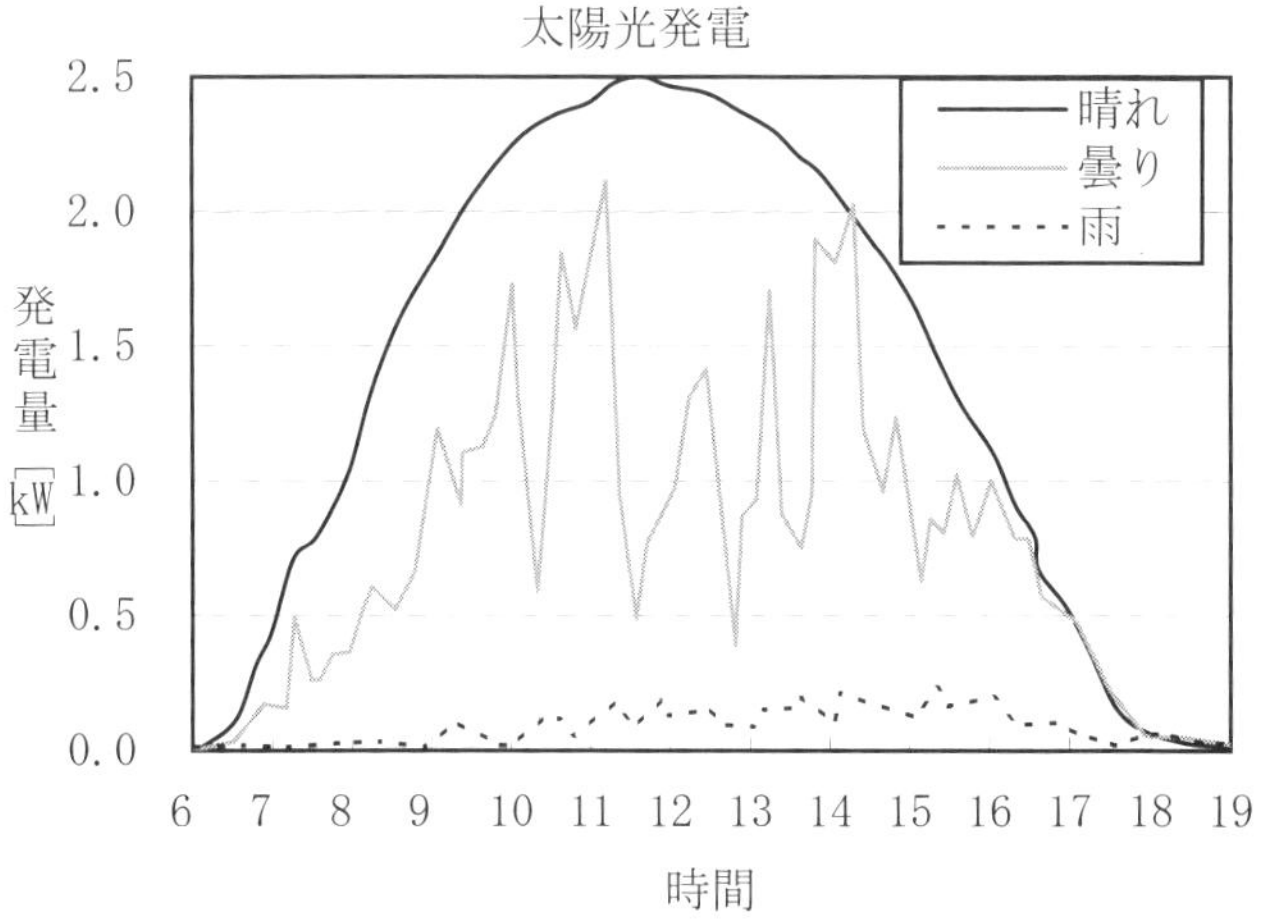

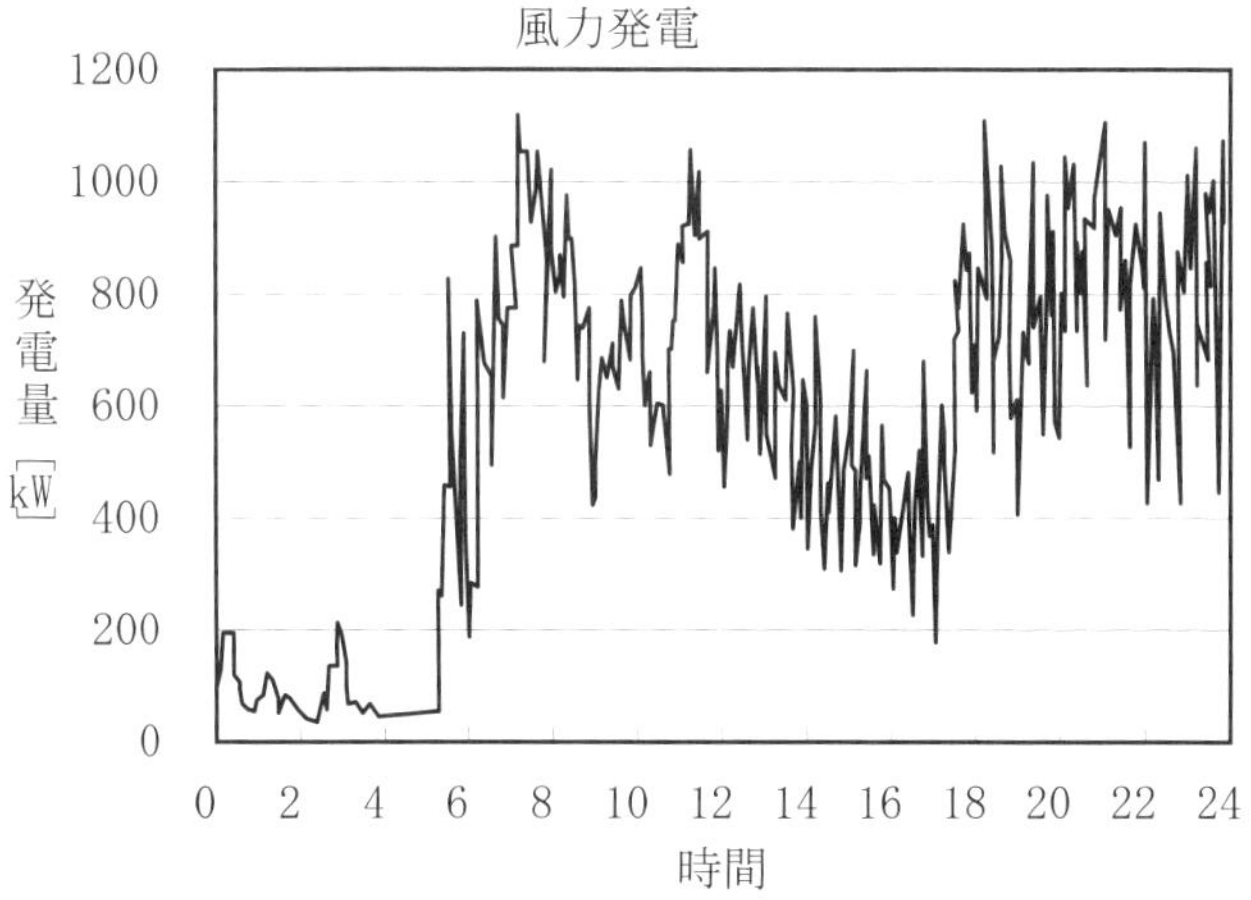

気候ネットワーク「三つの25」など

気候ネットワークは「三つの25」とするシナリオを提案している。[13]「三つの25」とは、二〇二〇年において「二五％節電」「温室効果ガス二五％削減」「再生可能エネルギー電力比率二五％」である。このシナリオでは原発の即時全面停止は前提としていないが、震災と原発事故の現状を勘案し、原発への依存度を下げながら、同時に温室効果ガス二五％削減目標を余裕をもって達成できる可能性について検討を行っている。運転開始後四〇年以上、および地震による被害の危険性が高い原発ユニットを合わせて廃止しても、温室効果ガス二五％削減目標を十分達成できるとの試算を提示している。対策と想定の内容は表9―2のとおりである。

温室効果ガスの削減については、環境省もロードマップを発表しているが、[14]これには原発の稼動が織り込まれている。これに対して「三つの25」では、経年の高い原発と地震による被災が特に懸念される原発に加えて、現状（事故前）の半分の原発を止めても、二〇二〇年において温室効果ガスの二五％削減は余裕をもって達成可能なことを試算している。方策としては省エネ、再生可能エネルギー普及、脱石炭の対策を発電所と、工場・自動車・オフィス・家庭などで実行する。

これに加え、リサイクル鉄の利用拡大、建物長寿命化による建材削減、交通需要抑制などの効果の「追加対策」を見込むと、さらに三五％削減も可能であるとしている。あわせて二〇一一～一二年に原発被災のために火力発電所で代替する影響について、京都議定書の第一約束期間（二〇〇八～一二年）六％削減

表９—２　「三つの25」の対策概要

項目	内容
主な対策	発電所・石炭火発と石油火発を7割削減、LNG火力を全て最新型に転換、再生可能電力割合を25%まで向上、電力消費量を2007年比25%削減など。
	産業部門・工場の省エネトップランナー化、石炭消費の削減等。
	業務家庭部門・トップランナー効率機器の確実な普及、次世代省エネ基準かそれを上回る性能の建物普及、太陽熱など再生可能エネルギーの活用。
	運輸部門・自動車の省エネトップランナー化。
原発の想定	福島第一原発、2020年に運転開始40年の原発、および震災が懸念される福島第二原発、柏崎刈羽、浜岡の各原発は廃炉、原発の新設は全て中止とした。原発の発電量は2007年比半減となる。
活動量想定	粗鋼生産量、輸送量、業務床面積などの活動量は麻生政権時の過大といえる政府想定にあわせた。
震災復興との関係	「ピーク電力」を25%削減する省エネ対策を一時的なものに終わらせず2020年までの省エネにつなげる。
	被災地を、省エネ型の建物・機器、再生可能エネルギー利用の、化石燃料と原子力エネルギーと温暖化のリスクを受けにくく光熱費も安くすむ低炭素地域として復活させる。
	温暖化対策需要（省エネ、再生可能エネルギー）により、被災地を含む産業需要を拡大、雇用を拡大する。
経済への影響	毎年10兆円またはそれ以上の温暖化対策特需が発生。震災被災地や若者の雇用が期待される。

目標に与える影響についても検討し特段の問題がないことも確認した。報告書では、まとめとして「電気の需給をまかなうには多様な選択肢がある。原発のリスクにおびえなくてすむ発電の手段も他にいくらでもあり、消費側には省エネ余地もある。温暖化対策の観点からも、省エネや再生可能エネルギー、脱石炭など、選択肢は多様である」としている。

また気候ネットワークでは追加試算として、二〇一二年春にすべての原発が停止する影響についても検討している。[15] 供給力の不足について、これまで発表されている試算の多くは、電力需要を過大に想定（過去の経済好況時の最大想定など）する一方で、供給力については揚水発電を稼動しないなど過小評価して、電力需給が逼迫するとの前提を設けており、現実的でないとしている。猛暑であった二〇一〇年八月でも、火力発電所の設備利用率（第2章参照）は、原発の全部または多くが止まった中国電力と東京電力を除き各電力会社において半分程度、関西電力でも四割程度であった。春・秋の低負荷期には火力発電所は二〜三割にとどまっている。

国民の負担増加については、省エネを促進し、かつ火力発電の燃料源をLNGに置き換えれば国全体の燃料費は数千億円低減するとしている。もし過大な電力需要を前提として省エネを実行しなければ、家庭の電力料金の負担増が月額一〇〇〇円を超える結果もありうるが、適正な需要を見込み、社会全体で省エネをしてコストの高いエネルギー源を減らすことによって、家庭の負担増を月額一〇〇円以下に抑えることができる。なお家庭自体の節電をさらに促進すれば家庭の電力料金の負担額がさらに低減されることは当然である。

CO_2の排出増加については、省エネとLNG代替により、京都議定書第一約束期間（二〇〇八〜一二年）

の温室効果ガス排出量は一九九〇年比（基準年比）約三％減程度におさまり、これまでのクレジットや森林吸収の併用で達成はできる見通しとしている。

このほか、原子力に依存せず、温暖化対策とも両立する多くの提案が公表されている。「エネルギーシナリオ市民評価パネル」は、報告書「発電の費用に関する評価報告書～持続可能なエネルギー社会の実現のために～」[16]において、原子力発電の社会的費用を考慮すれば経済的に成立し得ないこと、省エネ・再生可能エネルギーの導入における経済効果などを指摘している。「eシフト（脱原発・新しいエネルギー政策を実現する会）市民委員会」は、報告書「脱原発・エネルギーシフトの基本方針」[17]において、エネルギーシフト実現に向けた一〇の基本原則・エネルギーシフト実現に向けた七つの柱を提言している。世界自然保護基金（WWF）ジャパンは「脱炭素社会に向けたエネルギーシナリオ提案〈最終報告一〇〇％自然エネルギー〉」[18]において、省エネの進展を前提に将来のエネルギー需要構造を推定し、再生可能エネルギー導入を促進して、二〇五〇年までに再生可能エネルギー一〇〇％を実現するシナリオを提示している。

1　http://www.isep.or.jp/shimin-enecho/index.html

2　「持続可能なエネルギー社会を目指して―エネルギー・環境・経済問題への未来シナリオ―」http://www.isep.or.jp/shimin-enecho/presen_pdf/0801_report050422.pdf

3　ＣＤＭ（クリーン開発メカニズム）は、温室効果ガスの削減において、先進国と途上国が共同で温室効果ガス削減事業を途上国内で実施した削減分を、先進国が自国の削減量として充当できる仕組み。先進国の「抜け穴」として利用される可能性があると指摘されている。詳細は気候ネットワーク編『よくわかる地球温暖化問題（改訂版）』中央法規出版、二〇〇三年等を参照されたい。

4 http://sustainable-zone.org/

5 「電気事業者による新エネルギー等の利用に関する特別措置法」二〇〇三年四月施行。

6 地域食料自給率計算ソフト http://www.maff.go.jp/j/zyukyu/zikyu_ritu/zikyu04.html

7 環境省ホームページ「平成二二年度再生可能エネルギー導入ポテンシャル調査報告書」http://www.env.go.jp/earth/report/h23-03/index.html

8 伊藤忠テクノソリューションズ・高度三〇〜一〇〇mの陸上・洋上（数十km）の二〇〇〇年の平均風速について調査。

9 環境省「平成二〇年度小水力発電の資源賦存量全国調査」より。

10 日本では「再生可能エネルギー特別措置法」。

11 電気事業連合会ホームページ「でんきの情報広場」http://www.fepc.or.jp/future/new_energy/about/sw_index_01/index.html

12 槌屋治紀「風力発電とダイナミックな電力供給システム」『風力エネルギー』三五巻二号、二三頁、二〇一一年。

13 気候ネットワーク「〝三つの25〟は達成可能だ」二〇一一年四月一九日。http://www.kikonet.org/iken/kokunai/archive/iken20110419.pdf

14 環境省ホームページ「中長期の温室効果ガス削減目標を実現するための対策・施策の具体的な姿」http://www.challenge25.go.jp/roadmap/

15 気候ネットワーク「全ての原発が停止する場合の影響について」http://www.kikonet.org/research/archive/energyshift/report20110701.pdf

16 エネルギーシナリオ市民評価パネル」報告書「発電の費用に関する評価報告書〜持続可能なエネルギー社会

の実現のために～」https://kikonetwork.sakura.ne.jp/enepane/report20111021.pdf
17　ｅシフト（脱原発・新しいエネルギー政策を実現する会）市民委員会報告書「脱原発・エネルギーシフトの基本方針」http://e-shift.org/wp/wp-content/uploads/2011/12/111208AlternativeBasicPolicy.pdf
18　世界自然保護基金（ＷＷＦ）ジャパン http://www.wwf.or.jp/activities/2011/11/1027418.html

第10章　脱原発の世論を確立するために

危ない「原発国民投票・住民投票」

原発について国民（住民）投票を実施すべきだと提唱する人々がいる。また「みんなの党」は原発国民投票法案を提出した[1]。ただし政府に対して法的拘束力を持つ国民投票を実施するには憲法改正が必要となりハードルが高いので、法律としては「政府は国民投票の結果を尊重する」と規定する内容が提案されている。国民（住民）投票を提唱する人々の意図は、いま原発に対して懐疑的な世論が高まっている機会に、法的拘束力はないとしても脱原発の世論を確実なものとしたいという期待であろう。筆者もそうなれば望ましいと思うが、危険な側面にも注意すべきであろう。

かりに国民（住民）投票が実施されるとなれば、当然ながら原発推進派が強力なキャンペーンを展開し有権者に一定の影響を与えるであろう。しかしその影響とは別に、いかに世論が原発に懐疑的であったとしても、国民（住民）投票という方式をとった場合に脱原発の結論が出るとは限らないことに注意が必要である。それは「設問の作り方」という技術的な方策によって、いくらでも結果を操作しうるからである。

脱原発のシナリオには、即時全面停止だけでなく、さまざまな対策をとりながら一定の期間をかけて全面停止に持ち込むなど多様な提案が示されている。しかし筆者が懸念しているのは、それを恣意的に「即時全面停止」とひとくくりにして、そんなことは非現実的だから脱原発はできない、と誘導する言説が盛んであるという事実である。そうした現実的・専門的な提案から論点を逸らすために、「脱原発といえば極論ばかり」という認識を原発推進派が広めようとしている。

国民（住民）投票では、世論調査のような複数の枝分かれした設問ができない。単一の文言についての賛否のみである。かりに「原発の即時全面停止について〜賛成の場合は○」という設問形式だったらどうなるだろうか。原発に対して懐疑的な人でも、即時全面停止は現実に無理があるから○はつけられないと考える可能性がある。そうなれば○を選択する人は少数になる。ことに「中庸」「気くばり」「空気」を重視する日本人の感性を逆手にとって、故意に偏った設問を提示することによって、それが選択されない可能性を高めるという実施上のテクニックが用いられる可能性は高い。たとえば最高裁判所裁判官国民審査では「罷免すべき裁判官の氏名の上に×印を記入する」という投票形式が適用され、かつ罷免には投票者の過半数が必要とされているために、事実上は罷免が成立することはないという例がみられるが、それと同じである。

各種の詐欺と同じで、穏健・誠実な人ほどこうした誘導に乗りやすい。福島事故に関連して、政府や東電を批判する人は多いが、その一方でエネルギー政策や環境政策と関連づけて考える人は限られ、技術

図10―1　原発全停止でいつ頃の状態になるか学生の認識

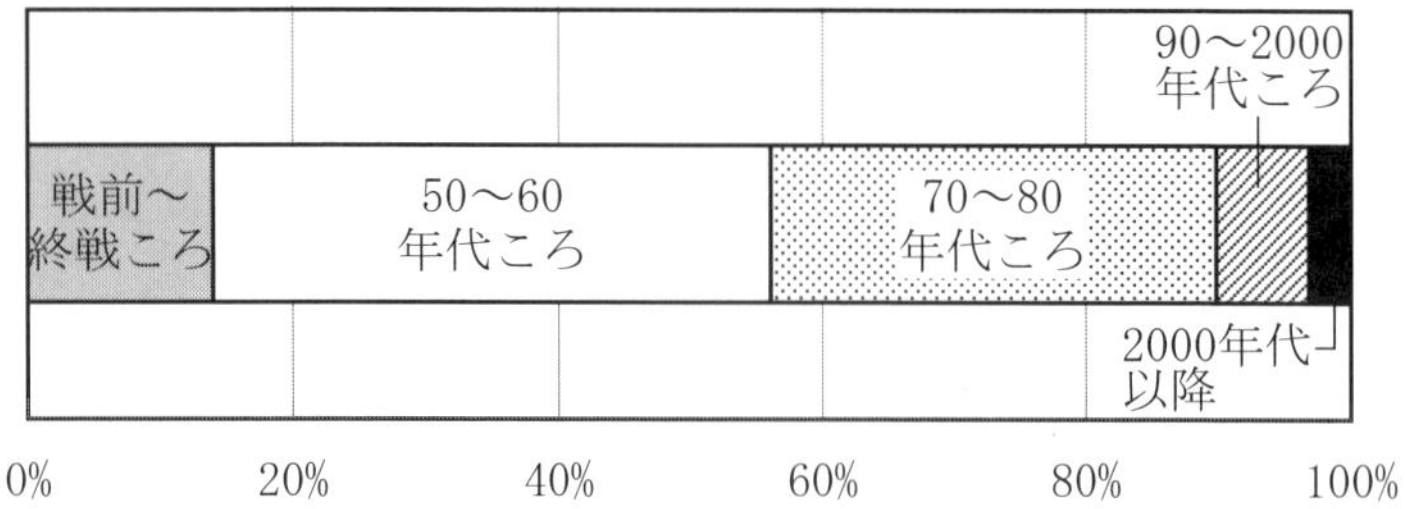

的・数量的な情報も普及しているとはいえない。国民（住民）投票で「原発容認が多数」という結論が出たら、脱原発にとって今後長期にわたってきわめて厄介な障壁になるだろう。後になって「想定外」などと嘆かないように、危険な側面も考えておくべきである。

バック・トゥ・九〇s《ナインティズ》

図10―1は、筆者が大学で講義を担当している複数の大学の学生に対して「もし原発を全停止したら、電力供給量はいつごろのレベルになると思うか」と質問した結果である。これは二〇一一年五月六日の時点で、もちろん回答に関連する情報を授業で提供する前の段階である。その結果は同図に示すように「戦前～終戦ころ」という認識も少なからずあり、九割以上の学生が七〇～八〇年代以前と認識している。実際には後述するように、九〇年代前半レベルであり、原発の寄与について過大評価している傾向がみられる。

多くの人が「原発は不安があるが、電気は必要」というディレンマを前提にして考えているのではないか。しかし冷静にデータを検討すればそうではない。図10―2は、水力・火力・原子力のエネルギー源別の発電量の

図10—2　エネルギー源別の発電量の推移

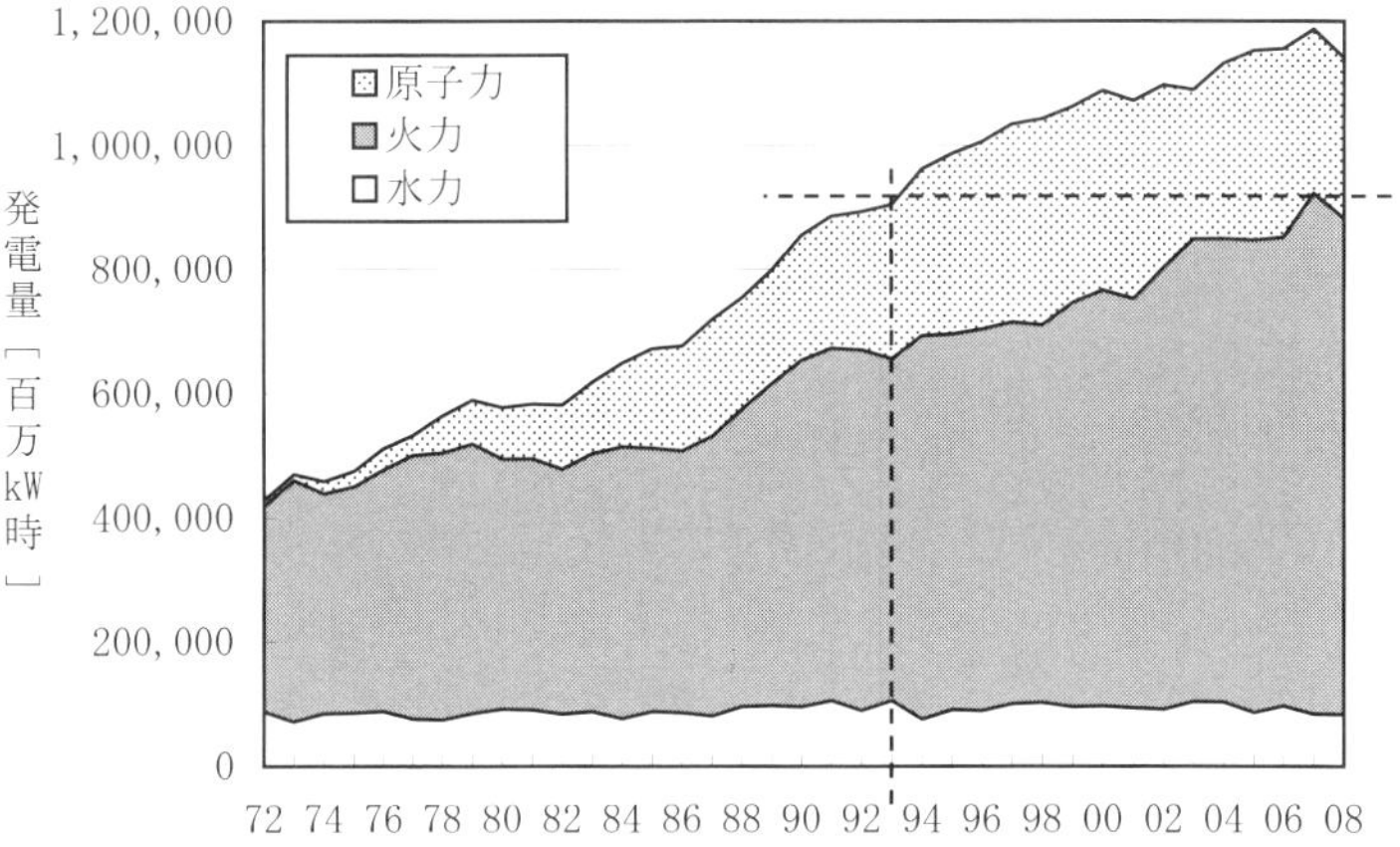

推移である。同図の破線に示すように、原発を全停止したときの発電量は、およそ九〇年代半ばである。またこの図だけではわからないが、前述（第2章）のように猛暑の期間でも火力発電所の設備利用率は多くの電力会社において半分程度、春・秋の低負荷期には二〜三割にとどまっている。現実に二〇一一年年末時点で国内の原発の九割が止まっており、脱原発の社会実験が始まっている。

日本では政治文化として、数十年単位のビジョンを描いて、そこから逆算してバックキャスティング的に政策を構成する手法はなじまない。これまでもせいぜい「五カ年計画」をそのつど繰り返してきたのが実態である。政治家の資質もあるが、多くの「ふつうの人々」は保守的（政治的イデオロギーの意味ではなく）だからである。阪神・淡路大震災のときもそうだったように、被災者は「再出発するにしても、まずはもとの状態に戻ってから」という感情が強いことは当然である。

原発災害が長期化する中で、地震・津波の被災地にとどまらず、全国民が被害感情を抱いている。このような状況では、多くの人々が「もとの状態に戻りたい」「早く平穏な日常を取り戻したい」と望むようになることは当然であろう。被災による不安の下で「パラダイム転換」などと提案されても、それを受け入れる心理状態にはなく、本心から価値観の一変を望む人は少ないかもしれない。

そうした社会的背景のもとで「震災を契機に、社会のあり方から一変させよう」という提案は必ずしも説得力を持たず、むしろ反感を招くおそれもある。環境やエネルギーに特に関心を持っている人々は別として、多くの人々にとって、いかに「未来のあるべき姿」を提案したとしても、誰も体験したことのない架空のビジョンの共有は困難ではないか。そこで、ここではあえて「バック・トゥ・ザ・九〇s」すなわち「一九九〇年代に戻ろう」というコンセプトも検討の余地があるのではないか。

「情報公開」だけでは「必要な情報」は得られない

評論家の櫻井よしこ氏は雑誌のコラムで「最悪の原発事故　情報公開の徹底を」と述べている。[2] 同時に櫻井よしこ氏は日本の核武装論を提唱しており、福島事故後でさえ「核をつくる技術が外交的強さにつながる。原発の技術は軍事面でも大きな意味を持つ」「原発を忌避するのではなく、二度と事故を起こさないようにする姿勢こそ必要」などと主張している。[3] しかし核兵器と絡んだ原子力発電に「情報公開の徹底」がありうるだろうか。原発と核兵器に密接な関係があることを前提としていながら、一方で情報公開などありえないだろう。このように「情報公開」という言葉だけでは、自分の論説に正当性があるかのように

図10—3　大学生アンケートによる信頼できる／できない情報源

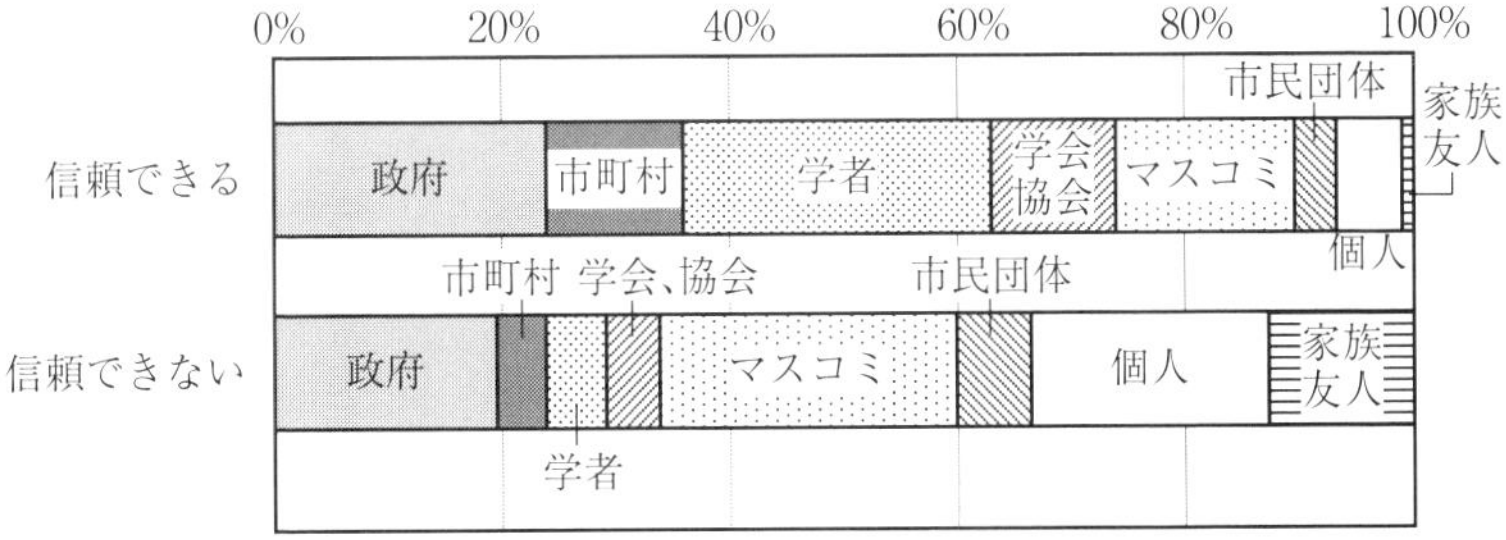

装う枕詞にすぎない。

何が「正しい情報」かという議論には、大きく二つのステップがある。第一は、ある数値が現象を適切にあらわしているかどうかというステップである。たとえば、ある地域内で実際には放射線量の分布があるのに、局所的な一点のデータしかわからないといった例である。故意の隠蔽というよりも測定体制が整っていないなどの理由で発生するケースが多いが、これは放射線の問題では特に重要である。第二は、その数字をどのように解釈・利用するかというステップである。双方を区別できずに、自分が知らなかった情報が提示されるたびに「隠蔽だ！　隠蔽だ！」と反応しているだけでは、市民の利益になる情報にはならない。

単に漠然とした不安に対して「情報公開、情報公開」と言いかえてもあまり有益ではない。それよりも、福島事故以前から政府や電力会社が提供していた公式情報だけをとっても、原発依存から転換すべきであると考えられる根拠が使いきれないほど見出される。これに加えて、原発問題を論じてきた市民団体も、政府や電力会社などの多くの壁を地道にクリアしつつ有益な情報を提供してきた。むしろそうした情報を活用しえなかったマスコミや市民にも問題がある。

日本では自然災害がたびたび発生しており、政府や自治体の対応に対する批判は当然ながらそのつど起きている。しかし少なくとも戦後になってから、災害時のデマによる大きなトラブルは起きていなかった。しかし今回はこれまで経験のない原発災害が発生し、原発や放射線に関する多数の情報が飛び交った。その一端を調べるために、前述の学生に対して原発や放射線に関するアンケートを行った。その中から「信頼できる情報源」「信頼できない情報源」について複数選択で回答してもらった結果を図10―3に示す。なおアンケートは二〇一一年五月六日の時点で、回答に関連する情報を授業で提供する前の段階での結果である。

一般に言われているところでは、今回の原発災害では、政府などの公的情報は信頼されず、インターネットを利用した個人メディアのブログやツイッターが大きな影響力を有したとされている。このことからマスコミは機能を失ったと評価する人々さえある。しかしこのアンケートでは「信頼できる情報源」として、政府・市町村・学者・学会や協会などの公的情報が七割以上を占め、マスコミまで入れると九割になる。一方で市民団体への注目度はかなり低い。個人が発信する情報の信頼度も低く、またいわゆる「クチコミ」の家族・友人の比率は低い。

逆に「信頼できない情報源」としても公的情報が三割以上を占めているが、それ以上にマスコミが信頼できないとする比率が高いことが注目され、両面性が指摘される。個人と家族・友人も信頼できない比率が高い。なお「何も信用できない」と強い不満を表明した自由コメントがいくつかみられた。特に意外だったのは、家族・友人について、「信頼できる」よりも「できない」比率が圧倒的に高かった結果である。

図10―4　被曝量の計算方法の理解

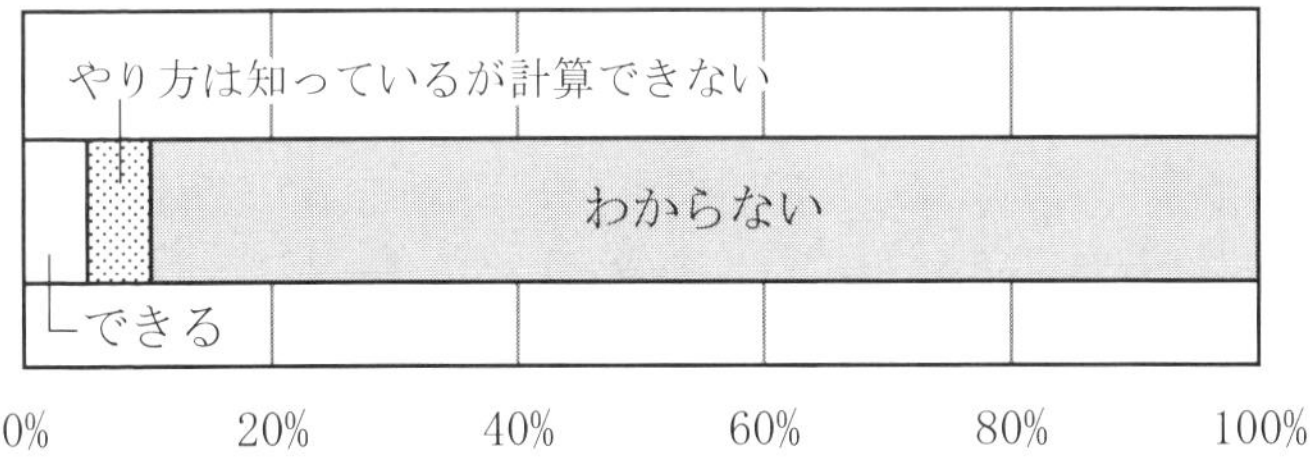

通常、今回のような不確実性の高い情報では「その科学的・客観的な内容よりも、自分が信頼する相手かどうかによって情報の受容が左右される」と言われているが、今回の調査ではむしろ家族・友人や友人からの情報は信頼できないとされている。これは従来の定説とは異なる傾向であり、今後の検討を要する。

このほか、自治体のホームページ等で公開されている水道水に含まれる放射性物質の量から、自身の被曝量を推定する計算ができるかどうか聞いた結果を図10―4に示す。ほとんどの学生が「計算できない」または「わからない」という回答であった。

放射性物質のデータや計算方法などは、自治体や国のホームページ等で公開されており、誰もが自由にアクセスできるので、なんら「隠蔽」はされていない。また実際の計算は義務教育レベルの四則演算のみで可能であるし、現代の大学生であるから、デジタルディバイド（インターネットが使えないなどの情報格差）によって情報を取得することができないという制約はほとんどないだろう。

しかしデータは活用されているとは言えず、個人にとって意味のある情報には結びついていない。「データ」を公開しても「情報公開」とは限らないという点について考えさせられる結果である。なおこの調査は、あくまで大学生に対するものであって、統計的に世論全体を代表するものではないことはもちろんである。

SPEEDIが活用できなかった理由

「情報公開」だけでは「必要な情報」に結びつかないという問題は、放射性物質の拡散を予測するSPEEDI（緊急時迅速放射能影響予測システム）をめぐる混乱も、その典型的な事例である。二〇一一年五月以降にSPEEDIの一連の結果が公開されたが[4]、本来は事故直後に活用すべきシステムが時機を失して後日に公開されたことから、早く公開していれば周辺住民の避難の指針として活用され住民の被曝を少なくできたはずであるとか、事故を小さく見せかけるための隠蔽ではないかとの批判がなされている。しかしSPEEDIの活用は単に「情報公開」の問題ではない。

住民は「SPEEDIの結果」そのものは必要としていない。「いつ、どこへ、どのように避難したらよいのか」という判断結果でなければ意味がない。実際のところSPEEDIの結果は、専門的知識があったとしても時間をかけて分析しないとわからない膨大なデータの羅列である。二〇一一年五月以降に公開されたデータにしても、発生源の条件を複数仮定して計算した多数のケーススタディが列記されているだけであって、いずれが正しい数値なのかはいまだに不明である。このようなデータを住民が直接に利用することは困難である。

避難時に多くの人が利用できる情報源は、防災放送や携帯ラジオていどである。車にノートパソコンを積み込んでSPEEDIのサイトを閲覧しながら避難方向を決めるなどは非現実的であり、道路渋滞や交通事故など混乱によってかえって避難が阻害される可能性も大きい。また実際の避難について国が一元的に細部にわたる避難指示を出すことは困難であり、自治体を主体とすべきである。たとえば地域の道路状況、移動手段、避難所の準備状況、移動困難者（妊産婦・乳幼児・障がい者など）がどこにどれだけいるか、その受け入れ体制、また避難指示後の完了確認や残留者の把握などについては、自治体あるいはそれより小さな単位でなければ具体的に対処できないからである。

ＳＰＥＥＤＩは「どのような核種がどれだけ放出されたか」という排出源の情報を入力として必要とするシミュレーションである。このためＳＰＥＥＤＩ単独では意味がなく、原子炉側のシミュレーションを行うＥＲＳＳ（緊急時対策支援システム）等を併用して計算するシステムである。もし「ベント（格納容器内の気体放出・第1章参照）」だけであれば迅速なシミュレーションが可能であったと思われるが、実際は建屋爆発が発生した。

記録されている映像からわかるように、気体なのかガレキなのかわからない雑多な混合物が広範囲に飛散して現場でも状況の把握が不可能であった。また一号機の爆煙は水平に広がったのに対して、三号機の爆煙は柱状に高く上昇した映像が記録されている。かりに同じ核種・放射線量が放出されたとしても爆煙の形状の差異により拡散の結果は大きく異なる。周辺住民の証言によれば原子炉から数㎞離れた場所でもガレキの小片が降ってきたというが、そのガレキ自体も放射線源となる。ＳＰＥＥＤＩでは飛散物が放射線源となるような計算は組み込まれていない。

このような状況では、ＳＰＥＥＤＩを稼動させる前提条件そのものが失われ、周辺の放射線量測定から「どのような核種がどれだけ放出されたか」という排出源の情報を擬似的に逆算して、改めてシミュレーションを開始せざるをえなくなった。事故直後にSPEEDIの結果が公開されなかった一方で、海外のサイトで放射性物質の拡散を予測したとされる画像がホームページ等で発表され、海外のほうが情報公開が進展しているとの指摘もみられた。しかしながら海外の予測についても、排出源の情報が不明である以上は「発生源を一〇〇とした場合の相対的な希釈率」「海外の同規模の原子炉事故を仮定した場合（海外には水素爆発の事例はない）」などの考え方での計算にとどまっており、数値そのものの妥当性は期待できなかった。

結局のところSPEEDIについては、計算プログラムは作成されていたものの、それが本当に必要となった状況でどのように活用するかは誰も真剣に検討していなかった実態が露呈した。もともとこの目的では、全国の原子力施設周辺に「緊急事態応急対策拠点施設（オフサイトセンター）」が設置されている。これは原子力災害が発生した時に、電力会社・国・都道府県・市町村の関係者が集合し、ERSSやSPEEDIの結果を活用しながら関係各方面と連絡・調整を行い、住民の避難などを円滑に推進する拠点である。オフサイトセンターは、東海村JCO臨界事故（一九九九年九月）の際に、関係者間の情報伝達が全く欠落して住民の避難が混乱した教訓から設置されたものである。

ところが福島事故においては、オフサイトセンター自体は津波の被害がなかったにもかかわらず、非常電源の故障や通信回線の障害によって一時は音声電話しか使えないなど、オフサイトセンター自体がSPEEDIの結果を受け取ることができない状況が発生していた。しかも原発から半径一〇kmの地図しか置かれていなかったため市町村等からの問い合わせに対して答えることができないなど、またしても重大な失態が続出した。ひいては三月一二日になると汚染区域の拡大に伴って、物流の途絶により水や食料も枯

図10—5　鉄道のディーゼル車両内の照明削減

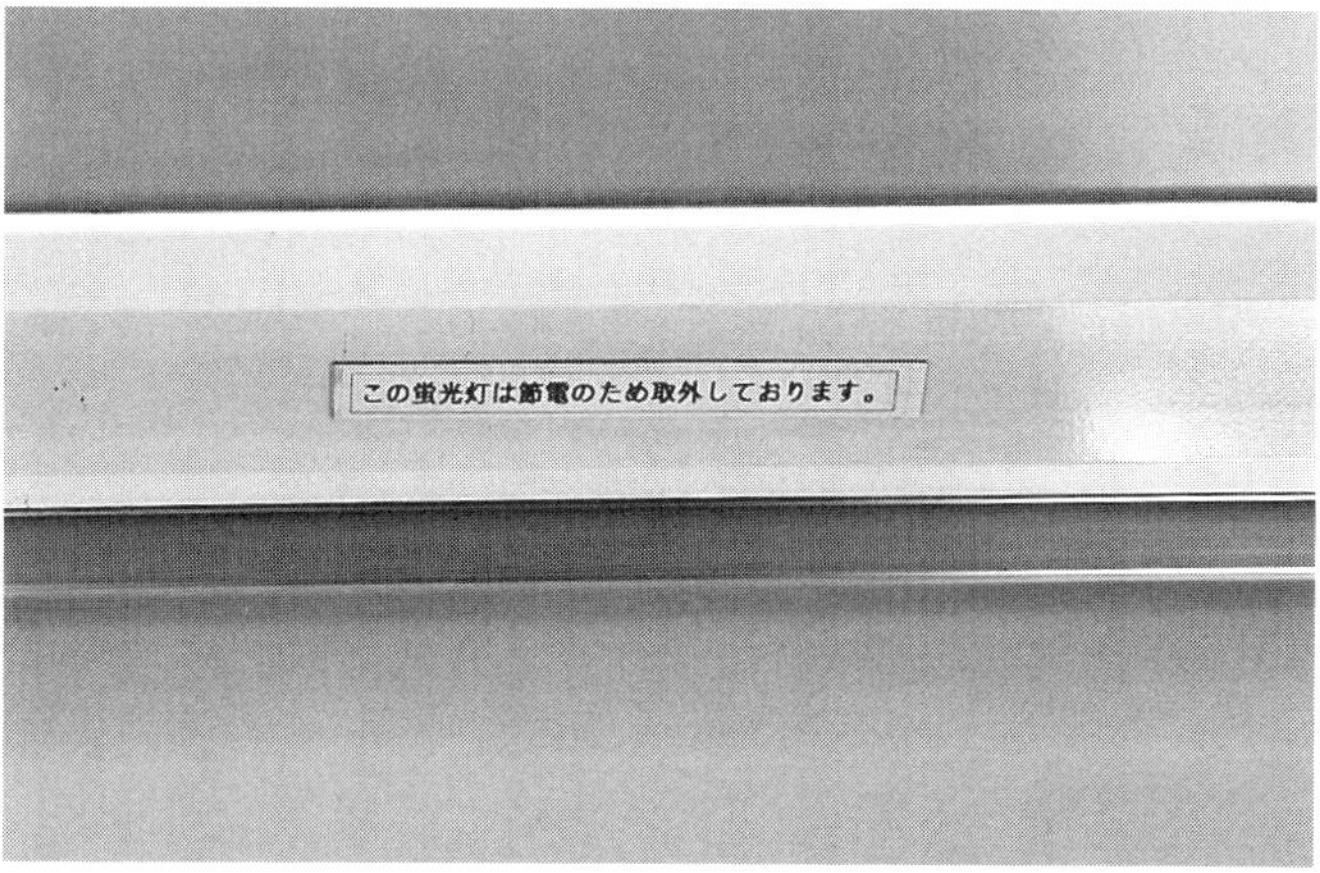

渇してセンター自体が撤収（福島県庁へ移動）しなければならなくなるなど、センターが本来の機能を果たしていなかった。ＳＰＥＥＤＩの問題よりも、センターが機能していれば初期段階における住民の被曝はかなり低減されたと思われる。事故後、発生源側の原子炉のみに議論が集中していることはやむをえない面もあるが、「情報公開」が「必要な情報」に結びつくためには、個別の問題を論じるだけではなく、総合的な観点で検討しなければならない。

別の報道[5]によると、まだ除染の具体策も不明な二〇一一年五月初旬の段階で、福島県の高校野球部が警戒区域外側で練習を再開したという。野球は屋外競技である上に、その動作から土埃の吸引が日常生活よりも圧倒的に多い。警戒区域外でも地表面の放射性物質の濃度が高い地域があると思われる。隣接の自治体では警察官などが防護マスクで作業している状況なのに、警戒区域の線引きをわずかに外れたからといって高校生が無防備に土埃まみれで野球をしているなど驚くべき危険な状況である。高校野球の指導者が無思慮な精神主義で生徒を危険にさらす行為は慎んでもらいたいものである。

奇妙な「節電」

節電の効果は確認されたが、一方で奇妙な「節電」もある。図10―5はＪＲ東日本の東北地方の路線の車内である。「この蛍光灯は節電のため取外しております」とあり、一見何の不思議もないように思われる。しかし不可解なのは、この車両はディーゼル車両という点である。ディーゼル車両は外部から電気を受けていない。車両に搭載したエンジンに付属した発電機で車内の電気を賄っている。要するに自動車と同じであるのだが、そのわりには自動車のエアコンの使用削減が呼びかけられたことがないのはなぜだろうか。

車内の蛍光灯を取り外したところで電力会社に対する負荷の軽減にはならない。「節電」が社会的に大きな関心を集めているが、脱原発や化石燃料の消費抑制など、エネルギー政策上の意識を持っている人はどれだけいるだろうか。「困ったときはお互いさまだ」という集団心理や自己規制で節電が行われているとすれば、「また原発が動き出すまでのがまんだ」という意識に転換してしまうのではないか。

これではエネルギー政策の転換にはつながらないだろう。「欲しがりません勝つまでは」の戦時中と同じである。こうした発想であると放射線についても「みんなが汚染をがまんしているときに、自分だけ文句を言うのはわがままだ」というような発想に容易にすり替えられてしまう可能性がある。また「電気が足りない」という不安に同調して、利用者のがまんを求めて鉄道の快適性を低下させることは、人々の自動車への移行を促進し、社会全体として電力需要の低減には逆効果となる可能性もある。

図10—6　鉄道と電力全体の負荷パターン

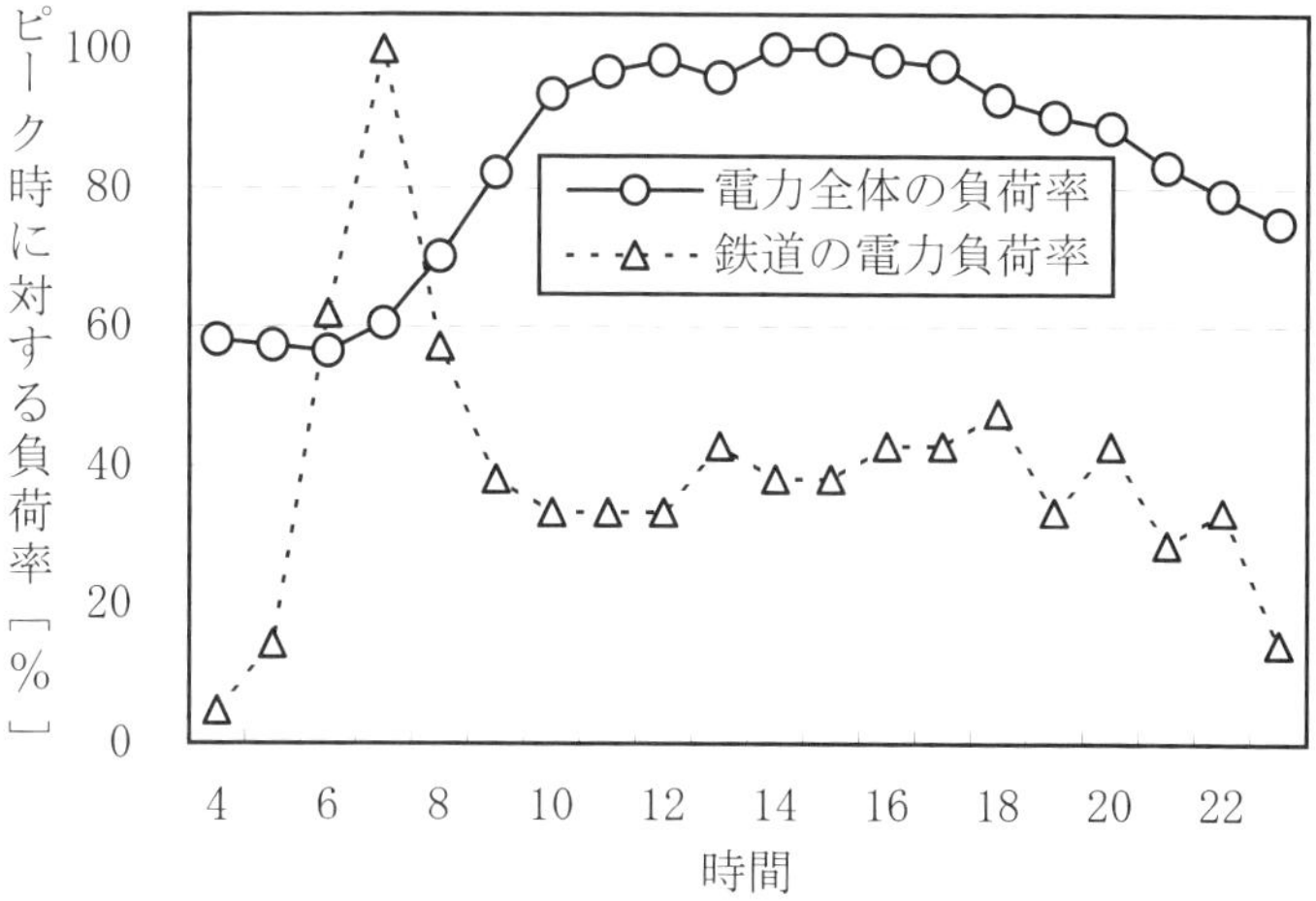

図10—6の実線は、二〇〇九年に最大電力需要が発生した日の最大需要量に対する時間ごとの負荷率の変化である。また破線は、鉄道の時間ごとの負荷率（JR東海道線の運転本数から推定した例）の変化である。これからわかるように、鉄道の電力負荷がピークになるのは朝七～八時台であるが、この時間帯は、電力全体の負荷としては一日の中では低い時間帯に属する。夏期に求められる「節電」は、予期しない大規模停電を回避するためのピークカットであるが、鉄道の冷房温度引き上げはピークカットにはあまり関係ないのである。

もとより一般的な意味での節電・省エネは悪いことではない。しかし鉄道のように不特定多数の利用者が集まる場所での快適性低下は問題である。鉄道会社に尋ねたところでは、冷房の感じ方には個人差が大きく二九度でも「冷えすぎだ」とクレームをつけてくる乗客がいるという。統計的に調査して中位に設定したとしても半数の人が「暑い」と感じる。

まして冷房温度を引き上げれば、ほとんどの乗客が「暑い」と感じる。一方で、自動車の利用は何ら制限されていないから、人々は自動車を利用するようになるだろう。一九六〇年代にモータリゼーションが始まったころ、名古屋鉄道が全国に先駆けて電車の冷房化を促進した理由は、利用者が自動車に移行することを少しでも食い止めるためであった。

冷房を節減すればそれと逆のことが起きる。蒸し風呂になった電車を嫌って人々が自動車に移行すれば、結局はそれが派生的に電力需要を増加させる結果を招く。快適な鉄道は、むしろ脱原発を助ける。原発の推進勢力は「原発を止めるとこんな大変なことになるぞ」と人々を扇動し、政治的に利用するために過剰な不便・不快を演出しようとしている。一見もっともな「節電」を逆用した推進勢力の策略に注意し、社会全体として「脱電力社会」をめざす方策を考えるべきであろう。

安易な「安全宣言」こそ危険

二〇一一年五月一四日の報道[6]によると、「放射線医学総合研究所」は、福島原発周辺の住民が三月一一日以降の行動、すなわち毎日「どこに、どのくらいいたか、どのように移動したか（徒歩・自動車内）」などを入力し、これまでに浴びた放射線の総量を推算できるシステム（福島第一原子力発電所周辺住民線量評価システム）をホームページ上で公開すると発表した。しかしその後、信頼性向上のため公開運用は延期するとして、本書執筆時点（二〇一一年一一月）になっても公開されていない。

報道によるとそのシステムでは、推算された線量の値に応じて「健康への影響は心配ない」といった評価コメントが表示されるという。しかしこれでは当人の被曝量を実際よりも相当に過小評価し、判断を誤るおそれがある。第1章で示したように、被曝の経路には①大気中の放射性物質（空間線量）による外部被曝、②水道水（場合によっては井戸水）の飲用による内部被曝、③食品の摂取による内部被曝、④大気中の放射性物質（塵、ガス状）を吸引することによる内部被曝、⑤地表面に降下した放射性物質からの外部放射、その土埃などを吸引することによる内部被曝がある。

報道によるかぎり表示されるのは①のみと思われる。もし推算の結果として①～⑤までのうち①の被曝量が大部分を占めるようであれば、そこに注目していれば一つの目安になるだろう。しかしその他の②～⑤が大きいようであれば「健康への影響は心配ない」というような評価は、このシステムでは当人の被曝量が実際より過小推定になる。大気中の放射性物質による外部被曝のみを推定するシステムであれば、その結果から「健康への影響は心配ない」という評価は何ら導出できない、あるいはすべきではない。

原発周辺では、事故初期には東京よりも空間線量が二桁高いデータが観測されていたので、①について優先的にチェックすべきという事情があったかもしれない。しかし空間線量が高い地域は②～⑤も当然高くなるので、「健康への影響は心配ない」といった評価を提示すべきではない。「空間線量に限定」と明示した上でならばデータとしては誤りではないが、それだけでは結局のところ「安全・危険」の判定には役に立たないため公開できなくなったものと推定される。今後、時間が経過すればするほど空間線量以外による被曝の比率が高くなってくるため、このシステムの利用価値はさらに低下する。安易に「安心宣言」を出そうとしたものの失敗と評価できる。

また報道によると二〇一一年八月の時点で、福島県郡山市で子どもの保護者に放射線の知識を学んでもらうという趣旨の講演会が開かれた(7)。今後、同様の催しが各地で開催される可能性がある。ここで問題は、講演者が「校庭で計測したデータも線量は下がっているので、学校は安全な状態にあると説明した」という点である。また現在では市民の間にも測定器が普及しつつあり、機器の取り扱いが適正であるかぎりは空間線量についての意図的隠蔽は困難となっている。

「正しい言いかた」は「〇〇の条件において測定した値は〇〇シーベルト（あるいはベクレル等）です」「測定値は現時点の基準値以下（あるいは以上）です」というところまでであって、原発に対する賛否や、政治的・経済的立場にかかわらず、だれも「安全」という言葉を使うことはできないはずである。現実の報道をチェックすると「基準値を下回った」ことを「安全」と言い換えて素通りさせているように思われる。

これは二重の意味で誤りである。第一に、基準値がたとえば一〇〇（単位は何にせよ）だとして、それが九九であれば「安全」であるとは常識でもありえないだろう。何らかの変動で翌日には一〇一になるかもしれない。第二に、基準値そのものが妥当かどうかという評価を経ずに「安全」とは言えない。現行の基準値の上か下かという単純な尺度だけで即断できるものではなく、多様な検討の上で評価しなければならない。特に政治家や行政職員が公的に発言する場合には、あくまで「現時点の測定値は基準値以下（あるいは以上）です」という客観的事実にとどめるべきであって、ひとたび「安全」という言葉を使えば個人的感想にすぎなくなる。

ただしこの問題は、政治家や行政職員の責任を問うだけでは解決しない。なぜなら「安全宣言」を求める市民の圧力が強いからである。こうした人々は決して原発推進派ではないが、ただ平穏な暮らしを取り戻したいという一念からである。「放射線に対する正しい知識」の議論では、この前提をまず認識する必要があるだろう。難しい問題であるが、現段階では公的責任を有する者が安易に「安全」を宣言するべきではなく、客観的数字を公開するにとどめるべきである。

「九電やらせメール」の本質――沖縄戦集団自決との類似性

二〇一一年六月二六日に放送された玄海原発の運転再開に関する番組で、九州電力の管理職が関連会社などに対して、視聴者からの意見を装って賛成メールを送るように指示していたことがわかった。これまでの調査によると、九電の役員が、番組について関連部署や子会社に周知するように指示し、この意向を汲んで管理職が具体的にメールの送信を依頼したとみられる。現時点でいくつかの報道を総合すると、役員・部長級管理職・課長級管理職というルートで行われたと推定されるが、役員は具体的に指示はしていないと説明している。また佐賀県知事が九州電力幹部との会談で同趣旨の示唆を行ったとの指摘もあるが真偽は不明である。

いずれにしてもこの事件に、日本の組織に昔から蔓延し、いまも変わらない重大な欠陥が指摘される。たとえば沖縄戦における住民集団自決の経緯とそのメカニズムが酷似しているからだ。集団自決に関しては、軍の命令があったのかどうか現在も論争が続き真相は不明だが、上層部が何らかの「意向」を示すと、部下がその意向を推し量って行動する、というステップが何段階か繰り返されるうちに、あたかも具体的な指示や命令が存在したかのように最終的な行為が実行されてしまうというメカニズムは、やらせメールでも集団自決でも同じである。

さらに問題なのは、そうしたメカニズムが働くことを承知の上で、正式な根拠を残さないようにして「情報を提供しただけだ」「個人の所感を述べただけだ」「担当者が独自にやった」として責任を逃れようとする組織の幹部である。さらに追及されれば「証拠があるのか」と開き直る。法的に厳密な追及をしようとすれば、たしかに書類など客観的な証拠を押さえるのは困難だから、実際に手を下して証拠が存在する現場の担当者だけが悪者になってしまう。そのために敗戦時には、BC級戦犯として現地で処刑された人も少なくない。私自身が民間企業に勤務していた時期に見聞した例では、ある事業の受注のため会社の意向のままに政治家と接触し、贈収賄として刑事処分を受けた人がいる。

脱原発は、電力会社の独占体質とか、送電網の自由化といった枠組みで論じるだけでは実現しない。二〇〇八年に大分県で教員採用にかかわる不正事件があり、関係者が刑事処分を受ける結果となった。当事者の責任はもちろん重いが、より大きな問題は、他の都道府県でも公然の秘密として横行してきたこのような悪慣行が、「調べた結果、問題ありませんでした」で済まされてしまったことではないか。よく言われる「原子力村」はたしかにあるが、その他にも日本はすべて「村」で覆われている。住宅ローンや子供の進学のことを考えると「村」の秩序を乱さないことこそが「安全」である。「知っていても、ないことにする」ほうが社会的に安全であるかぎり、脱原発はできないのではないか。

「市民が原子力の安全神話を刷り込まれていた」というような事実はおそらく存在しない。そもそも「神話」という言葉自体に「作り話」という意味があり、多くの市民はもともと原子力に疑いを持っている。先の大戦でも日本が敗けることは多くの人が内心では予期していた。もんじゅ・柏崎・東海村など、過去の原子力トラブルでもただちに風評被害が起きたことは、現実には誰も「安全神話」を信じていない証拠である。「風評」とは、発言者が特定されない意見表明の方法である。正確には「刷り込まれていた」のではなく「刷り込まれたふりをしていた」と解釈すべきだろう。「風評被害」をなくすには原子力発電をやめるしかないだろう。

1 「みんなの党」ホームページ http://www.your-party.jp/news/office/000899/
2 『週刊新潮』二〇一一年四月二一日号
3 ｍｓｎ産経ニュース「正論」鹿児島講演会 二〇一一年七月一四日 http://sankei.jp.msn.com/affairs/news/110715/dst11071508470004-n1.htm
4 原子力安全・保安院「緊急時迅速放射能影響予測ネットワークシステム（ＳＰＥＥＤＩ）の計算結果について」http://www.nisa.meti.go.jp/earthquake/speedi/speedi_index.html
5 ＮＨＫウェブ版 http://www3.nhk.or.jp/news/html/20110503/k10015689051000.html
6 ＮＨＫウェブ版 http://www3.nhk.or.jp/news/html/20110514/t10015891402000.html
7 ＮＨＫウェブ版 http://www3.nhk.or.jp/news/html/20110820/k10015028471000.html

第Ⅲ部　自主避難者を支援する

岡　將男

第11章　原発自主避難者受入れ活動～「おいでんせぇ岡山」

「おいでんせぇ岡山」設立

東日本大震災や福島原発事故の現場から一〇〇〇㎞あまりも離れた岡山で、「おいでんせぇ岡山」は、東京を中心とした主に関東圏からの原発自主避難者を受け入れてきた。放射線のリスクに対して自主的に避難する人々の判断には共感するが、それには受け入れ態勢がなければならない。今回集まった仲間は、特定の組織に所属したり、あるいは原発反対運動をやっていた人はほとんどいない。むしろ市民運動に関わっていたのはごく一部だったのである。その人々が、東日本大震災をきっかけとしてネットワークを形成し、多くの人々の支援を受けながら、被災者や避難者と一緒になって悩み模索する姿を見ると、日本社会再構築への息吹を感じることができる。

私自身は、まちづくり運動から路面電車を延ばす運動、さらには公共の交通全般まで幅広く二五年以上活動してきたのだが、「脱原発シナリオ」を描く上で、一メンバーとしてこうした本当の市民の誕生に立ち会うことができた事で、多くのヒントを与えられたと思う。当時の震災・原発事故の進展に応じてリアルタイムで書き綴ってきたブログの記述を交えながら「おいでんせぇ岡山」の取り組みを紹介する。なおブログに記載した数字、人物の肩書き等は、すべて執筆時点のものであり、その後の訂正はしていないのでご了解いただきたい。

◆三月一二日のRACDAブログから

今回の地震、やはりリアス式海岸の被害が大きいようだ。先般の盛岡での講演のとき、宮古に行きたかったが、それはリアス式海岸を見ておきたかったからだ。テレビのニュースでは、当初仙台空港あたりの模様が実況中継されたが、あそこであれだけ被害が出たなら、リアス式海岸は大変なことになっていると想像した。陸前高田ではおそらく数千人がわからなくなっているのではないか。(1)阪神大震災以上の被害になっているだろう。

さてやはり原発は予想通りの事故を起こした。地震国日本に、原発はいらない。あってはいけないことを人々はやっとわかってくれるだろう。だからLRTや公共交通の充実で、できるだけ石油や石炭の化石エネルギーに頼らない社会を作ることが日本の国防なのだ。経済産業省は原発政策を推し進め、「クリーンなエネルギー」などといってテレビで大々的に宣伝してきたが、どうだろう、これで見直さなかったら、政治が問われることになる。

東京を直撃はしなかったが、東京のエネルギー源たる原発群は壊滅したに等しい。しかしもっと怖い原発がある。愛媛県の伊方原発のように、東西の中央構造線上にあるのもある。東京の住民はまだまだ今回の事態を呑み込めていないだろうが。こういう津波は東京の地下鉄を全部水没させるだろうし、静岡の浜岡原発がメルトダウンしたら、東京は住めなくなる。それにしても痛ましい事態だ。こういうとき、すぐには国も行政も守ってはくれない。大事なのは、自分で自分をまず守る知恵と行動だ。そしてこうした地震や津波は、東海でも南海でも起る。この教訓をどれだけ生かせるか、我々の知性が試されている。

大震災前日の晩、私はその後「おいでんせぇ岡山」の事務局の一端を担う木原誠のカフェレストランに居た。彼の店は夕方以降様々なグループの活動に無料で場所を提供しており、一種のサロンにもなっていた。この日は吉備の古代史を語ろうという会があるのをミクシィ（パソコン上のネットワーク）で知り、偶然参加したのであった。ここで「おいでんせぇ岡山」の中心人物となる逢澤直子氏と出会う。

逢澤氏は何人かの仲間と古事記を読んだり、神社めぐりをしている、アート感覚のある人で、その仲間達にはアーティストやセラピスト、医師など様々な人がいた。私自身は吉備線のＬＲＴ化という課題をもっていたし、また吉備古代史をずっと勉強していて、今年は「吉備邪馬台国説」を仲間と一緒に展開する準備をしていた。そして古代吉備の顕彰は吉備線ＬＲＴ化の観光の目玉ともなり、岡山市議会などでも議論が始まっていた。この日の逢澤氏たちとの出会いは、私だけでなく岡山の観光の未来に大きな影響を与えて行くと思われる。この原稿を書く二〇一一年末現在、「おいでんせぇ岡山」の活動と並行して、私と逢澤氏を中心として、吉備古代史に関わる様々なイベントが企画されているのは、われわれ「おいでんせぇ岡山」の活動が単なる原発事故被災者支援組織という範疇を越えている象徴だとも思える。

三月一一日の大震災以降、吉備津彦神社の神主の西江嘉展氏（「おいでんせぇ岡山」代表）は、ミクシィやツイッターなどのソーシャル・メディアを駆使して、情報収集を行っていた。翌日一二日には逢澤氏を含む数人に新たなグループを作ろうと呼びかけていた。一六日にミクシィのコミュニティ立ち上げ、二〇日の第一回のミーティングには三五人が集まった。私自身もミクシィを見て、仲間を誘って参画することになった。

阪神大震災救援の経験からの判断

全国の多くの人々がそうであったように、私自身も何かしなければと思いながら、なかなか行動に移ることができなかった。大地震と津波のテレビ映像は、私の心をグサグサと突き刺し続けていたが、なにせ岡山と現地は一〇〇〇㎞以上も離れており、あまりに遠い。

思えば阪神大震災の時は、隣県岡山からは大規模な救援活動が行われ、岡山人の心意気を示し、今日「医療福祉都市岡山」をめざす根拠ともなっている。私自身は阪神大震災五日目の一月二二日に救援物資を満載して自ら車を運転して神戸市長田区役所に乗りこんだ。岡山に本部を置く国際医療ボランティア組織「ＡＭＤＡ」(2)と、私も幹部であった岡山県航空協会では、前年から緊急時の航空機による支援の準備をしており、この時は岡山空港から大阪の八尾空港経由で神戸への医療物資の空輸を行った。長田区役所にＡＭＤＡの支援基地を置いていた。またＲＡＣＤＡの副理事長の上川庄二郎氏は当時神戸市消防局長であり、不眠不休で救助と消火の指揮を執った。後に彼から自衛隊出動の遅れの問題、消火の問題などを詳しく聞くことができた。

結論として、震災直後は自治体が機能しないので、自分たちで対処するしかないこと、その次の段階では救援ボランティアが役立ち、二週間程度以後は行政が中心となるということであった。上川氏は震災直後、金沢の友人に電話して消防士への炊き出し用の米二トンを送らせたそうである。緊急時に行政が機能しないことを彼は知っていた。そして今回の大震災までにはこの経験が生かされ、行政同士の救援協定などが結ばれていた。

阪神大震災は日本のボランティア元年と言われている。私の参加する京橋朝市でもその後救援、募金、被災者招待を行った。またＡＭＤＡと岡山県航空協会では航空救援の経験を元に、サハリンや中国の大震災救援をチャーター機で行った。

◆三月二二日のＲＡＣＤＡブログから

岡山県内では、県市町村で合計一八九戸の公営住宅を受け入れ準備しているが、今後原発問題などもあり、関東圏から関西圏に移住したいという方々も増えてきそうだ。そこで我々は今から、岡山に永住し、仕事も持つということを前提とした受け入れを図ろうと思う。阪神大震災の時は私も救援物資を整えて、自前で乗り込み、日帰りできた。今回さすがに遠隔地の岡山では、食糧と寝袋、ガソリンを持参しないかぎりボランティアでも現地に乗り込むことは現実的ではないから、できることをはじめようと思う。長期支援に絞って活動を始めようというわけだ。

具体的にはまず岡山県内の空き住宅、空き部屋の情報を収集、次に現地からの移住や避難希望情報を収集し、受け入れを調整。受け入れ後の医療から仕事の紹介、子育て支援、精神的ケアなどそれぞれの特技を生かしてやろうというものだ。本当は現地のコミュニティーごとのそっくり移住までもやりたいが、それはまだ想定されていない。

原発問題では、関東圏からの大量避難者が想定される事態である。そうなるともう難民である。そうしたことも想定して今から大量に受け入れを考えようというものだ。関東に何かあれば数十万人規模の受け入れさえありうる。プレートの不気味な動きを考えれば、政府は津波対策の不十分な浜岡原発は停止するべきだと思う。四国の原発も危ない。

原発自主避難者救援に特化

上記ブログにあるように、阪神大震災の経験から、遠隔地岡山でできることをするという考え方から、自然に原発被災者支援に重点を置くようになる。大震災翌々日には、いち早くメンバーの医師の井上美佳氏によるＰＴＳＤ（心的外傷後ストレス障害）の勉強会を開催した。大震災被災地からの母子連れを岡山に受け入れる事を想定していた。

第一回ミーティングでは様々な職業の人々が集まった。ミクシィ上のコミュニティーを連絡先とし、不動産物件の情報収集や希望者とのマッチング、広報などのグループ分けが決定した。しかし想いは大きいものの、経験も組織もなく、当初は試行錯誤の連続だった。

発起人代表はもちろん言いだしっぺの西江氏、彼の温かく一見とぼけたキャラクターがほんわかと皆を引っ張ることになる。前述の逢澤氏が司令塔と実務部隊を率い、大阪から岡山の和気町に移住して農業をやっている勝部嘉樹・由美夫妻、岡山市一宮の黒住学氏、倉敷市玉島の松尾信子氏などが初期の物件収集やマッチングを担当することになる。

三月二七日の時点で地元新聞社の取材を受けて報道されたので、読者から無料の物件提供があった。最初の一連の電話は私が受けた。また四月四日の岡山市中心部の京橋朝市（毎回一万人以上参加）を皮切りに、住宅・物資提供募集チラシの配布を開始した。中には牛乳配達の方が各戸ポスティングをやってくれた例もある。もちろんメンバー個々の個人ネットワークが駆使された。

一方で肝心の避難希望者との連絡をどう取るかという問題にも直面した。ミクシィのメンバーはあっという間に二〇〇人を超え、毎週のミーティングには五〇名以上も集まったが、具体的な成果にはつながらない。個々人のネットワークで何人かの受入れが始まったが、ここでＩＴグループの池本行則氏、和田達哉氏、白井崇裕氏らがネット上のフォームに記入すると自動的に登録できるシステムの開発に着手しホームページの開設に向かうこととなる。また動き始めた岡山県岡山市などの自治体とも連絡を取り、連携を模索したが、結果的には自治体側は被災証明を持つ者のみを対象としたため、あまり有効な連携は行われてはいない。もちろん自治体側も模索状態であり、その後具体的な移住などの局面では、個別には自治体の窓口に大いにお世話になることになる。

今回の大震災の場合、被災範囲が非常に広く、しかも津波の被害が大きいので、私は当初から阪神大震災とは違うなと判断していた。当面の救難活動について、ボランティアが乗り込むには、食料と寝袋、燃料を持参せねばならず、自衛隊などの組織力がなければ不可能だと判断したのである。だから岡山からはほぼ何もできないことになる。距離が遠く日帰りの救援などもできない。

一方で福島原発事故の被災者については、私は当初からメルトダウンを予想していたので、少なくとも福島県の半分は避難する必要があり、特に放射線被曝の感受性の強い子供達は一時避難でも、遠隔地岡山に受け入れるべきだと考えるようになった。四月一日に福島県で農業をやっていて原発事故当日いち早く岡山に帰郷避難してきた大塚愛氏（おいでんせぇメンバーの一人）の講演を聞いて、その想いは強固になった。

また原発報道について当初から大手マスコミの報道が政府発表の鵜呑みなので、私は怒りさえ覚えていた。私はＮＨＫの中国地区番組審議会の委員も務めており、マスコミ報道にモノ申す立場でもあったから、三月一七日の審議会時点でも「原発事故については、歴史的評価の観点に立って正当な報道をするべきだ」との意見を述べたが、局側からは「原発報道については賛成と反対がはっきりしすぎており、コメンテーターの人選等はなかなか中間がいなくて難しい」と述べていた。原発問題がイデオロギーと経済論理にもみくちゃにされ続けてきたことを理解したうえで、我々は次第に原発自主避難者に絞って受け入れて行くようになっていく。またいわゆる原発反対運動やデモ、廃炉運動とは一線を画していくことにもなる。

◆四月四日のＲＡＣＤＡブログから

今日の山陽新聞によれば、さいたま市で被災者が生活保護申請を断られるケースが頻発しているので、改めて指導しなおしたという。僕も自治体の本音は「被災者が流れ込んで、生活保護が増加したり、犯罪が増えたりしたらまずい」であり、かならず表面化する時期が来るだろうと思っていた。今回の場合、地震や津波の被害も甚大かつ広範な上、原発問題も長期化するのは間違いなく、行政の対応も複雑になる事が予想される。

原発被災者支援のシナリオ・地震津波の被災者は、おそらくなるべく地元周辺に定住を望むだろうが、生活再建を地元でどれだけできるかによる。一方原発被災者については、二〇㎞、三〇㎞の範囲以外の自主避難者の扱いについては、受入自治体の判断が分かれる場合があるだろう。最悪のシナリオとしては、福島県中心に二〇〇万人程度の難民が出るおそれもあるが、その受入をどうするか、政府はシナリオを提示していない。

ホームページ開設と避難希望者の殺到

ホームページの公開は五月上旬となったが、ほぼ同時期の五月一一日に、神奈川県のお茶からセシウムが検出された。岡山にいる私でもこれには驚いた。関東圏すべてを飛び越えて汚染があると知り、これはチェルノブイリと同じだと思った。「おいでんせぇ岡山」には一挙に避難の問合せが増えたのである。政府がSPEEDIの公開を渋り、情報を求める人々、たとえば私の広島在住の娘は二歳の孫娘の健康被害を心配して、インターネットでドイツや中国からの拡散予測を参考にしていた。中部大学の武田邦彦氏のブログも娘から勧められたが、多くの避難希望者がそのブログを見ていた。まずは我々のホームページを引用しよう。

◆おいでんせぇ岡山とは

「おいでんせぇ岡山」は、今回の国難によって県外への移動、移住を考えていらっしゃる方々に対して、住まいの情報提供などをサポートをさせていただくために立ちあがったボランティア・ネットワーク集団です。元気な岡山にできることは、ご不安を抱えて生活している方々に一日も早く落ち着いた生活を取り戻していただくためのお手伝いだと考えています。岡山県と聞くと、「ちょっと遠いなあ」「知らない人ばかりで不安だなあ」と思われるかもしれません。でも、この大きな出来事を、失われつつある本来の人間関係を見つめ直すきっかけや、何の為に生きるのか、ということを再確認するきっかけとしてみては如何でしょうか。大昔の人々が自然と寄り添いながら仲良く平和に暮らしてきたように、必要なときに助け合い、笑い合い、自然の恵みに感謝できる世の中をもう一度つくっていくチームの一員として、みなさんをお迎えしたい。私たちはそう考えています。

「おいでんせぇ岡山」

二〇一一年三月一六日に発足した被災者受け入れ支援の市民団体。会社員、主婦、医療従事者、政治家、農業家、学校教諭、カウンセラー、飲食店業、IT関連など参加メンバーは約一八〇名。自治体や交通NPO、県内支援団体とも連携しながら支援活動を行っている。

私たちからのメッセージ　おいでんせぇ岡山のホームページをお訪ね頂きありがとうございます。

ここをお訪ねくださったあなたは、きっと厳しい東日本大震災の痛手や、悲しい思い出、悔しい状況などを体験されながらも、それを嘆いているだけでは始まらない、何か新たな可能性に向けて動き始めたいという思いから、ページを開かれた方だと思います。そうです、このページを開くことで、あなたはもう既に新しい一歩を踏み出されたのです。もしあなたがこの地でゼロから新しい人生を始めてみようとお考えなら、不安でじっと縮こまっているより、たとえ不安があっても、明るい夢に繋がる方向に向って歩き出してみよう……そうお考えなら、とにかく思い切って一歩を踏み出してみませんか？　私たちは、新たな夢に挑戦しようとされる皆さんに、移住に役立つ情報を提供しています。このホームページからメルマガ登録していただければ、住まいや就職に関する情報をお届けします。震災後、この地には、すでに多くの方々が移住して来ておられます。私たちは、そんな移住者の方々仲間として受け入れ、繋がりのなかで、ともに喜びに満ちた暮らしを育む活動をしております。

さあ、あなたも思い切って新たな一歩を踏み出しませんか?

この震災を新たな人生の可能性を創造するチャンスに変えませんか?

子供さんやご家族に夢に満ちた未来をプレゼントしませんか?

つながりましょう。生かし合いましょう。東北や関東の各地から来た人たちと岡山の仲間が一つになって、共に集い、共に歌い、大きな家族のような関わりを楽しみませんか?

「おいでんせぇ岡山」は、あなたとお会いする日を楽しみに、お待ちしております。

おいでんせぇ岡山ファミリー一同

ホームページ開設時点で我々が抱えていた不動産物件は二〇件程度だった。物件はメンバーが実際に現地に伺い、調査する。これだけでも大変な負担だった。都心から中山間地と様々な物件であり、すぐに使える物件は少なく。都心のすぐ使える物件はすぐに埋まった。

入居の手続きとしては、避難希望者に電話で詳細を聞き、まず一度岡山に来てもらい、大家さんに会ってもらって合意の上入ってもらう。当初はそのすべての送迎を行ったが、昼間動けるスタッフは四~五人であり、大量な受入は不可能だとわかった。もちろんその間新しいスタッフが加わることにもなり、運動の幅は広がっていった。私自身が関わった家族の一つは、東京・葛飾からの一時避難希望者だった。母子四人で沖縄避難を考えたが、ご主人の同意がなかなか得られず、ご主人が東京に残っての二重生活になるので、新幹線で便利な岡山を選んだとのことだった。この家族は最終的に名古屋のご両親の反対で避難を中止された。

仕事を持つ多くの男性は、「お金を稼いで家族を養うのが男の使命」と思っており、一方で女性は「何をさておいても放射線の影響のない所で、子供の健康を最優先にして暮らしたい」のだ。実に関東圏の何百万人かの家庭で、こうした議論が渦巻いていたのだから、原発事故の罪は大きい。「原発離婚」も数例は見られた。ただ実際には放射線被害についての恐れ、悩みを聞いてあげるだけの事例も多く、そのほとんどが福島県でなく東京を中心とした関東圏からの相談であった。柏市や東京葛飾区などのホットスポット周辺からの問い合わせが特に多くなった。東京周辺の極端に核家族化し個人主義の社会では、放射線被害について相談できる相手が身近にいないという、希薄な人間関係であることが感じられた。

◆四月二七日のＲＡＣＤＡブログから

今朝の山陽新聞によれば、放射線分布図がようやく発表された。四月二四日時点の汚染分布図と、一年間の推計だ。毎日インターネットで、日本の気象庁のデータをもとにしたドイツや中国の予測に一喜一憂するという変な構造から、ようやく脱却できる。昨日の記者会見では、「原則的にすべての情報を公開する」と細野補佐官が言っていた。ということは、今まですべての情報を公表しなかったという意味だし「原則的に」の言葉で、「やっぱり全部は公表しないよ」と言っているのである。

しかし二〇mSvと一〇mSvの年間推計はわかるけど、本来の基準の一mSvの予測はない。やはり福島や郡山でも乳幼児子供や妊婦には厳しい数字になるだろうが、公表されていない。政府はわかっていて公表していない。もしそれを公表すると、避難区域は何倍にもなるし、人口集中地域を含むから避難対象人数も一〇〇万人単位になるはずだ。東北新幹線も目張りが必要となる。

官僚の立場に立てば、容易に想像できる。そんな大規模避難は想定外だし、経済的打撃が大きいから、発表しないし、できないのである。すなわち経済優先。二〇年後に子供たちがガンになるとしても、それはしょうがないと切り捨てている。そしてもしそういう事態になったとしても、チェルノブイリの例のように、発生から二五年たっても何人亡くなったかについては評価が多数あって定まらない。当然何人に影響したかについてはわからない。死者も数十人単位から数万人単位までばらついている。

チェルノブイリの評価でさえも大きくばらつきがあるのは、放射線被曝とガン発生の因果関係が証明しにくいからである。「疑わしきは罰せず」なのである。


「おいでんせぇ岡山」メンバーにおいては、原発に頼らない社会にしようという点では、ほぼ最初から合意が出来ていた。この事について議論したことはない。従って原発自主避難者に対して「大袈裟だ」などと言う人は全くいなかった。

六月になると避難希望者が押し寄せ、反対に物件はほとんど増えなかった。震災直後のほとぼりはさめ、対応の変更を迫られた。行政側では五〇〇〇戸を用意したというが、被災証明の所持者が前提であり、自主避難者にはほとんど使えなかった。雇用促進住宅については受入可能であり、我々は情報を流した。また協力を申し出てくれた民間の不動産業者の情報を出し、個別には様々な情報提供を行った。

自主避難者の多くは母子避難であり、しかも原発災害の様子を見るための短期避難であったため、二重生活になる。当然家財などをそろえるのも負担が大きく、我々は当初から家電などの物資の集積にも努力した。物資は木原氏のカフェレストラン「SALA」に大きな空きスペースがあり集積した。物資管理は杉本圭子氏が積極的にリストを作り難しい作業をやってくれた。

メンバーには「お金のない社会を目指す」という理想に燃える人々もおり、私のようにそこまでは考えていなくとも、現代の金銭万能主義に違和感を持つ人々が多かった。従って全メンバーはガソリン代一つ請求する人はおらず、現時点で四〇万円以上に支援募金が自然に集まっているが、ほとんど使い道がない状態で、一度ネット上で会計報告がないという意見を言う人がいたが、「ほとんどお金を使っていない」とわかって、会議参加者全員で大爆笑になった。活動自体はかなりファジーで、組織然としておらず、人によってはいい加減さにびっくりするようだが、お金がからまないから揉めようがないという不思議なネットワークができている。従来から全国路面電車ネットワークという一銭もお金を集めないネットワークの運営委員長を務めている私にとっても、驚きの「組織?」である。

◆六月八日のRACDAブログから　原子力発電は純粋経済的に合わない

日本の法律では、年間一mSv以上の被曝をさせるといけないことになっている。だから当然福島や郡山で小学校など年間二〇mSvまで認める、とんでもない数値を提示した文部科学省は、将来たくさんの訴訟にさらされることになるだろう。その場合当然ながら、菅首相や高木文部科学大臣の責任も問われることになる。

私が総理なら、住民の安全を考えれば、なにはさておき、ほぼ福島県民二〇〇万人全員の避難命令を出し、そのための方策を考える。少なくとも一八歳までの子供たち数十万人は疎開させるだろう。仮に四六都道府県が二〇〇万人の被災者受入をするならば、岡山県は大体五万人ほどを受け入れないといけない。住宅にして二万戸。それができるかできないかではなく、本来はやるべきなのである。

しかしもちろん、それらの人々がいきなり生活するにしても大変な困難があり、その先の生活補償をどれだけするか、とんでもないと思われて、そこで思考は停止する。できっこないから。

だがここで私はもし避難させたらいくらかかるか、計算してみようと思う。

二〇〇万人を避難させ、一年間生活補償をしたらいくらかかるか。仮に一人一〇〇万円なら二兆円。二〇〇万円なら四兆円。一方東京電力の年間電気販売額は四兆五〇〇〇億円。日本の一〇電力会社の合計電気販売金額は一三兆七五〇〇億円。だから二〇〇万人避難させたら、東電は売上の半分や全部を補償に回せるわけはないから経営は成り立たず、国が補てんするしかなくなる。

政府がホットスポットを無視し、避難命令でなく自主避難とするのは、お金を出したくないからだ。命令すれば、東電に責任があるとしてもいずれ政府が補償するしかなくなる。しかも二兆円という数字は、生活補償だけであって、損害賠償は含まれていない。仮に損害賠償が福島県民一人二〇〇万円だったらそれだけで四兆円になり、もし三年間帰還ができなければ、合計で一〇兆円もかかることになる。もし年間一mSvを守れば一〇兆円もいることになる。国家予算が二〇一一年度九二・四兆円、GDPが二〇一〇年で五四〇兆円。

さしあたって健康には影響はない、と政府のスポークスマンの枝野氏はいつもおっしゃるが、それでもいずれガンだけでなく様々な健康被害は出てくる。しかしそれらのほとんどは因果関係が証明されないから、補償はされないかもしれないが、それでも健康被害は出てきて医療費の増大や、労働能力の低下を生み、社会保障費用の増大にもつながる。さらには被曝の恐怖から結婚や出産への抵抗感が出て、さらなる少子化の原因になるかもしれない。要するに今は見えない影響があるはずなのだが、それらを政治家たちは見通せないのだろう。知識レベルだけでなく、人間的レベルが低いということである。

とにかく今回の原発事故の影響は、国民生活のあらゆる方面にわたっており、これからその影響を係数的に明らかにしていく必要がある。しかしたかだか四・五兆円の売上の東京電力の失敗によって、これだけの影響がでるのだから、社会経済的にも原子力発電は合わない事業だと証明できるだろう。

原子力発電が高いか安いか、の議論などこの社会経済的分析に比べたら、もう計算が簡単すぎる。原子力発電が全体の三割というのは嘘で、本当は大体二五％くらい。つまり全電力会社の売電金額一三・七五兆円の二五％は三・四兆円ほどなのだから、その売上を得るために毎年二兆円とか補償していたのでは、合わないだろう。さらにこれから廃炉費用とか使用済み核燃料の処理費用など数兆円も必要になるだろう。もんじゅなんか、もう常識外の開発費をかけて運転ゼロなのだから。原子力推進の方々は、どうも小学校程度の算数ができない人の集団なのだろう。

純粋経済的に、あるいは純粋経営学的に、原子力発電は計算に合わないと思う。これから仲間たちと詳細に計算していこうと思う。

イベントの実行と交流

我々は単に被災者支援を目的とするのでなく、これを機に受け入れた被災者とともに地域の方々とつながり、自分達自身の生き方、地域のあり方、国のあり方を問い直していこうという意識が強かった。だから結成を機に地域に根差したイベントも開催し、自主避難者にも参加（単なる招待ではない）していただくという試みが重ねられた。また被災者支援では、支援者自身が元気である必要がある。さらに現地に乗り込んだボランティアの中には、結構トラウマを抱えて帰ってくる場合も多い。

特に原発自主避難者は、従来の災害被災者にはない特徴を持っている。まず自身が過度に放射能に敏感すぎて周りから偏見を持たれているのではないかという恐怖、従ってだれにでも相談できない孤立感。家族からさえも神経質だと言われてしまえば、人間関係は崩れる。勇気を持って自主避難した先でも「福島からの避難者ですか」と言われて戸惑う、とても東京からだとは言えない雰囲気。自主避難者は経済的にも追い詰められ、いつ帰ったらいいのか悩み、それをどこからも損失補てんしてもらえない、中途半端な立場なのである。

しかし一〇月二四日現在も柏市のホットスポットで一kgあたり二〇万ベクレル以上の汚染土が発見されるなど、おそらくまだまだ様々な汚染が明らかになり、自主避難者の不安はぬぐわれることはないだろう。けれどもそれでは単に逃げ続けるという消極的な心でいつまでも暮らしていくことがいいとは思われない。岡山での地域活動への参加は、こうした不安を自然に癒す効果があるはずだ。

「おいでんせぇ岡山」では、大震災三カ月の六月一一日に吉備津彦神社で「六一一☆Ｈａｐｐｙパワー未来へ～つながろう岡山から～子どもたちの未来が見たいから～」を開催した。アーティスト、まちづくり団体、「岡山子育て応援ハピママ」などのブースに合計数百人が参加した。小児科医療相談や歯科検診も行い、母子避難者に配慮したものが多い。同日に岡山市内でも反原発デモが実施されたが、我々は未来の地域づくりを子供たちと描くことを中心にした。

さらに夏休みには路面電車運転体験と太陽光発電所・野菜工場の見学会を実施、その後癒しの音楽コンサート、移住転職相談の受け付け、七夕イベントなども行った。そして一一月一一日には岡山市内にある巨大古墳・造山古墳上で、メンバー有志が企画する古事記朗読と太鼓、創作ダンスのコラボ「宇宙神楽」を実施し、地元の造山古墳蘇生会の協力のもと、自主避難者にも参加してもらった。

吉備津彦神社での交流イベント

また二重生活になることによって経済的に大変な自主避難者のために、「おいでんせぇパスポート」を発行して、活動に賛同する商店などで割引を受けられるようにしている。噂を聞きつけた、我々以外のお世話で岡山に避難した方からも要望があり、お渡ししている。

シェアハウスの試みの意義

自主避難者の孤独感を解消するために、また永住地を探す期間の安価な滞在地を確保するために、七月二日に開設されたのが「やすらぎの泉」というシェアハウスである。岡山市から山陽本線で三〇分の和気町在住の勝部夫妻は、地元の牧師の延藤氏の提案により古民家を借り受け、開設まで一カ月弱という短期間で実現させた。開設資金は、寄付金（「おいでんせぇ岡山」の運営資金＋牧師さん提供の資金＋教会教区内からの寄付金）で賄われた。

運営は中心メンバーである勝部夫妻が折に触れ関わることによって責任を持っていたが、一二月からは延藤さんが中心となった。しかし建物管理や日常生活は入居者の自主管理になっている。

古民家はそれなりに傷んでいたが、勝部さんや延藤さんの呼びかけにこたえて、次から次へと一〇〇人以上の方々が作業に当たってくれた。もちろんプロの方々もボランティアで参加してくれたことで、見る見る間に古民家は居住可能になっていった。この過程はブログに詳しい(3)。

私のブログを見て本の原稿執筆のため「おいでんせぇ岡山」の取材にやってきた、東京大学大学院で社会学を学ぶ宝田惇史氏と共に「やすらぎの泉」を訪問したとき、ちょうど千葉県から避難していた母子が帰宅するのに出くわした。母親は「来て良かった」と何回も話していたし、「できれば長野県あたりで自分も同様の境遇の人々のためにシェアハウスをやってみたい」と言っていたのが印象的だった。岡山での滞在を求める理由としては――

汚染されているかもしれない関東圏から離れたい
十分な距離があり、新幹線で便利な岡山を選んだ
岡山なら内部被曝を考えなくてもすむ食材が手に入る
「おいでんせぇ岡山」の支援が、自主避難者にも平等にある

などの理由が考えられる。地縁でもなく、血縁でもなく、岡山で滞在することで、ようやく心の安寧を得ることができたとは、今回の原発事故の深刻さを思い知らされた。「やすらぎの泉」入居者の感想も、

同ブログを参照して欲しい。

「おいでんせぇ岡山」の数字的実績とこれから

「おいでんせぇ岡山」の活動は、それぞれの自主性に任され、全員が完全なる自己負担でのボランティアであるから、組織的に数字を把握するということは行われていない。だからある瞬間を取って何人お世話をしたかという数字も、行政のように把握はなされていないのが実情だ。とはいうものの、今回の執筆にあたって連絡用に使っているフェイスブックの書きこみを分析することによって一定の把握を行ってみた。

古民家修復作業

岡山県には震災関係で五〇〇人程度が移住していると言われているが、我々の関係では一〇〇人以上は受け入れているのではないだろうか。問合せ家族数は二〇一二年一月末現在で三〇三。一〇五家族が短期中期の岡山滞在をしており、中には農業や牧畜で永住を決めた方もいらっしゃる。夫の仕事があれば家族全員で来たいという方もかなりいるが、実際には岡山での仕事探しはかなり難しく、現時点ではまだ将来は見通せない。放射能汚染の行方次第であろう。

表11―1　「おいでんせぇ岡山」問合せリスト

都道府県	問合せ	率	岡山移住	他県移住	合計
東京	81	26.7	24	4	28
千葉	48	15.8	15	4	19
神奈川	48	15.8	16	2	18
埼玉	34	11.2	11	1	12
福島	26	8.6	8	3	11
茨城	24	7.9	7	3	10
栃木	8	2.6	3	1	4
静岡	4	1.3	1	0	1
宮城	4	1.3	1	1	2
群馬	3	1.0	1	0	1
大阪	2	0.7	1	0	1
山梨	2	0.7	1	1	2
長野	1	0.3	0	0	0
山形	1	0.3	0	0	0
不明等	17	5.6	16	0	16
	303	100.0	105	20	125

県別では東京都が多いのも驚きだが、千葉でも柏・流山・松戸周辺が四八三件中二三件とホットスポットに集中している。茨城、埼玉が多いのもホットスポットだろう。横浜周辺では給食を気にしてというのも多い。

「おいでんせぇ岡山」の受入の特徴の一つは、被災証明のあるなしに関わらず原発自主避難者を受け入れたことである。今回の大震災では、震災津波被害と原発被害は分けて考える必要がある。原発被害については政府や大手マスコミ、学会や専門家という人々の情報隠蔽の中で「がんばろう日本」とか「分かち合おう」などというスローガンで励ますというのはどうもおかしい。頑張ってそこにいればいるほど被曝するし、また汚染物質を分かち合うというのはとんでもない事なのである。そうした間違った情報統制に対して、今多くの市民がネットを通じて連携し、立ち上がりつつある。

さて最後に、これから「おいでんせぇ岡山」はどうなるのか。我々は全く救援や支援の経験のない者が集まったのだが、どこか飄々と半ば仙人のような気持ちで毎日の支援を行っている。義務でもなく、責任でもなく、ただ共に幸せに健康に生きていくことのみを願っている。その上で最低限必要な経済的自立を支援していくのがこれからの課題でもある。そのためにこれからは職業の紹介、被災者交流会実施やサロンの設置が日程に上っている。さらには食の安全がおびやかされたことに対する反省として、「おいでんせぇ岡山」メンバーを中心に、倉敷市庄の「楯築《たてつき》遺跡」という日本の古墳時代開始のきっかけとなった弥生墳丘墓の近くに、「楯築農園」という共同農園も設立された。ゆくゆくは農園を持ったシェアハウスなども計画される予感がある。なんだか原始共産制、祭政一致の古代都市が生まれそうである。これも原発依存社会へのアンチテーゼとしての一つの現象なのかもしれない。

1　二〇一一年一二月末の時点で、陸前高田市では死者一五五四人、行方不明者二九八人と記録されている。「いわて防災情報ポータル」http://sv032.office.pref.iwate.jp/~bousai/

2　http://amda.or.jp/

3　http://mahorobayy.exblog.jp/i15/

第12章　「利益村」から本来のコミュニティへ

「原子力村」と社会的背景

原発事故から七カ月経った一〇月二六日、「原発事故の発電コストは最大一円」という見出しが新聞に出た。国の原子力委員会の小委員会が、今回の事故を受けて初めて原発事故のコストを発電コストに上乗せしたという。出力一二〇万kWのモデルプラントに対して、原発事故一回あたりの損害費用を三兆九〇〇〇億円と見積もり、五〇〇年に一回という今回の事故に基づいた発生確率を用いて、一kW時あたり約一円と算出したのである（第8章参照）。

しかし除染費用等はほとんど考慮されていない。玄海原発のやらせメール事件の処理とともに、またしても「原子力村」の論理を垣間見ることができる。今回の原発事故を単に津波の被害だと考えたい「原子力村」の論理そのものが、原発事故の間接原因だとも思うが、私は単に原子力村を原因にするだけでなく、その原子力村を生んだ社会的背景を考えてみたい。

実はこの本を共同執筆をした上岡氏とは、路面電車やＬＲＴ(1)、地方鉄道の問題解決を通じて知り合った。岡山の路面電車延伸を岡山商工会議所とともに仕掛けた我々は、日本でＬＲＴ新設ができないのは、単に環境意識がないとかいう問題ではなく、地方分権のあり方、制度、財源にあると看破し、以後全国各地に公共交通や地方鉄道、路面電車を支援する市民団体設立のお手伝いを行ってきた。これが現在「全国路面電車ネットワーク」という八〇団体のゆるやかなネットワークになっており、国会の新交通システム推進議員連盟とコラボして、交通基本法制定に向けて活動している。

我々がそうした力を持てたのはパソコン通信から始まったネット社会のおかげであり、各地での小さな活動がリンクすることができただけでなく、場合によっては国以上の情報力と行動力も持つことができたからである。もちろんネットワークには国の担当者や交通事業者、ゼネコン、メーカー、学者なども参加しており、従来の縦割り社会を横につなぐ機能があった。いま話題になっている「たま駅長の和歌山電鐵」などもこのネットワークの所産である。

岐阜の路面電車廃止などの経験から

岐阜市内および周辺市町を結ぶ路面電車が廃止されたのは二〇〇五年である。当時岐阜市は廃止を表明した名古屋鉄道に対して何とか存続を要望すると同時に、自らも存続を模索していた。その過程で我々のネットワークが存続支援に入り、その縁で岡山の路面電車を経営する岡山電気軌道（以下、岡電）に経営数値についての助言を求めてきた。一九九九年以来ＪＲ西日本と岡電では吉備線ＬＲＴ化について共同研究しており、その成果を富山ライトレール設立に提供した頃の話である。

吉備線ＬＲＴ化の研究過程でわかったのは、総人件費（退職金引当金まで含む）を職員数で割った人件費は、ＪＲ西日本が概略七〇〇万円、岡電が五〇〇万円だった。さらに労働条件にも大きな差があった。ここでＪＲ西日本は都市近郊の赤字路線もＬＲＴ化と子会社化などのよってコスト削減できれば経営可能と判断し、岡電は自社の諸条件を適用すれば都市近郊の鉄道路線を再建できると考えたのである。

岐阜の路面電車は売上約七億円、経費約一七億円で一〇億円の年間赤字だったが、八〇〇万円の人件費の職員が一三〇人いて、総人件費は一〇億円に上った。ところが岡電ではこれを五〇〇万円六〇人でやれるという。単に人件費の差だけでなく、労使関係での慣例的労働協約があり、たとえば関市まで行く電車は到着すると別の運転手に交代していたという。それだけで倍の運転手が必要だ。こうした暗黙の協約を変更するだけでたちまち人件費は激減したかもしれないのだが、こうした負の部分は労働組合としても知られたくなかったようだ。

名古屋鉄道など大手私鉄は、当然私鉄総連大手として、賃上げをリードとしてきたわけだが、全国各地の大手私鉄と同じようにバブル期の不動産投資の損失を、グローバルスタンダードの導入に伴い減損会計を求められた結果処理せざるをえず、銀行からは赤字部門の削減を求められたはずだ。当然年間一〇億円もの赤字の岐阜市内線はターゲットになった。おそらくは電車運転手の不足もあり、廃止は一石二鳥でもあったはず。岐阜市に泣きついて、労働条件を維持したまま赤字補填させれば残してもいいということだったろう。もちろんこれは憶測であり、当事者は言うわけはないから、地位や名誉のある学者の論文では書けない。
旧運輸省天下りの社長を戴いて、強い労働組合を持つ名古屋鉄道には、岐阜市の路面電車経営で地域社会に貢献するという気概はなかった。それまで岐阜市民にお世話になっていたはずなのに、会社も組合も自己の利益を地域の利益より優先したように感じられた。もちろん岐阜県や県警、地元財界を含めて、名古屋財界五摂家の一つの名古屋鉄道の経営に、協力する姿勢も文句を言う気概もなかったことも、廃止に至った要因であったと私は思う。「運輸村」「労働組合村」の存在を私は感じた。我々のネットワークでは、新しい経営形態や、運行システムの改善による乗客増加などについてシミュレーションを行い、岐阜県・岐阜市・名古屋鉄道に提示したが、存続に向けた前向きな対応はみられず、廃止を阻止することはできなかった。

近所の人が古椅子を置いたと思われるバス停

ＲＡＣＤＡでは一九九八年以来、岡山のバスマップを発行している。市民によるバスマップ作成の運動は、二〇〇三年からバスマップサミットの開催が始まり、二〇一一年は第九回を弘前で行った。東京周辺では民

間出版社によるバスマップが発行されているが、それまで地方都市では複数の事業者にまたがるバスマップは発行されていなかった。これなども「運輸村」の弊害で、一体旧運輸省や国土交通省は何を指導していたのだろうか。そもそも地域のバスマップがなかったり、バス停に屋根やベンチがなかったり、バス停に路線図や料金が表示されていないということは、スーパーの商品なら値段が書いてない、品質表示がないに等しいのではないか。

私は二六年も前になぜバスマップがないのか疑問を持っていたが、一九九七年にフランスのストラスブール等のLRT視察に行った時、当然のように公共交通マップが提供されているのを見て、一念発起してバスマップを作製した。本来はバス事業者か地方自治体が発行するべきだが、日本は本当に不思議な国だ。我々は連携して、二〇一〇年はバスマップサミット実行委員会で「バスマップの底力」(2)というバスマップ作成のノウハウ本を出版した。この中で私は「バス停アダプト運動」を提案し、全国のバス停に屋根とベンチを作る運動を提案している。

今や地方のバス事業者の疲弊は激しいが、単にバスマップなどの情報が不足しているだけでなく、乗客が減るに任せて、ほとんど努力していない業界のように思われる。お客を見ていない事業者、公共交通の利用者を増やせると思っていない自治体関係者があまりに多い。「運輸村」の閉鎖性はあまりに激しい。

ＪＲ福知山線事故の政策的背景

私は南谷昌二郎氏（元ＪＲ西日本会長）とは東京大学の会計学の江村ゼミの先輩後輩である。毎年二回ゼミOBの同窓会を大阪で開催していて、よくLRTや鉄道経営について話す事があった。その過程で一九九九年に吉備線LRT化の話しが出てきた。南谷氏との合意点は、グローバル化の中でJR西日本も完全民営会社にならざるを得ないが、赤字ローカル線が多いのでもう少し地方自治体の支援がないと路線維持できないということだった。私は地方鉄道やバスへの補助財源確保が必要で、それはガソリン税の中から交通税部分を取り分けるべきだと考えていたから、一致できたわけである。

二〇〇五年の福知山線事故当時、南谷氏は会長であり、その責任を問われ今は告訴もされている。会計学のゼミ生だった私は、一九七五年当時の大学時代にアメリカの証券取引委員会SECが国際会計基準をつくろうとしているので、その資料集めのために日本の大企業の英文財務諸表を集めたことがある。この時初めて連結決算だとか時価会計という言葉を知ったが、これが最近になってようやく日本の企業に適用されてきた、つまり勉強したのはグローバルスタンダードだったのである。

もともと会計基準というのは国ごとに違う、つまり文化が違えば会計制度も違うのであって、これは当たり前のことなのだ。ところが過度にグローバル化を進めた結果、世界各地では様々な問題が起こっている。地方鉄道や赤字ローカル線の廃止もある意味でグローバル化の副作用でもある。だから私は福知山線事故の直接原因は運転士のミスだとしても（これは労働組合は絶対に認めないが）、間接原因は安全投資の不足であり、その背景には経営者に効率化重視を強いたグローバル化があると考え「福知山線事故の政策的背景」という文章を書いたところ、上岡氏から交通権学会で論文発表してはどうかと言われた。

ＪＲ西日本の経営体質の中で、いわゆる日勤教育が事故の遠因だとも言われるが、確かに運転士個人を見ればそれも原因の一つだろう。しかし事故と言うのは単一の原因でおこるものはなく、背景があり遠因があり、間接原因があり、そういう中には必ず人間のミスがあって、最後に直接原因がとどめを刺して起こるものなのである。そして要素の一つでもなくせれば事故は起きなかったのに、「職能別村社会」が小さな事故の教訓を生かせなくしているのではないかと私は考えた。それが今回の原発事故では別の形で表れたのではないか。

私は大学時代から旅客機が大好きで、そのためＮＨＫの解説委員であった柳田邦男氏（今回の政府事故調査・検証委員会委員）の『マッハの恐怖』などの航空機事故等の本は全部読んでいる。そこから学んだのは「人は必ずミスをする。機械は必ず壊れる」という教訓だ。それ以後その観点ですべてを見ていくと、実に社会の様々な事故や事件の原因を理解できた。

風評被害の悪夢、中国食品会社名で倒産

私は二〇〇七年まで「中国食品工業株式会社」という年商一〇億円強、社員七〇名の佃煮珍味製造会社の社長であった。ところが中国製食品の安全性問題の風評被害の影響であえなく倒産してしまったのである。その時のメディアスクラムはすごかった。私の会社は本社が中国地方の岡山にあったから、先代が一九四八年に中国食品と名付けた。そのころ、中華人民共和国は成立しておらず、中国という言い方は一般的でなかった。しかし現在では「中国」というと中華人民共和国の意味であり、日本の中国地方のほうが知名度は低く、中国の会社と誤解されたのである。

前年位から少し兆候はあったのだが、朝日新聞が一面トップで「中国食品募る不信」との見出しで書い

て以来、毎日のように会社には「お前の所は中国の会社やろう」と電話で苦情がくるありさま。当時原料の原産地表示は必須ではなかったが、全国の大手スーパーの取引も多かったので、丁寧に中国産は「中国産」と書いてきた。カントリーリスクを考慮して、原産地の分散を計画し、前年まで中国産原料は二割にしていたのだが、その年に限って主力商品「うまいか」(鶴瓶さんの好物で、倒産の日に風評被害がテレビで紹介された)の主原料するめいかが中国産になっていたからたまらない。見る見る売り上げは半減して資金繰りにつまり、六〇年続いた会社はあえなく倒産した。

もちろん経営体力がなかったのが間接原因で、遠因は人材不足や工場の古さ、背景は雪印偽装事件(3)などで食品全体への市民の目が厳しくなった事などがあるわけである。倒産するまで、会社名を変えようと努力したが、毎日のように新聞テレビ週刊誌で「中国食品は危ない」とのキャンペーンをやられては、小さな会社はひとたまりもない。会社は自己破産し、私も一文無しになった。風評被害であることをマスコミに訴えて世間の人の同情を買い、売り上げを増やすという選択もあったが、そうなると個人攻撃にさらされる恐怖もあった。当時私は地元放送局の番組審議会副委員長もしていたから、マスコミのいわゆるメディアスクラムの問題について常に注意を喚起していたのだが、自らその犠牲者になってしまった。

倒産翌日の全国紙やワイドショーには「会社名で倒産、中国食品」と紹介され、ワイドショーの取材スタッフが会社と自宅に押し寄せた。新幹線のテロップにまで出たようである。インターネットの掲示板「二ちゃんねる」には三つのスレッドが立ち、数日間で一〇〇〇件以上の書きこみがあったが、たった数日で書きこみはゼロになっていた。インターネット社会は熱しやすく冷めやすい。

倒産報道の結果、どこのマスコミも「中国食品」ではなく「中国産食品」と書くようになった。メディアスクラムは、倒産するか社長が辞めない限り終わらない。マスコミの記者もデスクもサラリーマンだから、責任を取るとはやめる事だと思っている。一方企業の経営者は問題を解決する事が責任を取る事だと思っている。それぞれの「村」の論理の違いは、玄海原発やらせメール事件などでは顕著に出ている。

私が今回おいでんせぇ岡山の設立にかかわったり、この本の執筆にかかわったのは、風評被害への複雑な思いが背景にある。何ら悪いことをしていないのにマスコミの生んだ風評被害で倒産に追い込まれ、家族にも社員にも、取引先や顧客にも迷惑をかけてしまったのであるから、その理不尽さには割り切れないものがある。ただ私は民主主義の原点は情報公開であって、マスコミが暴走するにしても、マスコミのなんでも「あばく力」は民主主義に必要だと考えているから、自らが被害者であってもどこかで許しているところがある。

ところが今回の原発災害については、どうだろう。政府自らが情報統制をして「ただちに健康に影響はない」などと憶測で物を言い、実質的には健康に被害があるかもしれないのに「風評被害だ」と言いくるめようとしている。結局政府みずからきちんと情報公開をしないから風評被害が生まれるのである。私の行動の原点はこうした政府の態度、マスコミの態度が許せないというところにある。けれどもそれさえも結局我々の社会の「職能別村社会化」の結果なのだと思う。

原子力村だけでない村社会の弊害

江戸時代、日本人のほとんどは農民であり、当然そこには「村」があった。それが明治以後産業革命を行い、次第に都市を成立させていった。しかし都市にあっても村社会的人間のコミュニティーは、町内会という形で維持された。ただしこの村社会は多彩な職業の人々が接する社会であり、様々な価値観が混在する世界であったはずである。ところが戦後、日本はどんどんこの地域コミュニティーを解体させ、全国民をほとんど会社人間、組織人間として、つまりサラリーマンとして再構成していったのではないか。

これが「職能別村社会」である。いわば中世ヨーロッパのギルドのようなものである。企業の成長にはこうした村社会は非常に効率的であった。職能別村社会にとっては、業界団体の利益を守ることが優先され、談合やカルテルも起こる。長らく政権交代が行われない中で、政党も労働組合も硬直化し世襲の幹部も出てきたりするようになる。自民党だけでなく多くの政党で世襲的議員が増えたりしている事実も無視できない。天下りも官僚だけではなく、企業、県庁、市役所、労働組合にまである。組合幹部の最終ポストが市議会議員であったりもする。大学とて例外ではなく、学会の閉鎖性は随所に見られる。医学界でもまだまだ白い巨塔は存在する。職能別村社会＝近代ギルドと名付けてもいいかもしれない。

私は昭和五〇年にノンポリでありながら、東大経済学部の学生自治会のカリキュラム委員長として、大学当局と外部講師を招くことを企画した。東大紛争に対する反省から、もっと大学が世の中に開かれるべきだと、学生の意見を集めて企業人の講座を単位として認める制度を作った。私のその後の市民運動の原点はここにあり、超党派、学際的という事を心がけている。

職能別村社会＝近代ギルドの中には、同じ職業の人々とだけの付き合いでは、世間知らずになる、かえって社会全体の効率が落ちるという反省として、各地で異業種交流グループが発生し、まちづくりグループが立ちあがった。一九〇五年にアメリカで発生し世界に広まったロータリークラブなども一種の異業種交流グループである。職能別村社会＝近代ギルドが問題なのは、ある種の政治勢力として当然の自己の利益の最大化が、社会全体の利益と一致しなくなったことである。「原子力村」だけではない、あらゆるところでそういう現象が起こっており、たとえば地方鉄道の廃止などでも様々な「村」の存在が原因になっているのである。

国家の役割、これからの日本

私は国家の役割とは、人の生命と財産を守ることだと思う。古代中国の秦王朝は「法家」という、いわば法治主義の権化のような思想で天下を統一した。ところが民衆はあまりに厳しく細かい法律に辟易していた。その秦を滅ぼした漢王朝の創始者劉邦が現在の西安に入城するとき、兵士たちの乱暴狼藉を防ぐために、「三つの法だけを守れ、人の物を盗むな、人を傷つけるな、人を殺すな」と言ったという。まさに生存権と財産権のみを言っているのである。原発災害以後の日本政府の全体を眺めるに、やはり基本的な国家の役割を果たしていないところが多いように思われる。たとえば原発事故の情報隠蔽や、除染の遅れなどを見ていると、官僚や政治家はもう一度勉強しなおさなければならないのではないか。これも職能別村社会の弊害ではないかと思う。

いま我々は、原発災害を受けて、我々の日本社会そのものをもう一度見つめなおさなければならない。従来言われてきた金銭万能主義とか、官僚政治の弊害とか、政治の不在などを批判するだけでは、問題は解決しない。まずは「おいでんせぇ岡山」のように家族というところからものごとを見つめ、地域、会社、という小さな社会、さらに政治、政党、行政、マスコミ、司法、市民運動などの役割も再検討していく必要がある。二度目の原発事故を起こす前に、緊急にすべてを再検討しなければならない。

1　LRT（ライト・レール・トランジット）は、外観は従来型の路面電車に類似しているが、単に新型車両を導入するだけでなく、都市全体の交通計画（TDM）や都市計画の一環として総合的に住民のモビリティ向上をめざす軌道系の都市交通機関。

2　全国バスマップサミット実行委員会『バスマップの底力　市民がはじめた楽しい交通まちづくり　作ろう・使おう・育てよう！』クラッセ、二〇一〇年。

3　二〇〇一年に雪印関係者が外国産牛肉を国内産と偽って農林水産省に買い取り費用を不正請求した事件。

おわりに

　筆者（上岡）は東京都千代田区内の事務所で二〇一一年三月一一日の地震に遭遇したが「強い揺れは一分ていど、むやみに外へ飛び出すな」という一般的な注意に従って室内で待機していた。しかしこれまで経験したことのない強く長い揺れが続いたので、我慢できずに階段を使って外へ出ると、隣のガラス張りのビルがあたかも豆腐かゼリーのように撓みながら揺れる様子を目撃した。道路の舗装を通して足元から伝わる不気味な振動は今も憶えている。

　間もなく携帯電話サイトなどで震源は東北沖、東京は震度五強などの速報が入った。ここで「女川原発はどうなった」と不安を抱いたことを記憶している。女川原発は複雑な地形の海沿いにあり、津波が来たらどうなるのかという懸念が働いたためである。一方で福島は思い浮かばなかった。しかしテレビやインターネットを通じて各地の驚くべき被害が次々と伝えられた。女川原発はひとまず停止に成功した一方で、福島第一原発の重大事態が伝えられた。

　本書の執筆にあたり、市民運動全国センターの須田春海氏には常に励ましていただいた。また内容面では「気候ネットワーク」の平田仁子氏はじめ「エネルギーシナリオ市民評価パネル（エネパネ）」のメンバーから情報を提供していただいた。このエネパネとは、エネルギーシナリオや、関連情報について評価・分析をおこない、エネルギーシフトを進める観点からその成果をとりまとめ発信する市民研究者のグループであり、国内の主要な環境・原子力関連の団体で専門的な調査・研究を行っている有志の集まりである。須田春海氏はこうした市民の活動について「先に気づいた者の責任」として次のように述べている。

社会の主たる意志決定者が無関心であるだけでなく、システム化された社会はそれぞれの当面の利害だけで動く慣性をもち、気が付いても舵を切り替えられない、あるいは切り替えたとしても効果が出るには時間がかかる、という現実の中に、わたしたちはすでに住む。この現実を「先に知った者」の責任とは何だろうか。環境自治体を支える市民はむろん自治体の長・議員・職員すべてがこの現実をすでに理解しているはずだ。温暖化に関して、技術開発はすすむであろうが、いっぺんにこの難問を解決する妙薬はない。ありふれた結論だが、まず省エネ努力がスタートになる。いま問われていることは、この省エネ努力をケチケチ運動にせず、その成果を社会に還元し、低炭素社会形成の財政的基盤に繋げることだ、と思う。（『環境自治体白書』二〇〇六年版、巻頭言）

筆者は震災後、地方鉄道の活動で交流がある福井市在住の清水省吾氏の協力を得て、福井市内にワンルームマンションを手配し、無償で半年間提供するとしてインターネットの被災者紹介サイトに登録し利用者を待った。一時的避難といえども住居がなければ社会生活が営めないから、主に原発被災者を想定し、多少なりとも被災者の助けになればと考えたのだが、六カ月経過しても応募はなかった。福井市はまたもや原発に近いという懸念も働いたかもしれないが、主には縁もゆかりもない遠方の土地に、ただ部屋だけが提供されても利用価値が乏しいという制約から、この活動は不十分であったと思う。

一方、岡山の「おいでんせぇ岡山」の活動は、住居だけでなく多様な人的ネットワークで生活全般をサポートするという注目すべき取り組みである。この部分を執筆していただいた岡將男氏は、一方で風評被害の被害者でもある。中国産食品の安全性が問題となった時期に、日本の「中国地方」の意味で社名に冠していた文字が誤解され経営に甚大な被害を蒙った。これにはマスコミの影響が大きい。しかしマスコミの役割を否定することもできない。今回の震災を機に、単に原発をやめる・やめないの議論にとどまらず、岡氏が指摘しているように、政治・政党・行政・マスコミ・司法・市民運動など日本のあらゆる面について考え直してゆく必要がある。

[著者略歴]

上岡直見（かおおか　なおみ）

1953 年 東京都生まれ
環境自治体会議 環境政策研究所 主任研究員
1977 年 早稲田大学大学院修士課程修了
技術士（化学部門）
1977 年〜 2000 年 化学プラントの設計・安全性評価に従事
2000 年より現職
2002 年より法政大学非常勤講師（環境政策）
［著書］
『鉄道は地球を救う』（日本経済評論社、1990 年）、『交通のエコロジー』（学陽書房、1992 年）、『乗客の書いた交通論』（北斗出版、1994 年）、『クルマの不経済学』（北斗出版、1996 年）、『脱クルマ入門』（北斗出版、1998 年）、『地球はクルマに耐えられるか』（同、2000 年）、『地球環境 よくなった？（分担執筆）』（コモンズ、1999 年）、『自動車にいくらかかっているか』（コモンズ、2002 年）、『持続可能な交通へ—シナリオ・政策・運動』（緑風出版、2003 年）、『市民のための道路学』（緑風出版、2004 年）、『新・鉄道は地球を救う』（交通新聞社、2007 年）、『脱・道路の時代』（コモンズ、2007 年）、『道草のできるまちづくり（仙田満・上岡直見編）』（学芸出版社、2009 年）、『高速無料化が日本を壊す』（コモンズ、2010 年）

岡將男（おか　まさお）

1954 年 岡山市生まれ
NPO 法人「公共の交通ラクダ（RACDA）」理事長
全国路面電車ネットワーク運営委員長
鉄道模型作家
東京大学経済学部卒。
元国土交通省 TDM 実証実験懇談会委員、岡山経済同友会地域振興委員会副委員長、百鬼園倶楽部（内田百閒顕彰会）会長、瀬戸内の島々交流協議会事務局長代理、京橋朝市実行委員会実行委員、京橋アート村代表、津田永忠顕彰会幹事、塩飽本島海族隊事務局長、宇宙神楽実行委員会事務局長、おいでんせぇ岡山理事、両備ホールディングス・アドバイザー
［著書］
吉備古代史小説「勾玉の首飾り」連載（『ビジネスセミナー』1992 〜 93 年）、『岡山の内田百閒』（日本文教出版、1989 年）、『路面電車とまちづくり』（共著、学芸出版社、1999 年）、『バスマップの底力』（共著、クラッセ、2010 年）

脱原発《だつげんぱつ》の市民戦略《しみんせんりゃく》

2012年3月25日　初版第1刷発行　　　　定価2400円＋税

著　者　上岡直見／岡將男 ©

発行者　高須次郎

発行所　緑風出版

〒113-0033　東京都文京区本郷2-17-5　ツイン壱岐坂

［電話］03-3812-9420　［FAX］03-3812-7262［郵便振替］00100-9-30776

［E-mail］info@ryokufu.com［URL］http://www.ryokufu.com/

装　幀　斎藤あかね

制　作　R 企 画　　印　刷　シナノ・巣鴨美術印刷

製　本　シナノ　　用　紙　大宝紙業　　E1000

Printed in Japan　　ISBN978-4-8461-1204-2　C0036